记
号
IMAIRIKI

真知　卓思　洞见

The
Social
Lives of Animals

动物社会的生存哲学

探索冲突、背叛、合作和繁荣的奥秘

Ashley Ward
〔英〕阿什利·沃德 著
刘小涛 周从嘉 译

北京科学技术出版社

著作权合同登记号　图字：01-2025-2281

图书在版编目（CIP）数据

动物社会的生存哲学：探索冲突、背叛、合作和繁
荣的奥秘 /（英）阿什利·沃德（Ashley Ward）著；刘
小涛，周从嘉译. -- 北京：北京科学技术出版社，
2025. -- ISBN 978-7-5714-4559-1

Ⅰ. Q95-49

中国国家版本馆 CIP 数据核字第 2025T3954G 号

选题策划：记　号	**邮政编码**：100035
策划编辑：姜镕博　林佩儿	**电　话**：0086-10-66135495（总编室）
责任编辑：马春华　武环静	0086-10-66113227（发行部）
责任校对：贾　荣	**网　址**：www.bkydw.cn
封面设计：大摩北京设计事务所	**印　刷**：北京顶佳世纪印刷有限公司
图文制作：刘永坤	**开　本**：710 mm×1000 mm　1/16
责任印制：吕　越	**字　数**：313千字
出版人：曾庆宇	**印　张**：24.5
出版发行：北京科学技术出版社	**版　次**：2025年10月第1版
社　址：北京西直门南大街16号	**印　次**：2025年10月第1次印刷
ISBN 978-7-5714-4559-1	

定　价：89.00元

作者关于动物界合作的叙述颇具故事性，叙述每种动物的合作时，都是以故事的形式讲述每种动物特有的合作方式和行为，这使得本书的可读性非常强，没有教科书般说教的沉闷和刻板。

——吴彤
清华大学科学史系教授

人类几乎所有的行为都可以从动物身上找到进化的源头，认识动物可以更好地了解人类自己。《动物社会的生存哲学》将带你一睹各种动物的妙趣"集体生活"与它们的神奇"社会"，邀你见证人类与动物在漫长岁月中的奇妙进化历程。

——赵序茅
兰州大学教授、全国科普工作先进工作者

当我们在记述动物的社会时，描述性的语言多半会显得很苍白，正因如此，这本书中娓娓道来的大量亲身经历才会显得如此宝贵。多看一看动物的社会吧，它和我们的社会有着共同之处，对我们的社会也有启示作用——关于等级、分工和信息交流。

——罗心宇

科普达人、昆虫学者

《动物社会的生存哲学》为我们从小就有的那种失之偏颇的自然观提供了一剂解毒剂。沃德带领读者进行了一次探索之旅，阐明动物往往依靠合作来生存的道理。

——弗朗斯·德瓦尔（Frans de waal）

美国埃默里大学灵长类动物行为学荣休教授，著有《黑猩猩的政治》等

从成群涌动的磷虾、结队飞行的鸟类，到牛群以及群居的黑猩猩，阿什利·沃德向我们揭示，动物远比人们通常认为的更具社会性。沃德的这本书既深入探究了最新科学研究成果，又融入了个人叙事，打破了以往的刻板印象。这里展现的不是充满血腥厮杀的自然，而是洋溢着合作与协作精神的自然。

——史蒂夫·布鲁萨特（Steve Brusatte）

英国爱丁堡大学脊椎动物古生物学家和进化生物学家

初看之下，阿什利·沃德的这部著作宛如一场轻松愉悦的动物社会生活探索之旅，书中汇聚了诸多令人惊叹的发现，涵盖了从磷虾到松鸦，再到抹香鲸等形形色色的生物。比如，谁能想到，对于绵羊而言，维系关系竟是如此关键，以至于它们能够辨识出羊群中至少五十只同伴的面容；又

有谁能料到，一只在孤立环境中成长的蟑螂，将永远无法与同类建立起正常的联系，只能永远徘徊在蟑螂社会的边缘？（其实，又有多少人知晓，蟑螂世界竟也存在着如此复杂的社会结构呢？）这部作品的魅力，很大程度上源自动物间互动世界的奇异与精妙，那是一个交织着合作与冲突的网络，它虽环绕着我们，却大多隐匿于我们的视线之外。沃德笔下的故事，不仅让我们将群居动物视为自然界的奇迹，更促使我们将它们视为与我们息息相关的同类。他期望我们能够与它们产生共鸣，视它们为在错综复杂的关系网络中并肩前行的伙伴。而令人赞叹的是，他轻松地做到了这一点。

——艾伦·德·奎罗斯（Alan de Queiroz）

加拿大西蒙弗雷泽大学生物科学系教授

阿什利·沃德堪称这场探索全球动物社交习性的绝佳领航者：他学识渊博、满怀热忱，又不失风趣诙谐。无论是鱼群还是大象群，沃德都能引领我们洞悉动物社会的内在奥秘，并巧妙地将其与人类社会进行类比。在这里，你会了解到鲱鱼因孤独而离世的缘由，黑猩猩如何施展"小聪明"作弊，还能结识到悲观消极的蜜蜂和慷慨大方的吸血蝠。沃德以精湛的笔触阐释，我们和动物共同拥有的社交天性如何在动物王国中孕育出语言、智慧、文化与情感。这是一本令人愉快的读物，让你对从巨大的抹香鲸到南极磷虾等大大小小的社会性生物有一种亲缘感。诚挚推荐给动物爱好者以及研究人类天性的学者。

——露西·库克（Lucy Cooke）

动物学家、《国家地理》探险家

对与我们共享这个星球的复杂思想进行深思熟虑地探索，沃德将让你对我们认为使我们与众不同的纽带、情感和联系有一个新的认识。实际上，这会让我们更接近动物世界。

——瓦妮莎·伍兹（Vanessa Woods）

美国杜克大学犬类认知中心研究科学家，获奖记者

从蚂蚁到黑猩猩，通过动物们多彩而神奇的社会揭示人类社会的本质。书中处处有令人恍然大悟的发现。

——山极寿一

灵长类动物学专家，人类学家，日本京都大学校长

从蚂蚁、蜜蜂、蟑螂（！）到鸟类、哺乳动物，生物的社会性被生动地描绘出来，非常有趣……但想到人类社会也是如此，就让人觉得有点可怕。

——橘玲

日本著名经济学家，著有小说《洗钱》

沃德的书写了一系列引人入胜的动物合作故事。

——理查德·道金斯（Richard Dawkins）

英国著名演化生物学家、动物行为学家，畅销书《自私的基因》作者

令人豁然开朗！沃德向我们展示，合作不仅仅是人类的理想，更是生命的基石。

——赛·蒙哥玛丽（Sy Montgomery）

美国著名博物学家、纪录片编剧，自然学家

令人振奋……沃德对几乎所有爬行、蠕动、攀登、游泳、跳跃、奔跑或飞翔的生物都抱有着一种无法抑制且极具感染力的热情，无论是大黄蜂、狒狒还是非洲象……阅读沃德的书，仿佛步入了一个奇妙迷宫，每一步都有惊喜等着读者。而将这些精彩元素巧妙融合的，正是作者与生俱来的讲故事才华，以及他对那些简洁有力、发人深省的一语中的文字的独到钟爱。

——《华尔街日报》（*Wall Street Journal*）

这本扣人心弦的书中满载着非凡的故事……任何一位作家，倘若能够引发人们对一只孤独蟑螂所承载的存在主义式哀愁的共鸣，让平凡的磷虾故事变得扣人心弦，抑或是生动描绘出一位正在潜水的同事如何被"巨鲸的摆尾"所席卷的瞬间，那他便堪称科学传播领域真正的天才。沃德的散文就像大卫·阿滕伯勒（David Attenborough）的纪录片一样引人入胜，将机智与严谨的科学完美融合。

——《卫报》（*Guardian*）

非常引人注目……沃德对细节有着敏锐的洞察力……他写得很生动。

——《星期日泰晤士报》（*Sunday Times*）

阿什利·沃德以生动有趣的叙述颠覆了达尔文主义中那种将自然刻画成血腥战场的刻板印象，揭示了自然界中合作这种静默而强大的力量。

——《泰晤士报》（*Times*）

沃德以饱满的热情推动故事发展……这本书是动物爱好者的"猫薄荷"。

——《出版人周刊》（*Publishers Weekly*）

这本书引人入胜，趣味盎然，对任何希望深入了解包括人类在内的社会动物行为的人来说，都极具吸引力。

————《图书馆杂志》（*Library Journal*）

沃德的观察既生动又常常令人惊讶，他的文笔古怪而诙谐，定会吸引读者。读者合上最后一页后，动物与人类行为的对比仍会久久萦绕心头。

————《书单》（*Booklist*）

填补了大众科普与学术研究之间的空白。

————《科学》（*Science*）

一本令人爱不释手的启示录，揭示了动物不是通过竞争，而是通过合作来繁衍生息。

————《新科学家》（*New Scientist*）

沃德的研究与威尔逊的愿景相契合。

————爱德华·威尔逊生物多样性基金会
（The E. O. Wilson Biodiversity Foundation）

如果你曾怀疑动物能否教会我们同理心，那就让沃德的研究改变你的想法吧。

————美国国家公共电台《科学星期五》频道
（NPR Science Friday）专题报道

致中国读者

在动物行为研究中，有一个极具魅力且经久不衰的研究领域。其关注许多生物都有的一种习性——群居。小至昆虫，大到与我们人类亲缘关系最近的黑猩猩和倭黑猩猩，许多生物都有着群居的习性。在探讨动物世界时，我们往往只聚焦于动物的攻击性与竞争性，却忽略了这个不同寻常的事实。事实上，合作，才是众多物种得以繁兴的关键因素。这本书就是要探讨并揭示动物的群居习性与合作的重要性。

身为一名科研工作者，我研究过许多不同种类的动物，包括各种鸟类、鱼类，以及南极磷虾、牛、鲸等。令我尤为感慨的是，在很多情形下，群体中的每一个个体都能得到同伴的支持，正是通过这种协同合作，整个群体才能共同受益。当然，人类社会亦是如此。在撰写此书的过程中，我的主要目标之一便是借此探寻人类构建社会的本能究竟从何而来。很显然，我们人类并非群居这一概念的缔造者，相反，我们是它的传承者——历经数百万年的自然演化，我们被赋予了这一概念。

　　我由衷地希望中国读者们能够喜爱我的这本书，在阅读中收获乐趣，从书中了解到合作对几乎所有你能想象到的动物种类的生存与发展所蕴含的巨大价值，以及这对于身为社会性物种的我们来说，究竟有着怎样的意义。

2025 年 4 月

动物的合作与动物的生活

刘小涛的动物行为研究译作，这是第四本了吧？第一部是康拉德·洛伦茨的《论攻击》（与何朝安合作），第二部是尼可拉斯·廷伯根的《动物的社会行为》，第三部是马克·贝科夫等的《野兽正义：动物的道德生活》。现在是第四部《动物社会的生存哲学：探索冲突、背叛、合作和繁荣的奥秘》（阿什利·沃德著）。通过译介与研究，小涛也成为国内为数不多的动物行为哲学的研究者。这是值得赞赏的事，因为国内相关研究的从业者还太少。希望他和他的团队一直坚持下去。

廷伯根的著作《动物的社会行为》，其中心思想就是从社会学的视角讲动物界的合作，不过书名标题没有直接体现这一点。本书则以副标题的形式表明动物的社会生活的诸多方面，尤其是合作对于社会生活的重要性。合作使得动物具有了征服或适应它们所在的环境的能力和本领，并且影响着它们与周遭自然环境的关系。

本书关于动物合作应对自然的讨论，基于大量具体的观察和有趣的动物行为故事。这些有趣的观察表明，动物界的合作在不同物种中具有多样性、地方性特征，不能一概而论。本书的重要意义不仅在于讨论了合作的价值，而且告诉读者，合作在动物界是具有多样性的。考察动物的合作，就需要深入某个物种中，进行具体且细致的研究。

本序基于书中论及的动物合作案例，并引用作者一些有洞察的判断，做个简要提示。

最开始，作者给我们讲述了一种让人毛骨悚然的动物的合作：吸血蝙蝠互相帮助的故事。如果有只蝙蝠饿着肚子回来，另一只饱餐鲜血的蝙蝠会过来提供帮助，就像鸟妈妈给巢里的幼鸟喂食，成功的蝙蝠猎手会让一些鲜血从胃里反流出来，慷慨地喂给它那不走运的同伴。

作者指出，类似这样的合作，是社会动物的一个里程碑。尽管像蝙蝠这种"我为人人，人人为我"的模式绝不普遍，但几乎所有群体生活的动物都会给同伴提供一定程度的支持。在最基本的水平上，这可能表现了社会缓冲与合作的一种形式。特别紧要的是，这可能意味着，从磷虾到人类的社会动物，仅仅因为与同伴的相处或互动，就能从中获得显然的益处。

对人类而言，和他人一起生活还有许多更深远的影响，比如语言能力的发展，以及日常与人相处的方式。这甚至是人类智能进化的基础，而智能通常被视为人类的标志。最终，我们的合作本能奠定了人类文明的基础。其实，这一本能并不是从最初的人类开始的，它是我们从人类和其他动物的共同祖先那里继承下来的内在特征。

在动物王国，许多动物利用社会性来解决生计问题。群体生活为许多生物的成功生存提供了平台。而且，在人类社会和其他一些动物社会之间，我们能发现直接且重要的相似结构。这些相似的平行结构反映了我们的进化之旅,可以帮助我们理解究竟社会性在多么基础的层面上塑造了我们的生活。通过更好地理解动物,可以更好地理解人类自身和人类社会。

作者指出,群体和合作常常是进步的基础,也是有意义的生活的基础。作者还讨论了动物与人类社会的谱系关系。现代人类社会由家庭、团体、城市和国家构成,体现了复杂的文化、习俗、关系、法律等特征。从这些方面考虑,似乎人类社会和其他动物显然不同。然而,作者特别指出,虽然人类社会有许多独有的特征,不过,其组织方式并不是独一无二的。许多社会动物用相似的方式进行组织,它们早在人类出现以前就这么做了。我们的社会本能和我们的社会有一个颇为古老的谱系渊源,和其他社会动物之间有许多共同点。因为它们提示了那些真正塑造我们行为的关键要素。研究动物的社会行为,不仅有其自身的认知价值,也能帮助我们更好地理解人类社会的进化基础。

"社会性"这个词对不同的人意味着不同的东西。出于此书目的,作者这样定义社会动物:它们依赖同类,和同类一起生活、互动。而动物的社会性就是:它们之间有何种联系;它们怎样在竞争关系中形成合谋,又怎样结成同盟并相互合作。

为了论证这些观察,作者讨论了类型多样的动物合作行为:从磷虾这类低等的没有"脸"的生物的合作,一直到猩猩等灵长类动物的合作,都在本书的覆盖范围以内。让我们先看看磷虾为什么要聚集在一起,它们又是如何合作的。

磷虾是南大洋的基石物种。从企鹅到信天翁,从海豹到鲸鱼、磷虾都是它们食谱上的首选。如果磷虾消失了的话,显然,相当多的其他珍贵南极物种也会随之消失。

磷虾展示出所有社会动物(包括人)的一个基本特征——它们不喜欢独处。磷虾在很大程度上是透明的,我们甚至能看到它们搏动的小心脏。

从群体中隔离出来，它们心脏的跳动会加快。它们对危险的反应之快令人惊讶。检测到危险信号后，它们只需要 50~60 毫秒就能做出逃避反应。磷虾是许多掠食动物的盘中餐，对相当多的掠食动物来讲，大规模聚集能为磷虾提供较好的保护。面对无数旋转跳动着的南极磷虾，那些需要一只一只挑拣受害者的掠食动物（绝大多数掠食动物都如此），会面临视觉超负荷的问题，从而挑选困难。这是其一。其二，这些小甲壳纲动物还有其他一两个可用的花招。根据报道，有时候，面对突如其来的掠食动物，比如一条鱼或一只企鹅，磷虾会主动褪下虾壳。期待胜利时刻的掠食者，被空空如也的虾壳吸引、诱骗，但磷虾早就逃之夭夭了。

许多捕食者与被捕食者都有类似互惠的合作关系，而不只是捕食与被捕食的竞争关系。比如鲸鱼和磷虾在生态系统中就是捆绑在一起的，一方的成功也有益于另一方。鲸鱼的粪便富有铁、磷、氮等营养成分，对磷虾爱吃的一些浮游植物来说，它们正是大自然的馈赠。这也为磷虾提供了营养丰富的食物。

蝗虫有另一种类型的社会性合作。和南极的集聚磷虾群不同——磷虾群是生态系统健康的标志，与之相反，蝗虫的爆发是地域昆虫生态危机的周期性表现。研究表明，蝗虫有两种不同的形态，或称生态相。处于独居相的蝗虫，就像隐士一般，避免与同类接触，危害也相对较小。只有当它们进入群居相的时候，才会出现聚集并且造成生态灾难。

是什么原因促使蝗虫从相对无害的独居相转变为巨大抢劫团伙的成员？科学家发现，蝗虫之间的身体摩擦，是这一转变的重要因素。蝗虫后腿在刺激的作用下释放大量血清素，它们流向蝗虫的身体，让蝗虫发生180度的大改变，从独居隐士变为热衷聚会的一员。血清素是一种和降低攻击性、促进社会行为相关联的神经递质。对蝗虫而言，血清素的增加会激发蝗虫身体的一系列变化；从孤僻隐士到热衷社交的改变最为明显，紧接着发生的系统性重塑，让蝗虫完全地变身为羽翼丰满、贪得无厌的庄稼破坏者。而且这时，它们的同类也成为食谱上的食物，因此它们必须一直向前，否则就会被后面的同类吃掉。所以，蝗虫向群居性的第二自我转变，乃是应对死于饥饿的紧急措施；蝗虫群的大规模移动，则是一场强制性的“行军”。另外，如果雌性蝗虫一开始就生活在密集的蝗虫群里，它们在产卵的时候，就会给卵涂上一种化学物质。这种化学物质会让它的后代直接发育成群居相，而不需要经历麻烦的摩擦大腿的过程（它们的母亲或许经历过这个过程）。这种行为有个突出效应：一旦蝗虫群的聚集开始形成，群居相蝗虫就获得了自发的动力，能够将聚集行为直接向下一代传递。这就是驱散蝗虫群非常困难的原因。

作者还讨论了讨厌的蟑螂。蟑螂也是社会性群居动物。作者后面花费了更多笔墨描述、讨论和研究了蚂蚁（各种蚂蚁）、黄蜂、白蚁（如白蚁的战斗、合作与蚁穴的建造），它们常被人们称作社会性昆虫。它们是紧密联系的集体，每个个体都为集体的成功作出贡献，在有些情况下，甚至会牺牲自己的生命来为集体赢得更大利益。对许多蜂来讲，在相互合作的巨大群体里生活是它们颇为成功的策略。问题是，这是如何产生的？特别是，究竟是什么原因促使这些昆虫牺牲自己的个性特征，甚至繁殖机会，而听任命运的安排，甘愿承担照顾“别人的小孩”这种更次要些的工作呢？蜂为这个问题提供了一些重要线索，本书揭示了这个物种在不同阶段的特点，包括独居蜂和群居蜂的差异。蜂仍然可以从“整体适应性”中获益。整体适应性就是指在最宽泛的意义上能将基因传递到下一代的适应性。

社会性昆虫是地球上最令人着迷的动物。它们和我们差异巨大，然而，它们的社会和我们的社会显然有许多相似之处。像我们一样，它们也是农民和建筑工人，努力改变世界来满足自己的需求，它们也保卫自己的家园，还会进行专门的分工。除人类以外，只有它们能举数百万之众形成组织严密的社会。它们还分享某些人类的不良特征，包括剥削奴隶，这个相似之处颇让人吃惊。

作者还带领我们观察讨论了鱼群的行为（躲避危险、捕猎等）。作者指出，大多数鱼群都没有被领导的概念。只要大多数鱼不偏向不同的方向，它们就会继续与近邻保持一致，并对其他鱼正在做的事情做出反应。

另外还有鸟群。包括椋鸟的群集现象、鸟群的"V"形飞行，等等。比如，朱鹭群在长距离的飞行中会轮流担当"V"字队形中疲惫的领头角色。还有白鹳，它们会根据鸟群中的伙伴和它们对反复无常的上升气流的解读来调整自己的位置。最终，所有鸟都有效地利用了这些条件，鸟群组成的上升螺旋像是有了生命，为下一阶段的长途旅行调整高度。另外，鸟类的群体导航偏好也是合作的极好例子。虽然每只鸟对飞行方向的偏好略有不同，但只要群聚在一起，理论上，鸟类应该倾向于沿着所有鸟类偏好的平均方向飞行。如此一来，鸟群作为一个整体，就能从某些难以置信的、精确的集体导航中获益。合作还使得社会性学习得以延续和发展。比如，人们观察到山雀会偷食城市中送奶工所送牛奶顶部的奶油，而其他山雀很快就会学习到这项技能。山雀偷牛奶的行为正体现了它们的社会性学习，观察其他动物行为并从中学习的能力，使动物能够获得群体积累下的智慧。

本书还讨论了很多大型动物的合作，包括牛群、大象，以及各种食肉动物如狮子、鬣狗、狼、海豚、鲸鱼。当然，也包括人类的一些灵长类近亲，如黑猩猩会合作保卫家园，联合起来狩猎灵敏的猎物……

一篇序言，不能说得太多，否则会影响读者的阅读与判断。要了解这些有趣的动物合作，要更好地理解社会性的重要，不妨自己跟着作者轻松的叙述开始阅读。作者关于动物界合作的叙述颇具故事性，叙述每种动物的合作时，都是以故事的形式讲述每种动物特有的合作方式和行为，这使得本书的可读性非常强，没有教科书般说教的沉闷和刻板。译作幸而配图若干，更有可读性，更加吸引读者。

对我来说，此书的一些评论也富于启发。比如，作者曾论及，广泛交游、和朋友保持良好关系，这些因素甚至比体育锻炼更易于让人获得健康、高质量的老龄生活。我在生病期间对此体会尤为深刻。本书还破除了一些成见，比如，像"群体思维""从众心理"和"随大流"这样的词曾被认为是极其消极的，然而，在很多情况下，这些社会交往的潜意识规则可能非常有益。例如，每当我们走过拥挤的人行横道时，我们就会排成一道，跟在和我们方向相同的人后面过马路，否则就可能会带来问题。

从个体的独立生存过渡到群体生活，这是地球生命史最为重要的进化；深刻而具体地揭示出这一点，或许是本书的一个重要贡献。人类也是社会动物，社会性是人类生存的基本特点。我们的生活总是离不开家庭和朋友。近些年的社会经验，不管是社会帮助，还是社会隔离，似乎都使得这个问题的重要性更加凸显——除了智能、语言、长寿、意识、推理、社会学习和文化，社会性究竟还给我们带来了什么？也许，我们应和作者一样，在理智上对这个问题更加敏感。

吴彤

清华大学科学史系教授

2024 年 2 月初

人类依其自然本性就是社会动物；一个不具有社会性的个体，不管是出于自然本性，还是偶然的原因所致，都要么比人类低等一些，要么比人类高级一些。社会总是先于个体。任何人，如果不能参与公共生活或者因完全自足而不需要这么做，因此不需要参与社会，就要么是野兽，要么是神。

——亚里士多德

在特立尼达岛北部的雨林里，有一所废弃的房子，大自然正在慢慢让它重返自然。藤蔓布满了屋墙，小树的枝丫从破败的窗户里伸进来，树根则努力扎进碎裂的砖缝。动物也抓住机会搬了进来。在房子的中心位置，有一段向下弯着的楼梯。楼梯下面充满霉味的空间，庇护着光凭声名就让人毛骨悚然的动物——吸血蝙蝠。在夏天的热浪里，蝙蝠团聚在它们隐僻的居所休息，为出去捕猎养足力气。当夜幕降临，蝙蝠群便骚动起来。匆匆而逝的白天让它们愈加饥饿。它们展开翅膀，飞向森林寻觅食物。它们在寻找熟睡的哺乳动物——睡梦会降低动物的警惕性。任何哺乳动物都可能成为目标，从森林里的鹿、西貒等野生动物到家养的畜群，甚至包括不够警醒的人类。

　　森林里的一片空地上，一只吸血蝙蝠在一头被绳拴着的山羊头顶上小心翼翼地盘旋。山羊没有注意到蝙蝠的出现，蝙蝠扇动翅膀的微弱声音被特立尼达岛上的其他声音淹没。蝙蝠偷偷地降落到地面，用一种看起来似乎有些笨拙的步伐快步走向猎物。它用像手术刀般锋利的牙齿在山羊的腹侧咬开一道口子，切开皮肤，深入肌肉。随着鲜血慢慢流出，蝙蝠贪婪地喝了起来。它差不多要喝上相当于自身体重三分之一的血量，才会结束进食。心满意足地饱餐之后，它静悄悄地离开，正如它静悄悄地到来。它的猎物身上有一道仍在流血的伤口，但并未能明白发生了什么，原因是蝙蝠的唾液中含有抗凝血剂。

　　回到破败但安全的庇护所，收获颇丰的蝙蝠开始消化食物。但是，并非每一只蝙蝠都那么幸运。因为可作为猎物的大型哺乳动物数量比较少，而能找到的目标往往还对蝙蝠的威胁比较警觉。对饿着肚子的蝙蝠来说，觅食的时间非常有限。如果连续三个晚上没有进食，它们就可能因饥饿而死亡。正是这种非常时期的蝙蝠的行为，使得它们的邪恶声名与实际不符。如果有只蝙蝠饿着肚子回来，另一只饱餐鲜血的蝙蝠会过来提供帮助，就像鸟妈妈给巢里的幼鸟喂食那般，成功的蝙蝠猎手会让一些鲜血从胃里反流出来，慷慨地喂给它那不走运的同伴。倘若哪一天这只蝙蝠也不够走运的话，它就可以指望同伴们的回报。在为生存奋斗的过程中，蝙蝠彼此支持；世事难料，这种行之有效的合作策略对大家都有好处。

　　类似这样的合作，是社会动物的一大特点。尽管像蝙蝠这种"我为人人，人人为我"的模式绝不普遍，但几乎所有群体生活的动物都会给同伴提供一定程度的支持。从最基本的层面而言，这可能表现了社会缓冲的一种形式。更为关键的是，这可能意味着，从磷虾到人类的社会动物，仅仅因为与同伴的相处或互动，就能从中获得显著的益处。同类成员的出现就是一种支持，会带来集体的力量。对人类而言，这永远都是最重要的。近年来，技术的进步在逐渐减少人们的日常互动：自助收银机、自动贩卖机、自动取票机之类的机器取代了一些面对面的交际；耳机将我们封闭起来，远离过去的日常对话；网络则用虚拟的联系代替了实时的交流。

问题在于：这很重要吗？我认为确实很重要。我们人类是极具社会性的生物。我们的生活，和由朋友、亲人、爱人所组成的社会网络紧密联系。每个人都在较大范围的社会中扮演着一定的社会角色，社会也在相当程度上决定并塑造着我们的行为模式。这种社会倾向使我们能取得更大的成就，但倘若我们是独居生物，就绝无可能做到。和他人一起生活还有许多更深远的影响，比如语言能力的发展，以及日常中与人相处的方式。它甚至是人类智能进化的基础，而智能通常被视为人类的标志。最终，我们的合作本能奠定了人类文明的基础。但是，这一本能并不是始于人类，它是我们从人类和动物的共同祖先那里继承下来的内在特征。

在动物王国，许多动物利用社会性来解决生计问题。我们能看到，群体生活为许多生物的成功生存提供了平台。而且，在人类社会和其他一些动物社会之间，我们能发现直接且重要的相似结构。这些相似的平行结构反映了我们的进化之旅，可以帮助我们理解究竟社会性在多么基础的层面上塑造了我们的生活。通过更深入地理解动物，可以更好地理解人类自身和人类社会。

观察动物和研究动物行为一直是我最热爱的事情。在这些事情上，我花费了无数时间。当我还是个孩子的时候，有一次，我趴在地上仔细观察一条很浅的小溪。因为趴的时间过长，有只短尾鼬大概错把我当成了一段木头。它来到小溪对岸喝水，离我搭在地上的手指只有几厘米远。当我抬起头和它面对面的时候，短尾鼬受了惊吓，像只跳蚤般一下子蹦到空中，那情形极为有趣。

对动物着迷是一回事，将研究它变成一生从事的职业却困难重重。由于没有信心去追逐我的这一梦想，我带着一些乱七八糟、不值得炫耀的证书离开学校，几经辗转，找到一份毫不起眼的办公室工作。在那里，我墨守成规地干了五年。如果不是经理的干预，我可能还会在那里待得更久些。经理用了很长时间才意识到我有多无能。不过一旦他认识到这一点，他就炒了我鱿鱼。

被迫为人生重找方向，我思考着接下来该做什么。我是不是可以用自己有限的技能，去照料斯卡伯勒海洋生命中心展出的动物呢？也许这原本并不是我想要的理想工作，不过，和动物一起工作这个想法，唤醒了我的一些美妙记忆，比如在岩石堆里寻找化石，或者翻动木头观察生物的午后时光。海洋生命中心需要人去照料那些形形色色的海胆、对虾、海星。我开始联系他们（当然是管理人员，而不是动物）。海洋生命中心的回复即刻而至，大意是说："哪怕是干给龙虾擦洗身上海藻的活儿，你也得有个生物学学位。"

这样，我至少知道我需要什么了。之后我申请进入利兹大学学习，在那里，我努力寻找死记硬背氨基酸结构的意义。两年过去了，就在我陷入申请学位的危急关头时，我遇见了延斯·克劳斯（Jens Krause），他是利兹大学的一位学者，和我志趣相投。他对生物世界的好奇和我一样强烈。不仅如此，他还因研究动物行为成就了一番事业。突然之间，一切似乎都变得有意义了。我第一次意识到我究竟想干什么，似乎一切都在我面前展现出来，尽管要走的路并不总是顺利。我禁不住想，或许斯卡伯勒海洋生命中心的动物在为我祝福，它们小小的心灵肯定原谅了我离弃它们的行为。

亲爱的读者，这些回忆并不是想表明，我是多么不屈不挠地要成为一名科学家。我真正想传达的要点是，仅仅因为遇到另一个和我有相同兴趣的人，就让我的生活目标变得清晰起来。许多人都有这样的感触：有时候，你需要通过别人的帮助，才能更好地理解你自己的心灵，以及你究竟想要什么。然而不幸的是，人类另一个常见的倾向是低估这种需要。人们往往不能真正理解，群体和合作常常是进步的基础，也是有意义的生活的基础。

人类行为的社会性，对人类的辉煌成就起着最重要的作用。因为有社会性这项能力，人类可以在群体中共同生活，可以进行合作。不管是史前时代还是现代生活，社会性使得我们能找到各种问题的解决方案，包括采集狩猎、防范毒虫猛兽、分享信息、互相学习、探索地球、迎接各种挑战。自从人类大约30万年前在非洲出现以来，人类社会不断进化，发生了许多改变。也许，在最初的29万年里，人类像一个个不断流浪的游牧部落，过着以采集和狩猎为主的生活。然后，随着地球走出最后的冰河期，气候变得温暖，心灵手巧的人类也迎来了新石器时代的生产革命，人们开始定居下来，成为小村落里的农民。从此，在牛、羊、狗等社会动物的陪伴下，人类文明开始飞速发展。

现代人类社会是文化、关系、法律和冲突的混合物，由家庭、团体、城市和国家构成。我们可能会想，从这些方面考虑，人类社会和其他动物显然不同。是的，人类社会当然有许多独有的特征，不过，它的组织方式并不是独一无二的。许多社会动物用相似的方式进行组织。而且，它们早在人类出现以前就这么做了。我们的社会本能和我们的社会有一个颇为古老的谱系渊源，和其他社会动物之间有许多共同点。在当前的世界，每个城市或村镇都游荡着许多孤独的个体，因而，我们更加需要这样的参照系。原因何在？因为它们揭示了那些真正塑造我们行为的关键要素。研究动物的社会行为，不仅有其自身的认知价值，还能帮助我们更好地理解人类社会的进化基础。

语言就是一个突出的例子。在社会环境里，交流是群体生活和互动过程中最为重要的方面。关系网越复杂，它就愈发重要。群体的沟通和协商，关系的培育和发展，生活经验的学习和教导，无不依赖于语言的帮助。另外，语言还让人类形成融洽的合作队伍，不管是原始社会的狩猎小分队，还是现代组织机构里的工作团队。与之相应，人类的文化也随之发展，社会行为规范亦逐渐形成，约束人们交往互动的道德框架得以建立。虽然人类的语言和文化看起来和任何别的群居动物都不同，但这只是让我们有些不同罢了，人类社会并不因此就成为独一无二的社会。通过了解别的动物如何进行群体生活，可以更好地理解人类自身。

更为直接的是，我们都能感受到亲近关系产生的好处。这些感情不仅作用于我们有意识的大脑，还通过激素在生理层面起作用，能够减缓一些因压力而产生的不良后果。拥有朋友和家人，对我们来说也很有好处，因为积极参与社会生活可以使我们活得更长久。这个道理，对其他一些"喜欢交际"的生物来说可能也成立。虽然吸血蝙蝠帮助同伴是一个有说服力的例子，但是社会动物从社群中获得的最有力的帮助，却是那些从与群体成员的社会互动中获得的持续而不易察觉的支持。同样，我们可以通过观察其他动物社会，来理解人类社会的类似情形，虽然这种理解来得可能晚了些。

过去的半个世纪里，科学研究取得许多进展，这迫使我们重新评估我们对动物的社会性和动物合作的理解。最近几年，有些技术为我们理解动物群体甚或人类群体的行为提供了引人注目的洞察。这些洞察已经表明，人类和动物近亲之间常常有惊人的相似性。同时，它们还能让我们更好地理解动物的复杂性，并将人类的社会性重塑为一种最基础的动物冲动

（animal impulse）。有些人不乐意接受这个观念，仍然相信人类自有其独特性。然而，人类和动物王国的其他成员之间的差异，正如达尔文所云，只是程度差异，不是种类差异。

从我笨拙地开始研究动物以来，已有近二十年。回过头看，梦想实现的过程，由一系列的冒险组成。我很荣幸，能够近距离地研究一些不可思议的生物，努力探索它们的社会行为的原因和过程。在接下来的章节里，我会讨论一系列动物：从南极的磷虾开始，一直到我们的近亲，黑猩猩和倭黑猩猩。这些动物的共有特征是它们的社会性。

"社会性"这个词对不同的人意味着不同的东西。基于本书的主题和目标，我们如此定义社会动物：它们依赖同类，和同类一起生活、互动。我毕生致力于研究动物之间的互动：它们之间有何种联系；它们怎样钩心斗角与彼此竞争，又怎样结成同盟并相互合作。动物常常让我惊讶，此书旨在提炼那些我至今仍然能感受到的惊讶。

目 录

第**1**章

棕色艾尔酒与同类相食

Brown Ale and Cannibalism

∶

磷虾和蝗虫可以形成世界上最大的动物集群，

虽然它们的动机不一样……

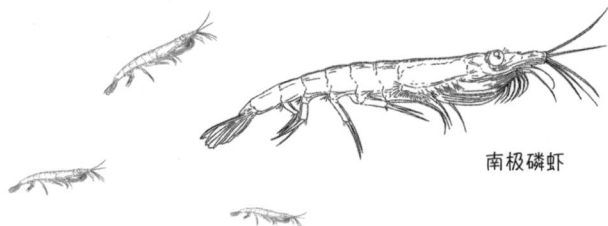

南极磷虾

南部冰封

　　我在霍巴特，它是澳大利亚唯一的岛州——美丽的塔斯马尼亚州的首府城市。我面前的港口里停着一艘船，名为南极光号（*Aurora Australis*），乃是澳大利亚的南极旗舰船。她的主体是生动亮丽的橙色，有些油漆脱落的地方露出褐色的铁锈；她是艘老船，经历过的风浪难免留下印迹。虽然她的外表不再迷人，但她仍然结实健壮。她曾经无数次向南驶往澳大利亚的基地——麦夸里岛。这个岛坐落在塔斯马尼亚和南极之间，距离南极大陆上的莫森站、凯西站和戴维斯站的路程都差不多远。往返南极洲的旅程不适合胆小鬼，因为穿越南大洋海域，就意味着闯进了世界上最不适宜人居住的海面。这里的气候条件能产生最可怕的风暴，而且，还没有避难的陆地。这片海域的风速可以达到每小时150千米，远远超过那些在陆地上待惯了的人所说的飓风范畴。风暴来临的时候，海洋和天空不再有明确分界。狂怒的风卷起海水，形成一个个骇人的旋涡和巨浪，又像鞭子一样将海浪的浪峰齐刷刷削去，船就像一个小玩具，一会儿被浪峰抛向空中，一会儿又跌入浪底。有时候，暴风雪也会突然袭来，海面上漫天冰雪，海底则潜伏着危险的冰山。

　　达观如我，总是可以将对自然的恐惧抛开。我来这里访问澳大利亚南极局（Australian Antarctic Division）。它坐落在霍巴特市郊一片干燥的陆地上，是一栋看起来挺复杂的建筑，装饰着一些南极冰封景观的图像；确实，南极这片土地，很多人都没有亲自去看一看的机会。在南极局的入口处，有三只企鹅的雕塑，它们排列起来的模样，像是在一只躺卧着的巨大金属海豹身后闲聊。门厅里，巨幅照片展示着南极的壮丽。哪怕是咖啡厅提供的食物，主题也很鲜明，在这里甚至可以买到用南极科学家的名字命名的汉堡。毫无疑问，正是那些进行早期远征的科学巨人奠定了今天的研究基础；人们用给小吃命名的方式来纪念，他们应该会感到高兴吧。

这些景观固然漂亮，但它们的有趣程度，还远远比不上这里正在开展的一些研究工作。我的兴趣集中于一种约莫手指长的甲壳纲动物——南极磷虾。我想探究的是，它们为什么要聚集成群，又是怎样聚集成群的。这是一个很重要的问题，因为聚集对磷虾来说非常要紧；反过来，磷虾群对于整个南极海洋生态系统的保护也至关重要。在南极局生活着一个磷虾种群，这是除了它们的南极自然栖息地的种群之外仅有的一个种群。

川口创（So Kawaguchi）和罗布·金（Rob King）接待了我的来访。他们两人做的工作揭开了许多磷虾的奥秘，他们对磷虾研究所作的贡献，应该超过其他任何人。首先，将磷虾移居到霍巴特，就不是件容易的事。从海里将它们捕捞上来之后，在南极光返回港口之前的几个星期里，需要将它们养在船上悉心照料。罗布热情又气场强大，讲述了他第一次去南极时发生的种种故事。一路向南驶去，气候越来越恶劣，直到南极光号遇上了飓风，风刮起13米高的巨浪。令人眩晕的巨浪一个接着一个，船爬上一个巨浪的波峰，旋即又倾斜着滑到波谷，让人产生揪胃的恶心感。每次船跌到波谷的时候，船体就像狠狠地砸入海中，成吨的冰冷海水泼向甲板，然后，在船摇摇晃晃爬向下一个波峰时，又顺着船舷流向船尾。在风浪的齿缝间，船几乎没有任何前进，就像一个拳击手，被对方钉死在擂台的绳索上，在经受了重拳的惩罚之后，只能徒然等待风雨的下一记重拳。

担忧船会损毁，船长被迫考虑掉头返航。这个决定非常危险，因为在这样的海面上，让船的一侧迎着谷仓大小般的巨浪，很容易导致翻船和沉没。船上的人都清楚，如果最坏的情况发生，在风暴中获救的希望非常渺茫。即便每个人都有救生套装，但人类的血肉之躯绝对抵挡不了海水致命的寒冷。船员都屏着呼吸，船开始慢慢掉头。南大洋可没有仁慈之心。船连续遇上三个巨浪，每个巨浪都使船严重倾斜，船舷恰好高过船梁。但是，南极光号像个硬汉，每次都在即将摔倒的时候又坚强地站稳了。最终，它成功地掉头，让船尾经受风浪。现在，船顺着风浪而不是顶着风浪，安全地驶出了风暴区域。罗布说这次经历实在是"惊心动魄"。

最终，在海上航行几星期后，船抵达相对平静的凯西站——它是坐落在南极大陆上的澳大利亚基站。一个由技术工程师、勤务人员和极地科学家组成的欢迎队伍正在等待，既是等待补给，也许同样重要的是，也等待有新来的人可以聊聊天。

到达凯西站后，罗布迫不及待开始着手研究磷虾，这是他一生心力所系的生物。那会儿正是夏天，风暴过后的大海归于平静，气候也相对宜人，阳光和煦，气温在零摄氏度以上。基站前的港湾里，几乎没有什么积冰。罗布划了一艘小充气船出海，想去看看网里有没有什么收获。他坐在船尾，很高兴地在水面上标记那些磷虾可能出现的地点。回过身来，罗布惊呆了。他发现自己和一只豹形海豹（或称豹纹海豹）面对面，它不知什么时候静悄悄地从水里冒出来，直视着自己的眼睛。对罗布来说，即使他坐着，也不是所有动物（包括人）都高到可以平视罗布的眼睛。但豹形海豹则不一样，它们身长可达三米，体重可达半吨。作为凶猛的掠食动物，它们捕猎企鹅、海豹，也有伤人性命的记录。没人知道它在想什么，但是，过了一会儿，它张开巨大的下颌，露出匕首一样的牙齿和雄狮般的血盆大口，像是发出威吓的信号。然后，它似乎很满意非法闯入者已经收到自己的信号，滑入水中慢慢消失了。在此之后，罗布在凯西站工作的时候，就不那么经常划着小船出去了。即便非得这么做，也一定不会坐在船边上。

除了捕获磷虾以外，返程还有很多事情要考虑。对川口创和罗布来说，很重要的一个环节是要将捕获的磷虾顺利带回霍巴特，以进行后续的研究项目。返程当然需要再一次经过反复无常的大海，不过，日常生活多了一些点缀，那些从冰冷的海水里捕获的脆弱生物需要精心照料。将它们安顿在船上的水族箱里之后，川口创和罗布就要当起磷虾的保姆来，它们可是非常挑剔的生物。你可能好奇，为什么需要费那么大劲，带回来一些少得可怜的像虾一样的生物。要理解个中缘由，需要看到一幅更大的图景。

作为基石物种的磷虾

像豹形海豹，还有其他一些在南大洋捕食的大型海洋掠食动物，都直接或间接地依赖于磷虾所提供的支撑。南大洋盛产磷虾，这种和对虾有亲缘关系的甲壳纲动物，虽然个头小，但数量庞大。事实上，全球各个大洋里分布的磷虾至少有85种之多，但是，绝大多数人听到这个词时，脑海里想起的都是南极磷虾。在南大洋冰冷的海水里，每立方米大约有一万只磷虾。虽然每只磷虾的体积只有咱们的小指头大，但它们加在一起可远远超过人类的总重量。

磷虾是南大洋的基石物种。这个生态学术语源于基石对于拱门的重要作用，把基石拿掉，整个拱门就会垮塌。磷虾对共享栖息地的其他动物来说，也有同样的重要性。从鱼到鱿鱼，从企鹅到信天翁，从海豹到大鲸鱼，磷虾都是它们食谱上的首选。在一年的某些时候，这些掠食动物的食物九成以上是磷虾。如果磷虾消失了的话，显然，相当多的其他珍贵南极物种也会随之消失。对掠食动物来说，将食谱更换为另一种动物很难；没有磷虾，就不会有我们熟悉的南极生态系统，须鲸、海豹、企鹅、信天翁等都将不复存在，世界上不会有任何依赖磷虾而生存的动物。

虽然数量众多，但磷虾也不是全然安全无虞。二十多年前，在地球的另一边，白令海一些条件的变化使得一种水藻大规模爆发。这难道不是以水藻为食的甲壳纲动物的福音吗？一点也不。这种水藻不对磷虾的胃口，太平洋磷虾（它们是南极磷虾的姊妹物种）一点都不吃。结果，磷虾的数量急剧下降，与之相继，海鸟的数量也急剧下降。河流里鲑鱼的身影消失了，鲸鱼消瘦的身体被冲上海岸。太平洋磷虾数量骤减造成的毁灭效应告诉我们，设若南极磷虾遇到同样的情况，会导致什么样的灾难性后果。

现在，南极磷虾正在茁壮成长。它们聚拢在一起形成巨大集群的时候，从空中就可以看得见。一个巨大的磷虾群可以覆盖数百平方千米海面。数万亿只磷虾聚集在一起，让海面似乎染上了一大块漂亮的粉黄色。大量磷虾的聚集，为它们防范掠食动物提供了一定程度的保护，也让它们能因之漂浮起来。磷虾比海水重些，一旦它们停止游泳就会下沉。不过，如果聚集在一起，下方的许多磷虾会不断用步足向上推水，从而形成向上的水流，磷虾就能借此漂浮起来。聚集成群本质上是磷虾的生命维持系统。

人们常将无脊椎动物看作特殊的生物，认为它们缺少一些最基本的行为反应。然而，磷虾却展示出所有社会动物（包括人）的一个基本特征——它们不喜欢独处。如果将它们从群体里隔离出来，它们的反应会很不好。很难确定，像磷虾这样没有"脸"的生物，它们经历恐慌的时候是什么样子。不过，我们可以估量它们身体里的某些表现，社会动物在经历类似情形的时候也有这些表现。因为磷虾在很大程度上是透明的，我们甚至能看到它们搏动的小心脏。若从群体中隔离出来，它们心脏的跳动会加快。倘若它们检测到附近有鲸鱼的话，也会有相似的反应。脉搏加快是有压力的基本表现。显然，它们更乐意和伙伴们待在一起。

自然纪录片很少以磷虾作为主题。哪怕是在磷虾出现的地方，它们都表现得像是要摔倒的醉汉。有时候，虽然可以瞥见这些小甲壳纲动物，但彼时它们也不过像是一小口漂浮着的食物，正在被一个利维坦般的巨兽吞入口中。换言之，对电视制作者而言，磷虾充其量不过是鲸鱼的食物而已。事实上，它们当然不仅仅是食物。首先，它们有趣极了，可不仅仅是被鲸鱼吞入胃里的小食物。尽管它们生活在让人麻木的冰冷海水里，但它们对危险的反应之快令人惊讶。检测到危险信号后，它们只需要50~60毫秒就能做出逃避反应。用我们熟悉的语境来解释，这大约是奥林匹克短跑运动员听到枪声之后的反应速度的两倍。它们的逃避反应本身也很不可思议，在检测到危险后最关键的第一秒里，它们能逃出超过一米的距离。再一次和人类短跑运动员比较，考虑磷虾和人类的体型大小，这相当于短跑运动员要在两秒之内跑完一百米。如果事先有一点警醒的话，它们甚至能从鲸鱼张开的大嘴里逃掉。

简单来说，哪怕是世界上最大的嘴，想要抓住它们都没有想象中那么容易。这挑战了一种日常认知，人们似乎认为，鲸鱼只要转动身子，张开嘴巴，就能收获磷虾。最近，在夏天的南极，研究人员对座头鲸做了一项长期研究。研究表明，座头鲸进食需要费很大力气。座头鲸以15秒钟一次的频率猛冲向磷虾群，如此数分钟、数小时连续不断。每次张开嘴巴，座头鲸都能捕获大量磷虾，但仍然会有许多磷虾逃走，让座头鲸的如意算盘打上折扣。想要饱餐一顿，满足自己的大胃口，可是件会让鲸鱼筋疲力尽的事情。

虽然磷虾是一流的脱身杂技表演艺术家，但也正是它们的庞大集群吸引了鲸鱼的注意力。为什么它们会以那么庞大的数量聚集在一起呢？答案是，磷虾是许多掠食动物的盘中餐，大规模聚集能为磷虾提供较好的保护。在面对无数旋转游动着的磷虾时，那些需要一只一只挑拣受害者的掠食动物（绝大多数掠食动物都如此），会面临感官超负荷的问题，陷入挑选困难。

　　这些小甲壳纲动物还有其他一两个可用的花招。根据报道，有时候，面对突如其来的掠食动物，比如一条鱼或一只企鹅，磷虾会自主褪下虾壳。掠食者满心期待胜利时刻，却只咬住空空如也的虾壳，而磷虾早就逃之夭夭了。另一桩奇特的事情是，磷虾可以让它们身体下方的生物发光细胞发出磷光。至今我们仍不确定，磷光的功能究竟是服务于磷虾之间的交流，还是让磷虾用亮光来迷惑掠食者。不管原因是什么，"灯光秀"显然给这种让人着迷的小生物增添了一分神秘。

　　绝大多数时候，鲸鱼和磷虾之间都是掠食者和猎物之间的关系，不过，它们之间不仅仅只有这种单向关系。要理解这一点，不妨考虑一下捕鲸行为对磷虾的影响。1915年至1970年间，捕鲸船在南大洋捕捞了大约两百万头鲸鱼。几乎任何一条食物链都是如此，如果移除一种关键的掠食动物，那么它的猎物就会因免于迫害而繁荣昌盛起来。但是，这种现象在磷虾身上没有发生。事实上，一些猜测认为，捕鲸行为导致鲸鱼数量下降，也因而让磷虾群衰落。这听起来虽然有点奇怪，但一个合理的解释似乎是，磷虾群给鲸鱼提供食物反而能帮助磷虾群繁衍生息。鲸鱼胃口极大，需要大量食物。以蓝鲸来说，它们一天甚至可以吃下四吨食物。吃进去那么多东西，必然还得排出很多粪便。鲸鱼通常在海洋表面排泄。如果你曾经夜半醒来，躺在床上思考鲸鱼的粪便是什么样子，请让我来启发你一下。它们的粪便不是和鲸鱼体型相配的巨大原木形状的"粪便柱"，而更像是一块块巨大的、爆炸性的布朗温莎汤云。我曾经在一条小船上目睹过这一幕，心情复杂，既激动又害怕，因为我一个带着呼吸管潜水的同事完全被鲸鱼这一大团不称心的赠礼给淹没了。这团恐怖的布朗温莎汤云可以漂浮在海面上。鲸鱼的粪便富有铁、磷、氮等营养成分。对磷虾爱吃的一些浮游植物来说，它们正是大自然的馈赠。因此，鲸鱼和磷虾在生态系统中是捆绑在一起的，一方的成功也有益于另一方。

在研究过程中，你会很诧异地发现，磷虾偏爱纽卡斯尔棕色艾尔酒。你兴许会觉得这挺意外，其实，说穿了很容易理解。科学家并不需要寻遍酒橱的各种酒来发现磷虾的喝酒偏好。之所以选择艾尔酒，仅仅因为它是特别容易觅得的富含矿物质的饮品。这里的关键是去检验究竟什么东西会吸引磷虾，进而要弄明白海洋中的营养成分怎样影响磷虾的运动模式。事实表明，铁这种营养成分最吸引磷虾。而棕色艾尔酒中恰好含有丰富的铁。总之，这些"贪杯"的甲壳纲动物对棕色艾尔酒喜爱至极，当研究人员往水箱添加棕色艾尔酒时，人们不得不把它们从移液管上弄下来。在野生环境里，因为鲸鱼粪便富含铁，磷虾乐于趋近鲸鱼粪便集中的海域。在这些区域，它们也可预期吃到更多的浮游植物。在鲸鱼活跃的地方，磷虾通常会用更多的时间在海面活动，吞食那些因鲸鱼粗野的习惯而繁盛生长的浮游植物。吃得好的磷虾生长速度更快，因而也有更好的机会成熟繁殖。当然，在接近海面的区域活动，被鲸鱼吃掉的风险也更大。

磷虾小帮手和菜单上的磷虾

除了磷虾扮演着南大洋生态系统基石物种的角色以外，我们还有另一个重要理由关注磷虾，不过，这个理由还没有得到很好的认知。它和磷虾的另一个重要作用相关，即将二氧化碳带入海洋深处，在那里，这些二氧化碳有可能被封锁上几个世纪。二氧化碳的排放是全球变暖的突出原因，减少这些气体对全球所有动物都有好处。磷虾的主要食物来源是单细胞水藻，它们在南极的夏天里繁盛生长。随着水藻细胞的生长，它们会从水中吸收二氧化碳。磷虾用它们可以相互啮合得像篮子一样的步足过滤海水、采集水藻。磷虾吃下水藻中的碳，吐出一小团黏糊糊的不可消化的物质，然后排泄出消化过的水藻。消化过的水藻会慢慢向海洋深处下沉。通过进食和消化，磷虾将海洋表面的碳输送到海洋深处，这个过程称为"生物泵"。因为磷虾数量庞大，因而，它们可以非常大规模地完成这一过程，将海洋表面大量的碳转移到无害的地方。根据估计，南极磷虾一年所清理的碳，大约相当于英国所有家庭一年的碳排放量。尽管其他一些以水藻为食的动物也以类似的方式处理碳，但是，在将碳送往海洋深处这一点上，它们的效率远不及磷虾，结果是在经过循环之后，这些碳更容易回到海面，排回到空气中。

很少人能亲眼见到活的南极磷虾，在人类的食物供应里，磷虾也只占很小比重。但是，磷虾富有营养，而且，就现在来看，数量还非常丰富。或许是磷虾的幸运，它们对人类而言谈不上是美味佳肴。有人曾告诉我，要完美地模拟吃磷虾的经验，你只需要去找一张手纸，将它略微打湿，放在冷冻柜里冻上一小时，然后拿出来端上桌食用就可以了。虽然如此，磷虾仍然富含蛋白质和油脂，既可以直接被人类食用，也有水产养殖的价值。要说有什么利用上的障碍，那就是要想大量捕获磷虾仍然是个挑战。首先，通常要在一些非常危险的海域才能找到它们；其次，捕捞磷虾的细眼网很容易堵塞；再者，将磷虾网离水面的过程会把它们压坏。真空吸虾泵解决了网的问题，但不可避免地会伤害磷虾，而这还只是问题的开始。

磷虾适应极寒环境里的生活，它们的体温和周遭寒冷的海水的温度基本一致，这有赖于磷虾体内奇怪的化学结构。举个例子，它们有一些很强大也很不寻常的消化酶。酶是生物催化剂，能大大加快包括消化在内的生物过程。人体内的酶和绝大多数动物体内的酶，随着温度降低，活性都会大大降低。而磷虾的酶需要应对非常极端的工作环境，所以进化得异常强大。人类已经利用磷虾酶的这些突出特征来制造药物，用于治疗感染、褥疮、肠胃紊乱、血管栓塞等。在这些方面，科学进步还比较有限。不过，已经取得的进展不断提醒我们，科学进步常常发生在那些最不可能的环境里，发生在那些被人们高傲地不屑一顾的动物身上。这也是一个强有力的理由，让我们不光要尽最大努力保护磷虾，还需要重视地球上所有生物财富的价值。

捕捞磷虾虽然面临巨大困难，但庞大的磷虾群对那些能克服困难的人来说颇具诱惑力。从日本、韩国、挪威来的捕虾舰不断驶入南大洋，人们想尽办法获取这大量且无主的资源。国际机构出于保护目的设置了捕捞限额。但问题是，没有人确切知道海里有多少磷虾。在没有准确数据的情况下，限额的设置本身就像是一桩摸彩票碰运气的事。

另一个需要考虑的问题是，磷虾喜欢群居的习性有时候也不利于它们。在一年的某些时候，绝大多数磷虾都分布在一些庞大的磷虾群里，集中捕捞对一个磷虾群来说是毁灭性的。除此之外，还有全球变暖导致的一个灾难性后果，幼年磷虾赖以捕食的冰盖在缩小。海洋酸化等现象也妨碍磷虾卵的孵化。所有关心南大洋生态系统的人都应该关心这些问题。为了应对这些问题，我们需要更精确的科学数据，以作出科学决策。如罗布·金所云，正是这个动机促使他每天工作，以应对这些挑战。

科学家的奇异生物实验室

带着这些考虑，我们回到霍巴特的澳大利亚南极局。简单的欢迎过后，罗布·金、川口创和我动身朝实验室走去。这是我第一次见到磷虾。和第一次看到其他有趣的生物一样，我心情颇为激动。它们看上去不像狮子那么可怕，也不像鲸鱼那样有压迫感，但它们确有独特的不凡之处。它们来自不同的世界，那个世界满是冰雪、风暴和未解之谜。

创走在前面领路。他说话轻柔，全无浮华，尽管他是这个领域里世界顶尖的科学家。20世纪90年代，他带领的团队最先在日本名古屋港的水族箱里孵育出磷虾。在霍巴特，他再次成功复制了那项成果，使得霍巴特成为第二个（也是迄今唯一的另一处）能人工孵育和养殖磷虾的地方。倘若要研究像磷虾这样至关重要的动物，而它们原本生活的环境又是那么不友好，那么，洞察它们生活奥秘的唯一有效办法就是进行人工孵育，在圈养的环境里进行研究。用这种办法，可以获得近距离的观察，从而理解这种奇异动物的行为举止。

磷虾实验室包括多个简朴的小房间，有一些高科技设备，也有一些显然是为适应特定目的而拼凑或改装成的专用工具和装备。为了迎合磷虾这样的特殊生物，你当然需要一些特殊的设备，而且，因为没有现成的指导手册，你需要在研究进程中不断学习，还要富于创造性。走过隔离区域的时候，我的目光被一系列反射出亮光的圆柱形容器吸引了，它们立在地板上，高及天花板，虽然都是绿色的，但明显能看出来彼此之间有轻微的色差，就像连环画或漫画书描绘疯狂科学家时的舞台布景。原来，这是磷虾的食物：每个圆筒状的容器里都培植着不同的水藻。将它们混合在一起，就做成了液体的南极沙拉。像人类一样，倘若食物过于单一，磷虾的状态就会不太好。在原生自然环境里，它们能吃上250种不同的水藻。想要完全复制自然环境是不可能的，不过，罗布想尽力做一个优秀的甲壳纲动物餐厅大厨。除了这些培植的水藻，罗布还用世界各地的产品来进行实验。现在，他终于获得了最完美的喂磷虾的浓汤，一种看起来有点暗绿褐色的液体。我闻了闻，似乎不那么诱人，不过，倘若罗布做成植物奶昔向嬉皮士们推销，兴许能赚到钱。不管怎样，磷虾显然对食物很满意，甚至还有点激动，打着旋儿游动起来。

走过培养水藻的容器，我们就看见了磷虾。成千上万只磷虾，正在一些巨大的盆里活动。透过水看去，磷虾向前移动的步伐清晰明了。为了适应南极栖息地，它们养成了慢生活的节奏。上下的概念似乎对它们不那么重要：它们可以用不同的泳姿游，向前游、躺着游、侧着游都行。一边游，一边还不断用食物篮在水里捕捞食物。有时候，似乎很突然，它们警觉起来，从不同地方迅速冲出来聚集在一起，形成一个防御性的不规则球形。眼见并无危险发生，慢慢地，它们又分散开。偶尔，某只磷虾会闪烁着蓝绿色的光，发出磷虾特有的旗语。谁知道它是什么意思呢？

　　我盯着的这些磷虾是从南极带回来的。为了让它们生活愉快，强力冷却器让水温始终保持在略高于零摄氏度的水平。把手伸进水里试试，就会意识到温度有多低。因为研究需要，我在安装拍摄设备的时候感受到了那种让人吃惊的寒冷。哪怕是将手在水里多放上几秒钟，都痛苦得很。保持恰到好处的温度还是比较容易的环节。要实现人工养育磷虾，得满足它们的所有要求。它们不光要存活，还要能茁壮成长，因此，必须认真考虑它们的一些特殊需求。最具挑战性的事情是保持好的水质。磷虾对污染敏感。霍巴特新家的水清澈新鲜，不用特别担心，不过，这是一场要持续进行的战斗。从塑料制品到金属制品，包括它们的某些副产品，都会对磷虾构成威胁。这意味着，培育和养殖磷虾的系统的每个部件，都要严格达到无毒的要求。在最初建造培育系统时，不良承包商用一些二手材料来做边角料，结果导致磷虾全死了，18个月的宝贵研究时间也付诸东流。现在，任何要进入磷虾池的物件，都必须经过罗布的仔细检查。哪怕是已经获得他的许可，也还必须在经过等离子处理的纯净水中彻底清洗，才能进入磷虾池。勤勉谨慎是有道理的，南极磷虾可不是你去趟宠物商店就能买来的。唯一的供应基地远在3000千米以外的南大洋，而且，还只在夏天才有。

　　满足磷虾顾客挑剔的食物和住宿要求之后，罗布和创着手应对下一个挑战——孵育磷虾。野外环境里，磷虾在南极的夏天繁殖，也就是一月到三月。而在水族箱的房间里，则用灯光来模拟自然环境。全天候24小时光照模拟南极的夏天，完全黑暗则是冬天。感谢创和他的团队在南大洋水下拍摄的影片，我们对磷虾的繁殖行为已经有了更多了解。公正地说，磷虾的做爱过程和人类很不相同，不过，有些嬉戏打闹倒也有几分相似。雄性热切地追逐雌性，如果追上了，就用他有尖刺的头来试探对方，看她是不是能接受自己。如果她也愿意，它们就会脸对脸相互拥抱。紧紧抱着对方之后，磷虾配偶就为下一个重要时刻做好了准备。这时，雄磷虾用步足包裹着雌磷虾，并将一包精液送给这位幸运的女士（我忍不住设想雄磷虾会说"好了!"）。最后，可能是为了保护精液的安全，雄磷虾会从底侧轻轻地推雌磷虾。完成这项工作后，磷虾父亲慢慢游开，让磷虾妈妈独立完成自己要做的那部分工作。不过，她可不是那种认真负责的母亲。产下约莫一万颗受精卵之后，她就随其他群体成员一道移居深水处，丢弃受精卵不管了。现在，她已完成了任务。

磷虾的奥德赛漂流之旅

从现在起，每颗将来会发育成胚胎的受精卵都只能自力更生。磷虾卵比水重，所以会慢慢向深渊下沉。差不多要下沉2000米，磷虾幼体才会孵化出来。刚孵化出来的幼体——被称为"无节幼体"——面临一个艰巨的旅程。用微缩模型来说，相当于一个还没有句号大的动物要完成数千米的旅程，这无疑是世界上最为艰巨的征途。为什么南极磷虾要让自己的后代经历这一段历程呢？毕竟，还有其他许多种磷虾的卵不会在水中下沉。或许，磷虾聚集成群的习性是一个重要原因。不断下沉会让磷虾卵相对安全，远离磷虾群中数以万亿计的无情老磷虾的食物篮。

不管真正的理由是什么，在冰冷黑暗的深海中，磷虾幼体必须开始它们漫长而艰难的向上溯游之旅。这些小家伙还比较幸运，作为当初抛弃它们的补偿，磷虾母亲为它们储备了一顿能量午餐，这顿午餐够它们一个月的口粮。实际上，说"口粮"是不恰当的，因为磷虾幼体甚至还没有嘴巴。随着旅程的展开，它们蜕皮、生长，并发育出嘴巴。它们绝不能在旅程中停下，因为需要在能量储备耗尽之前到达供应基地——可以觅食的海面。夏去秋来，幸存的磷虾终于到达了目的地。虽然身长仍然不足两毫米，但是，在过去的一个月里，它们差不多每天跑了一个马拉松（如果用人类的身体大小来比较的话），而且，还是在几乎没有进食的情况下。它们的到达差不多总是和海水变冷同时发生。南极周围的冰块开始不断扩大，不过，这对经过远距离游泳的磷虾选手不算特别坏的事情。冰块在磷虾眼里，就像是倒转的稀树草原。它们就像一群颠倒了个儿的角马在冻结的冰块下面觅食水藻，当然个头小得多。

在霍巴特，磷虾幼体不需要经历艰险的奥德赛漂流之旅。但是，这些弱小、精致的小生命需要罗布、创及其同事们的精心照料，才能慢慢成长。如此经过两年时间，它们才能成年。不过，它们完全不用太着急。磷虾太喜欢塔斯马尼亚水族池的条件了，很满意那里的生活，有些在那里生活了好些年头。在野生环境中，磷虾最多可能活上六年。而在霍巴特，通常还能活得更久些。它们满意地待着，尽情享受慷慨、亲切的照顾。

能近距离研究磷虾，会产生许多科研机会。在塔斯马尼亚冰冷的水族池里游动的磷虾，正在不断展示它们生命周期的奥秘和不可思议的集群行为，它们甚至能帮助科学家预测未来海洋生命的状况。除此之外，也还有其他许多作用。要保护好这个星球的生物多样性，我们需要基于科学数据来进行决策。虽然磷虾没有特别的文化象征意义，也不像熊猫那么可爱，但是，发现它们生命的奥秘，找到它们繁荣或衰落的原因，是保护南大洋的关键。

蝗虫之灾

作为地球的主宰，我们已经在很大程度上控制或边缘化了那些能伤害人类或损害人类利益的动物。但是，仍然有一种动物，它们能导致地球人口的大规模减少，而我们还没有特别强有力的应对办法。它不是某种虚构的现代巨齿鲨或者食人虎，而是一种蚱蜢——蝗虫。倘若多达数十亿只蝗虫聚集在一起，组成一支贪得无厌、不断前进的军队，那它们就势不可挡，几乎会摧毁前进道路上的一切事物。它们的出现给当地居民带来灾难性后果，所有的绿色植物尽遭破坏，庄稼、树木的叶子被吃得一片不留。蝗虫群经过的乡野光秃秃一片，就像野火烧过一样。

蝗虫群的到来，伴随着无数蝗虫一齐振动翅膀发出的刺耳声音，还有它们上下颌咬植被时发出的噼啪声。它们数量太多了，铺天盖地。在蝗虫群行经的路上，绝望的人们点燃旧轮胎、挖出水沟、喷洒杀虫剂，想尽一切办法驱散它们，然而效果都极为有限。单只蝗虫看起来脆弱不堪，但一群蝗虫却非常可怕，没有什么能阻挡巨型蝗虫群前进的脚步。

2004年，几场不合时令的暴雨过后，非洲西北部爆发了规模极大的沙漠蝗灾，给当地人带来巨大痛苦。蝗虫群最先在摩洛哥出现，根据报道，

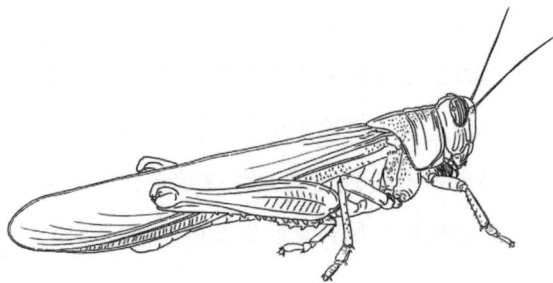

沙漠蝗虫

一个遮天蔽日的蝗虫群，连绵不绝地覆盖了极大一片地域，其长度相当于从伦敦到谢菲尔德，或者从华盛顿到费城。这个蝗虫群的蝗虫数量，相当于地球的人口数量的十倍。它们所到之处，庄稼被啃得只剩光光的茎秆。一地的食物吃完，它们又继续前行。蝗虫群可以到达的范围非常广。从这个蝗虫群分出来的一个小蝗虫群（大约1亿只蝗虫），降落在距离出发地1000千米以外的富埃特文图拉岛，由此可见蝗灾可以波及的范围。在历史上，甚至还有更远的纪录。比如，1954年，一个蝗虫群从北非飞到了英国。1988年，另一个蝗虫群跨越大西洋，从非洲西部飞到了加勒比地区。这种不可思议的虫害威胁着世界上五分之一的地域，包括一些最为贫穷的国家，蝗虫群飞到哪里，就把灾害带到哪里。

雪上加霜的是，世界上不同的地方需要对付不同种类的蝗虫。最近，因为几种本土蝗虫数量骤增，美国中部和南部受到重创。中国和印度也分别遭受了蝗虫周期性爆发带来的巨大损害。2010年，在澳大利亚东部的农业中心地带，一场蝗灾破坏了相当于西班牙国土面积那么大的农业区域。不管蝗虫群袭击哪里，它们产生的危害总是远远大于对庄稼造成的直接破坏。蝗虫不断进食，一直吃到长眠不醒，它们的尸体也开始堆积起来。其他一些捕食蝗虫的掠食动物，比如老鼠，会得到一场意外的盛宴。就这样，屋漏偏逢连夜雨，一场灾难招致另一场灾难。

从隐士到强盗

蝗虫群有另一种类型的社会性，其集聚和前面描述的发生在南极的集聚不同。磷虾群是生态系统健康的标志，与之相反，蝗虫的集聚则是地域昆虫生态危机的周期性表现。想要对付蝗虫，阻止它们大规模集聚造成破坏，我们需要理解它们的行为。这是科学可以发挥作用的地方。

第一个问题比较简单：它们为什么要聚集？近些年，我们已经在寻找答案上取得了重要进展。沙漠蝗虫有两种不同的形态，或称生态相。处于独居相的蝗虫，就像隐士一般，避免与同类接触，危害也相对较小。只有当它们进入群居相的时候，才会出现聚集。就像杰基尔和海德的故事①的现实版本，这种动物可以从一个个安静谦和、不爱出风头的隐士，变身成噩梦般的只会疯狂啃咬的铁血步兵军团。这两种生态相确实属于同一种动物，尽管两种不同的相使它们的行为极不相同，看上去也很不一样。正因为两种相的差异极大，以至于直到100多年前，人们才搞清楚它们确实是同一种动物。在独居相的时候，它们的颜色是暗淡、斑驳的卡其绿，完美地适合于伪装；移动也较为缓慢，总是与其他蝗虫保持距离。在群居相的时候，它们像是穿了一身由黑色、黄色和绿色构成的鲜艳制服；行动变得更加活跃。更重要的是，它们不再躲避同伴；相反，它们会乐意扎堆，这正是聚集行为的必要条件。

当蝗虫放弃独处的隐秘生活，转而成为喜欢聚集的动物，它们也更为暴露，更容易遭遇危险。为应对这一处境，它们需要提高防御能力。因而，它们开始积极寻觅那些味道苦涩的植物——这是它们在独居相的生活时期不会吃的。苦涩是pH值比较高的一个标志，这种味道就相当于一个保护性的铁丝网围栏。植物产生有毒的碱，以便让喜欢吃叶子的动物另找去处。然而，蝗虫并不是要寻找可口的食物。它们是要将植物的化学物质囤积在体内以保护自己。群居相的蝗虫用明亮的颜色来昭告天下，自己已经变得不那么可口，也警示那些掠食者离自己远点。

是什么原因促使蝗虫从相对无害的独居相转变为巨大抢劫团伙的成

---

① 出自小说《化身博士》（或译《变身怪医》）。故事讲述一个受人尊敬的科学家杰基尔医生，因喝了一种试验药剂，晚上化身邪恶的海德先生四处作恶。——译注

员？早期的一些研究认为，随着蝗虫数量的增多，它们就更可能聚集在一起。但究竟这是为什么呢？科学家在一些特殊装备的帮助下解开了谜团。史蒂夫·辛普森（Steve Simpson）在2001年进行过一项研究，目的是检验蝗虫从独居相到群居相的转变是否由动物间的物理接触引起。他现在是我悉尼大学的同事。有些时候，真实情况可能比小说还要奇怪。在这个问题上，他用极不平常的手段，竟然取得了重大的科学进展。史蒂夫和他的同事拿着画家的画笔，小心翼翼地反复挠独居蝗虫身体的特定部位，就像挠痒痒一般，每隔一分钟挠五秒。这个不寻常的实验的结果让人震惊，且觉得不可思议。仅仅需要周期性地触碰独居相的沙漠蝗虫的后腿，在四个小时内，就会使它们转换成高度社会化的抢劫模式。

史蒂夫的研究的巧妙之处在于，有效地模拟了空间狭小时沙漠蝗虫的生活条件。沙漠蝗虫通常生活在特别干旱的环境里。在食物供应颇为短缺的情况下，蝗虫最好的策略是占有较大的栖息地，依赖保护色来生存。降雨会大大减轻它们的生存压力，因为植物会对雨水迅速作出反应，在有利的条件下生长起来。蝗虫则抓住好时机，开始繁殖。但是，随着旱季来临，苦日子就来了。大量新生的蝗虫幼虫吃光了植物的绿叶，它们蜂拥如潮，开始向有植被的地块进军。尽管明显有不爱交际的倾向，但饥饿驱使着蝗虫幼虫聚在一起。因为蝗虫贪得无厌的食欲，最后几丛植物也消耗殆尽。这时，它们发现，彼此的距离已经前所未有地靠近，总是会互相挤挨着、碰撞着、擦拂着。它们之间的碰撞和擦拂，正是史蒂夫的挠痒痒实验想要模拟和研究的地方。逻辑告诉他，蝗虫的后腿应该成为实验目标，因为它们是蝗虫身体最为显著的部位，而且还布满感觉毛。果不其然，这确实是唯一能引起蝗虫改变形态的部位。另一个值得注意的事实是，不像蝗虫的其他身体部位，蝗虫后腿外侧的区域被偶然碰到（从而引起生态相的变化）的可能性要小一些。

从独居相到群居相的变化，首先是行为发生改变，其余的变化则逐步发生。后腿在刺激的作用下释放大量血清素，它们流遍蝗虫的身体，让蝗虫发生180度的大改变，从独居隐士变为热衷聚会的一员。血清素这种化学物质，也在我们的身体里积极地发挥作用。它是一种和降低攻击性、促进社会行为相关联的神经递质。对蝗虫而言，血清素的增加会激发蝗虫身体的一系列变化；从孤僻隐居到热衷社交的改变最为明显，紧接着发生的系统性重塑，让蝗虫整个变身为羽翼丰满、贪得无厌的庄稼破坏者。

营养丰富的同类

现在，蝗虫有了新的"性格"，外形和颜色也更加鲜明。它们乐意和别的蝗虫待在一起，但这仍然不足以形成大规模的聚集。还需要发生点什么才能使它们一起行动——某种深层的邪恶力量。对其他许多群居动物来说，社会性是有积极意义的事情，但蝗虫则不一样，它们被恐惧驱使着。引发蝗虫向群居相转变的触发因素是过度密集，而可供食用的植物的急剧减少则是造成过度密集的原因。这时候，蝗虫开始寻找新的食物来源。在它们的菜单上，确实还有另一种营养均衡供应丰富的食物——别的蝗虫。因而，它们很快发现，在它们面前，有丰富的潜在食物，而在它们身后，则有许多"食虫族"张开了血盆大口。它们开始移动，因身后的威胁驱使它们不断向前。如果哪一只停了下来，就会被无情的同类当作食物。

随着越来越多的蝗虫加入进来，所有蝗虫必须朝同一个方向行进。蝗虫群里的个体，完全没有时间自由选择。掉队或者我行我素地改变方向，本质上就意味着自愿成为周遭饥饿同类的点心。根据反复实验的结果，我们确知，正是来自身后的威胁驱使着蝗虫不断前进。当挡住蝗虫的眼睛使它们看不见来自身后的威胁，或者它们根本感觉不到身后的威胁时，它们就不再前进，只是静静地待在那里。实验者告诉我们，如果这样，它们的尾巴就会被啃掉。从最根本的意义上说，蝗虫向群居性的第二自我转变，乃是应对死于饥饿的紧急措施，而蝗虫群的大规模移动，则是一场强制性的"行军"。

和磷虾一样，蝗虫也不是特别慈爱的父母。不过，在抛弃孩子之前，它们也会提供少量帮助。在产卵的时候，雌蝗虫会利用她近期的生活经验来选择孩子们的命运。如果她是生活在密集的蝗虫群里，产卵的时候，她就会给卵涂上一种化学物质。这种化学物质会让她的后代直接发育成群居相，而不需要先经历她以前可能经历过的麻烦的摩擦大腿的过程。这种行为有个突出效应：一旦蝗虫群的聚集开始形成，蝗虫就获得自发的动力，能够将聚集行为直接向下一代传递。这就是驱散一个蝗虫群非常困难的原因。要让蝗虫重新变回暗绿色的、喜欢独自待在家里的独居相，得让蝗虫母亲们认为自己是在享受独处的生活才行。这会是一个非常缓慢的过程，可能需要经过好几个月，连续好几代。

即便是现在的高科技时代，地球上仍有很多地方饱受蝗灾之苦。关于蝗虫聚集行为的原因和过程，我们已所知甚多，但我们仍不知道怎样将这些知识转化为最有效的实践办法。目前，最常用的控制蝗虫数量的办法是使用杀虫剂，通常用飞机向蝗虫群喷洒。从一些地区蝗灾爆发的规模和持久程度来看，这种办法的效力颇为有限。而且，代价很昂贵，既不够经济，更重要的是，还会杀死其他一些我们认为有益的昆虫。人们也尝试过利用蝗虫的自然天敌来对付它们。比如，有种叫绿僵菌的真菌，它们可以感染、杀死蝗虫，但不影响其他昆虫。未来，也许可以找到操纵蝗虫血清素反应的办法，使蝗虫不发生从隐士到强盗的生态相转变。到那时候，蝗灾给亿万人民带来的艰难惨痛，或许就会成为记忆。

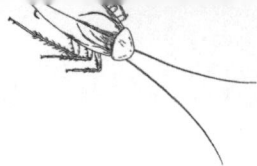

最讨嫌的动物

数年前移居澳大利亚的时候，我做好了各种准备，以应对可能遭遇的危险动物，包括体型硕大的鳄鱼、躲在鞋里准备打伏击的蜘蛛、光凭眼神就能

蟑螂

让人害怕到窒息的巨大蟒蛇。如果你想避开这些动物的侵袭跑去海边稍作喘息，则可能遭遇鲨鱼的攻击，甚至，有些拇指盖大小的章鱼，也能让你在一眨眼的工夫殒命。

我还活得好好的。所以我想，要么是我注定能幸存下来，要么是它们认为我不那么可口。向来如此，几乎在任何时候，总是那些你毫无准备的事情让你惊愕万分。到达的第一天，我想探索一下周围的环境。就在住所前的街道上，我看见一只硕大的蟑螂，它在光天化日之下大摇大摆地溜达，就像是在浏览橱窗里琳琅满目的商品。我以前从未见过蟑螂，但我立即将它归类为害虫。这个反应引起我头脑里的对话。对这样一只动物，我怎么能如此迅速获得客观结论呢？我不断地问自己。我本应是理性的典范，是那些不被看好的动物的拥护者，现在却对一只不起眼的昆虫撇嘴，毫不掩饰地轻蔑斜视。这不是我第一次对自己感到失望。尽管试着从多个方面来考虑，我仍然想不出答案。仅仅看一眼这颜色像耳屎一样的六足动物，我就控制不住自己的厌恶感。因此，蟑螂必然有某些让我们反感、厌恶的地方，可能是它们小步疾走的样子、它们多毛的腿，或者是美洲大蠊那样的体型。对蟑螂的厌恶，似乎植根于我们的大脑深处。

我们的厌恶是有道理的。它们体表的角质层携带病原体，比如沙门氏菌和大肠杆菌。它们在食物上走过的时候，可能污染食物。许多细菌经由蟑螂的内脏，随粪便一起排出，给附近环境造成污染。更糟糕的是，蟑螂体内的一些蛋白质是人类的过敏原，会引起哮喘，长时间接触的话，还可

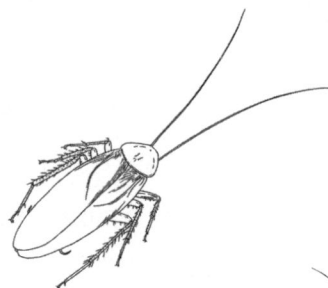

能引起严重的过敏性休克。

任何遭受过蟑螂侵扰的人都会告诉你，它们很难清除。我的一个朋友，曾经历过一次严重的德国小蠊泛滥。虽然它们不过是种身体上有别致暗淡条纹的小昆虫，但是，放任不管的话，它们可以发展成一个庞大的种群。刚搬进一个新公寓时，我的朋友发现，房子里还住着另外数十万房客，它们每天晚上都出来举行派对，而且什么都不怕，甚至在他睡着的时候爬上床。他最终忍无可忍，想方设法消灭这些蟑螂，然而，蟑螂的反复骚扰摧毁了他的乐观。蟑螂之所以会短时间内卷土重来，部分原因在于，蟑螂饵在一次人虫大战中生效之后，似乎就会失去原有的效力。有研究者认为，蟑螂学会了避开曾用作诱饵的糖，这个教训可以传遍整个蟑螂群体。

蟑螂以顽强的生存能力著称。传言说，有些蟑螂没有头了也能活得很好，这当然错得离谱。不过，它们确实可以数星期不进食还安然无恙，也可以适应不寻常的食物来源，比如邮票背面的黏胶。蟑螂难以被清除的另一个原因是它们的繁殖速度。在适宜的条件下，从一对德国小蠊开始，数年之内就可以繁殖成百万之众。不幸的是，我们不经意间为蟑螂提供的条件太适合它们了。我们的房子温暖舒适、食物充足，到处是藏身之所，还没有掠食天敌。就当前情况来看，在可预见的未来，我们除了有点恼火地和蟑螂共享居所以外，几乎没有别的可能性。

既然我一见到它们就厌恶，我显然不是它们的支持者。我也不打算用这个理由来说服你——它们其实是举止得体的小生物，而且，它们在母亲面前恪尽孝道，颇值得我们予以更多的同情性理解。不过，其作为一个群体，它们的呼声还是该公正地听一听。首先要引起注意的是，蟑螂有近5000种，但只有30来种会给我们带来麻烦。事实上，其余4970种蟑螂，会像我们躲避它们一样躲避我们。它们忙着自己的事情，并发挥着种种重要的生态功能。你还没有被说服？好吧，我承认这个见解比较难以接受。

但是，通过认识这种动物，我们可以更好地理解动物社会的演化，也能学会如何更有效地管制它们。

同居的蟑螂

许多蟑螂是社会性群居动物。和其他蟑螂一起生活，对幼小蟑螂的早期发育过程特别重要。和同类进行互动，对蟑螂的生长也非常重要，就像其他社会动物一样。比如，根据行为科学的研究我们得知，在性格形成的早期阶段经历过隔离痛苦的人，在以后的生活中可能会有交往障碍，语言能力的发展也可能会慢一些。我们无意在蟑螂和人类之间建立直接的对等关系，但公正地讲，群居动物在幼年阶段如果没有恰当的社会环境刺激，那么随后的成长就会受到影响。在生命早期就被隔离的蟑螂，会走向悲惨的命运。它生长缓慢，哪怕成年以后，也只能生活在社会的边缘。因为不能恰当地与其他蟑螂交往互动，它努力挣扎着想融入蟑螂群体，苦苦哀求想要获得却始终不能实现的爱情。倘若它能书写，这蟑螂必定会将自己的生存痛苦，写成凄美哀绝、催人泪下的诗歌。

通常，我们看到蟑螂的时候，它都在独自行走，如果你恰好刚打开灯，你可能会看到它迅速爬向一个可以藏身的黑暗角落。这和本书里描写的其他动物都不一样，其他社会动物绝大多数时候都和同类待在一起，和同伴之间往往不过一臂长、一腿长或者一鳍宽的距离。蟑螂喜欢和同伴一起在阴暗潮湿的地方隐秘地度过白天，晚上再独自开启觅食冒险之旅。它们的社会行为几乎都发生在我们看不到的地方。

在白天的隐秘生活中，蟑螂形成一个个可清晰区分的群体。它们用嗅觉来为社群生活导航，每只蟑螂都有自己独特的化学签名，使得别的蟑螂能认出它来。凭借灵敏的嗅觉，蟑螂可以将自己群体的成员和别的群体的成员区分开来，也可以将自己的亲戚和别的蟑螂区分开来。它们恰恰凭借这种能力来组织自己的社群，甚至可以让来自一个家庭的数代蟑螂一起生活。除了社会认知，蟑螂还能用这种化学能力来判断谁吃过什么，因此，蟑螂群就像它们夜间觅食的控制中枢。知道这一点对我们也有帮助。当前，我们控制害虫的办法，主要依赖于遏制它们的数量来减轻损害，或者用灭蟑烟弹来实施攻击。尽管灭蟑烟弹确实很有效，不过它们含有一些对人体有害的物质。如果能够弄明白蟑螂的化学语言，我们也许就能发明更有效、针对性更强的将害虫引入陷阱的办法。正如我们在磷虾和蝗虫那里看到的，有时候，一些似乎没什么指望的研究能带来极大的益处。

通常，只要周围有足够的食物维持生计，蟑螂群就会一直生活在同一个居所。不像其他动物群体，它们不会攻击外来者，所以，旅行而来疲惫不堪的蟑螂，也能在一群陌生蟑螂中间得到庇护。群体生活不仅给蟑螂提供了它们渴望的社会互动，还能改善它们的生活条件。更多蟑螂聚集在一起，可以略微提高生活环境的温度和湿度，从而帮助幼年蟑螂生长，防止它们因环境过于干燥而死亡。

如果食物资源不足，或者住所过于拥挤，群体的部分成员就会选择离开。这群移民会寻觅一个能满足几项基本要求的新居所，要足够黑暗、能提供庇护、离食物比较近，更重要的是，还要离别的蟑螂群远一点。这群新移民的性格特点不一而足。有些蟑螂是探险家，勇敢承担寻找新家的风险，而有些可能天生就小心谨慎。倘若探险者找到一个黑暗、舒适的藏身之处，在它们出现之后，群体里其他蟑螂就很可能跟着它们加入进来。在一个空空的庇护所和一个已经有蟑螂在里边（或者有蟑螂的气味）的庇护所之间进行选择的时候，它们每次都会选择后者。用这种办法，蟑螂可以吸引来更多的蟑螂。

蟑螂在选择居处的时候，对"聚群而居"的冲动是如此强烈，胜过了选择新家时的其他考虑。哪怕个别蟑螂感觉到新家有某些严重缺陷，例如太明亮了，但它们通常还是会接受由之前的蟑螂作出的选择，慢慢地都搬进新家。

虽然在群体里生活，但蟑螂都是独立的个体。它们没有等级秩序，也没有发号施令的首领。这使得它们区别于蚂蚁，蚂蚁群体有高度结构化的社会行为，每只蚂蚁有确定的社会角色，还有一只蚁后，她掌管着整个部落。蚂蚁、蜜蜂和泥蜂，都是从独居相的黄蜂进化而来，但是，另一种有高度社会组织的昆虫，即白蚁，其身世起源一直隐秘不详。十多年前，对白蚁进行的一项分子检验揭示：事实上，它们是一种具有高度社会性的蟑螂。因此，对蟑螂社会的研究可导向对群居昆虫的研究；在所有动物中，群居昆虫的社会群体最为复杂，也最让人着迷。

第 2 章

宝贝，我喂了孩子

Honey, I Fed the Kids

⋮

蜂、蚂蚁和白蚁是昆虫中的"超级生物"。

熊蜂

蜂王的工作

现在正是英格兰的春天，我走过一片树林，享受着亲近自然的欢愉。刚长出的叶子一片新绿，完全驱散了几星期前还笼罩着乡野的灰暗阴郁。林间的地面上，木海葵之类的春花争相开放，像是在和时光竞赛。用不了多久，大树就会长得枝繁叶茂有如华盖，挡住阳光。鸟儿在高声鸣唱，宣示着领地的主权。春天里，一切都生机勃勃。我停了下来，深深地呼吸着春的气息。就在这时，一个毛茸茸的像高尔夫球的东西从我头顶飞过。

它不是一个高尔夫球，而是一只熊蜂蜂王。这种毛茸茸、体型粗壮的昆虫总是让我兴致盎然。和树林里其他动物、植物一样，熊蜂正在执行一项任务。它独自在地下度过了黑暗漫长的冬天，储存在体内的能量已经消耗殆尽。它正忙着采集早春花的花蜜，等体力恢复之后，才能去寻觅巢穴。它可能选择地面下的一个洞或者一个废弃的鼠窝，有时候也可能更高端些，比如废弃的鸟巢。

蜂王嗡嗡飞过，它似乎已经选定了筑巢的地点——摇摇欲坠的一堵石头墙里的一个小洞。这堵墙应该是农民建的土地界墙，已经有点年头，现在几乎完全被树木和藤蔓占据了。要不是蜂王搬进来，它实在没什么惹人注意的地方。我俯下身，想观察得更仔细些。我能听到蜂王在里边忙活，但是，因为墙里太暗了，我看不到它。过了一会儿，它又出现了，飞向一些早春花，稍稍停驻，又匆匆飞回石头墙。看来，它已决意要在这里筑巢定居，把它的卵都产在这个满是石头碎屑的巢穴里。确实，这个选择还不赖。虽然此处破破旧旧的，还覆满苔藓，但毕竟它长年在此，历经数十载，显见以后还会继续存在。不过，我禁不住想，这只蜂王究竟要做哪些事情？她需要用自己分泌的蜂蜡做一个小蜡罐，不断采集花蜜装在罐里，以维持产卵过程的饮食之需。然后，她需要做一个模范母亲，为孵育后代竭力奉献。在早春的寒意里，这绝非易事。要让卵存活，得让它们保持温暖；30摄氏度是最理想的。她蜷曲着身体，抱紧产出的卵粒，不断收缩颤抖飞行肌以产生热量。即便库存的食物供应充足，这些费劲的工作也会让她容易饥饿，很快消耗完食物。不时地，她需要离巢，以闪电般的速度飞向附近的花朵，迅速获得补给。一旦她离开卵，卵的温度就会开始下降，这是最大的问题。返回蜂巢前，她只有很短的宝贵时间来充实粮仓。这般筋疲力尽的忙碌要一直持续4天，最终，她的艰辛付出会获得回报，产的卵都孵化了。

不过，女王可不会松懈，现在有十几张嗷嗷待哺的小嘴等着她喂食。接下来的数天里，她不知疲倦地在巢穴和丛林花园之间不停往返，将采集来的食物塞进小宝宝们的嘴里，直到它们发育到一个新阶段，开始结茧化蛹。一切顺利，蜂王可以喘口气了。在蛹室里，幼虫会发育成工蜂。一旦工蜂破茧而出，它们便接手觅食、清洁和护卫工作。在以后的生活里，蜂王就只需要完成生育的任务，她再也不离开巢了。有些人可能觉得她像个囚徒，我倒不这样看。她谨守传统，生活方式和自己的母亲还有之前无数的蜂王完全一样。如果她的努力获得回报，也就能完成自己的使命。她建立了自己的群体，也用自己特有的方式重新创造了最富有趣味的动物行为。

春夏两季，我多次回到那个地方。每一次，我都很高兴地看见几只比蜂王略苗条些的熊蜂，像蜂王一样从墙上的小洞里飞进飞出。它们应该是她的孩子。显然，蜂王成功了，她的家人已经能够自立。这些蜂，还有蚂蚁、黄蜂、白蚁，常被人们称作社会性昆虫。它们形成紧密联系的集体，每个个体都为集体的成功作出贡献，在有些情况下，甚至会牺牲自己的生命来为集体赢得更大利益。多至数百万个个体组成的群体，行动起来却井然有序，仿佛完全受命于一个大脑；它们协调到这种程度，就像多个个体结合成了一个个体，以至于常常被人描述为是一个"超级生物"。按照这种思路来看，动物的身体是由很多相互作用的细胞、组织和器官构成的；社会性昆虫群体也像是一个生物体，不过，它的构成部分是各个紧密协调的群体成员。这些群体还有其他一些定义性特征，比如限制蜂王交配的权利，其他工蜂需要合作照料家庭成员等。在某些昆虫社会里，你似乎能看到人类社会的"种姓制度"，它们的某些成员执行专门的特殊任务，其行为和群体里的其他成员也不一样。群体的所有成员都互相依赖，这是社会性昆虫取得惊人成功的核心秘密。

蜂群的社会

说到蜂，人们通常都会想起蜜蜂、蜂巢、蜂王和工蜂。也许很多人会吃惊，其实，蜜蜂并不是最典型的蜂。事实上，蜂有两万余种，其中的绝大多数都是独居种类，像其他独居昆虫一样，它们独自生活、觅食、繁育后代。在这类生物里，我们几乎可以找到所有能想象的社会系统，从独居的个体经营者，到由少量个体构成、组织松散的小团体，再到组织严密、让人叹为观止的大集群（包括熊蜂和蜜蜂）。在大集群里生活的个体，会牺牲一部分个性特征，以换取更大的益处；它们的协作策略在自然界几乎无可匹敌。

对许多蜂而言，在相互合作的巨大群体里生活是它们颇为成功的策略。问题是，这是如何产生的？特别是，究竟是什么原因促使这些昆虫牺牲自己的个性特征，甚至繁殖机会，而听任命运的安排，甘愿承担照顾

"别人的小孩"这种更次要些的工作呢？蜂为这个问题提供了一些重要洞察，揭示了这个物种在不同阶段的特点，包括独居蜂和群居蜂的差异。

以兰花蜂为例，这些生活在美洲中部和南部的可爱生物，像空中飞着的宝石；并且蜂如其名，它们特别钟情于兰花。兰花不仅盛产花粉和花蜜，还能为雄蜂提供一种化学工具，雄蜂就像一位香水大师般用它来引诱雌蜂。成功交配以后，雌蜂会造一个小蜂房，将卵产在里面。几乎同时，其他雌蜂也在做同样的事情。有些种类的蜂会聚在一起，毗邻而居搭建蜂房。类似地，对有些掘地蜂来讲，它们需要付出艰巨劳动，才能在地底下挖掘出一个筑蜂巢的地方，这片风水宝地最好由多只雌蜂共享，以便大家都能从集体劳动中获益。另外，群体生活的社会安排，也让那些想侵入揩油的家伙不那么容易得逞，因为家里总有"守卫"在看着。因此，独居动物集中在一起产卵，也许就代表着它们迈开了走向群居生活的第一步。

共享居所只是一个方面。如果每只蜂都独立经营自己的生活，我们就仍然难以理解何以蜜蜂之类的动物会产生那么奇妙的社会安排。对此，木蜂提供了进一步的线索。这类蜂有时候会结伴生活，或是一对姐妹，或是一对母女。虽然社会性的概念基于互相尊重和宽容，但是，木蜂伙伴之间的关系颇让人担心。它们中处于支配地位的成员，总是强制另一个同巢伙伴待在她该待的地方，甚至还会吃掉她产下的卵。或许为了缓和形势，处于支配地位的蜂会成为主要的觅食者，负责离巢采集食物，留下另一只蜂守卫蜂巢的入口，严防掠食者以及其他食腐动物或觅巢木蜂的侵扰。在这种安排里，我们看到了复杂社会的一种基本形态，即由更易结伴的近亲构成的社会。在群体内部，只有一只个体有繁殖的权利，社会所有成员（木蜂是两个成员）已经有明确劳动分工，成员在养育和保护幼年个体方面发挥着不同的作用。

人们禁不住会想，既然年幼些的同伴在双边关系中处于不利境地，那么她为什么还乐意接受这种关系呢？尽管处于从属地位，还要忍受所产之卵被吃掉的羞辱，年幼些的木蜂仍然可以从"整体适应性"中获益。生物学家谈论适应性（fitness）的时候，说的可不是健身房里的"强健"（fitness），而是指某个动物能否成功将基因传递给下一代。许多动物都是通过哺育自己的孩子来获得我们所说的适应性，但这不是成功的唯一路径。它们也可以通过帮助自己的亲属来获得适应性，因为这些亲属有和自己一样的基因。整体适应性就是指在最宽泛的意义上能将基因传递给下一代的适应性。通过帮助亲属，木蜂下属能间接获得适应性。不过，它的帮助并非纯粹出于善良仁爱。蜂巢里的位置竞争有时候会很激烈，处于弱势的木蜂自立门户的机会极其有限。倘若年幼木蜂能忍受被支配的现状，一旦苛刻专横的老木蜂死去，她就能继承这个蜂巢。

这些走向群体生活的初步尝试，或许有助于我们理解复杂的昆虫社会是如何产生的。可以合理地猜测，也许，它们更复杂的社会生活最初就起源于雌蜂留在蜂巢里帮助母亲或姐妹。值得一提的是，对木蜂而言，只有雌蜂有社会性，雄蜂从来不会这么做。另外，如果你因此就认为这些动物一定会朝着合作与社会化的目标发展，那你就错了。事实上，有些物种会退出社会生活，重新过上独居生活。社会生活也并不总是对所有动物都适宜。

湿热午后的袭击

我本人并不是特别爱好交际。许多年前，在马里兰拜访一个朋友时，朋友硬要把我拖出去打垒球。那天下午极其湿热，我自己宁愿待在房间里守着空调看看书。碍于朋友盛情，我被拉到外面，脸晒得通红，闷闷不乐。好几次，我都想把球打进毗邻的玉米地去，以早点结束游戏，但都失败了。

好在动物的干预拯救了我，使我得以免遭更长时间的羞辱。有那么一会儿，我头脑里正在想着"有组织的娱乐"这个概念。紧接着，我们就被一群小飞虫袭击了，它们凶狠异常，直朝我们的眼睛扑来。最后，我们不得不躲进屋里，让这些袭扰者继续成为别人的痛苦之源。

拯救我的是汗蜂，它们受汗水吸引。吸食全球手脸上带盐分的汗水，是它们补充食物供应的一个办法。事后想来，我应该给它们带一碟盐水表示感谢，不过我那会只顾着将脸凑向空调，好让头脑冷静下来。

至少从生物学家的视角看，这种讨厌的生物也有好的一面，那就是它们奇妙的社会行为。汗蜂总是对生活保持开放态度。有些时候，雌蜂独立经营自己的生活，也独自营巢。还有些时候，它们形成社群。影响它们是否选择以社会性的方式营巢的决定性因素，是筑巢地点的竞争，以及环境条件是否友好，比如能否允许它们在一年内哺育几群蜂。关于红足隧蜂这种英国汗蜂的研究表明，来自较寒冷环境的汗蜂都是独自生活的。因为气温决定了它们有多少食物，也决定了幼蜂的生长发育速度，生活在北方的汗蜂无法在一年内哺育好几群蜂。再往南一些，气候更为温暖，蜂就会形成社群。在温暖的几个月里，它们不止哺育一群蜂。因此，第一代孵化的蜂就能够待在周围，帮助抚养下一群蜂。家庭越大，需要的食物就越多。不过，因为有许多"自愿展翅"的工蜂去采集食物，而且附近又有足够的花朵取之不尽，整个团队就因此而受益。综合来看，如果环境条件允许的话，集体营巢是这些蜂的最好选择，不过，它们能灵活地走向社会生活，这也意味着汗蜂可以调整自己的行为去适应环境条件。

构筑蜂巢并维系蜂群，需要团结合作、齐心协力。因此，或许并不令人惊讶的是，有些种类的蜂会钻空子"搭便车"。杜鹃蜂会聪明地利用近缘物种的合作行为。社会性蜂群的成员四处探索，忙进忙出，一起为群体的繁荣无私奉献。但杜鹃蜂则不一样，它们擅长讨便宜，总是让其他种类的蜂帮它们哺育后代。满腹卵子的雌杜鹃蜂，要执行一个鬼鬼祟祟的任务。她的目标是进入另一个蜂群，将卵产在它们的蜂巢里。她的伪装对执行欺骗任务大有帮助，因为她看上去和闻起来都像是目标蜂群的工蜂。首先，它必须骗过蜂巢入口的把守卫。这些把守的蜂的部分职责就是留神观察，防止杜鹃蜂耍花招。不过，因为同时有数十只工蜂进进出出，靠着偷偷摸摸的伎俩，杜鹃蜂总有机会安全进入蜂巢。一旦进入蜂巢，它就会将卵产在东道主已经准备好的孵育巢房里，等卵孵化后，也靠欺骗那些工蜂来抚养它的后代。它的幼虫不仅会吃巢房里的花粉，还会吃掉巢房里原来的居住者——正在生长发育的幼虫；当然，也有可能蜂王还没有为它准备好幼虫，那它就得等一阵子。更过分的是，入侵的幼虫成为成虫从巢房里爬出来后，它可能仍然待在东家的巢里过上寄生生活，就像一个最糟糕的客人。

告诉我蜂蜜在哪里

在所有社会性昆虫里，蜜蜂最广为人知，也深受世界各地的人们喜爱。人们有很充分的理由喜欢蜜蜂，其中一个理由是蜂蜜。人类养蜂的历史不可思议地长。根据考古学的研究，大约9000年前，北非的居民就用陶器保存蜂蜜；而同时期的艺术作品表明，埃及人在4000年前就开始养蜜蜂。蜂蜜有些奇特的性质，使它几乎可以无限期地保存。这一定程度上是因为蜂蜜含糖量特别高。糖吸湿性很强，它能吸收多余的水分，使得微生物很难存活。除此之外，蜂蜜还含有葡萄糖酸和过氧化氢，这些都是蜜蜂在将花蜜加

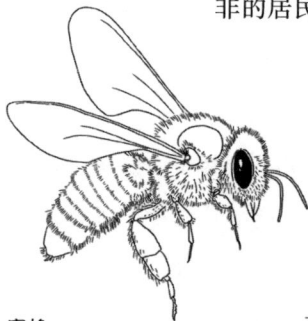

蜜蜂

工成蜂蜜的过程中的产物。这些物质共同使得蜂蜜几乎完全对细菌免疫。在埃及墓穴的陶罐中发现的蜂蜜，虽然已经埋于地底数千年，但仍然可以食用。因为蜂蜜的抗菌性质，历史上人们一直使用蜂蜜来治疗刀伤或烧伤，蜂蜜涂层会成为微生物无法通过的屏障。哪怕是现在也还有人使用这种方法，他们将蜂蜜直接涂抹在皮肤上，或者敷在伤口上。

蜂蜜总是很自然地被当作食物。不仅人类如此，黑猩猩、蜜獾等动物也如此，它们敢于冒犯愤怒的蜜蜂，就是为了得到蜂巢里色泽金黄的甜蜜奖品。蜂蜜是解决能量储存问题的一个绝佳方案，这也是它让人垂涎的原因。不过，要得到蜂蜜可不容易，也难怪蜜蜂总是和辛勤劳动联系在一起。工蜂每次离巢采蜜，可能会采集上百朵不同的花。它从这些花里采集花蜜，将吮吸到的花蜜先储存在蜜囊里，返回蜂巢后再吐出来。然后，一条蜜蜂生产线开始对花蜜进行加工，酿造花蜜；内勤蜂反复吸入吐出花蜜，每次都消化一点点，并减少花蜜所含的水分，直到花蜜变成真正的蜂蜜，能储存在蜂巢里。一个蜂巢一年可产40千克蜂蜜，这可是非凡的成就，毕竟每只蜂一生酿的蜜也不及一茶匙。

一个蜂群有四五万只蜂，它们神奇地分工协作，有条不紊。蜂王是蜂群的核心，她持续不断地产卵，一天大约就能产下约2000枚卵。维持蜂群的数量至关重要，因为在盛夏蜂群最忙碌的时候，一只工蜂从虫卵到死亡的时间大概只有两个月。工蜂是蜂王的女儿，不过，它们就像侍臣一样，要承担照料蜂王的任务。它们用蜂王浆（青年工蜂的分泌物）来喂养蜂王，还要帮蜂王做清洁，包括舔蜂王（从人类的视角看，这有点奇怪）。被舔舐干净的蜂王状态良好，更重要的是，工蜂会在这个过程中收集蜂王发出的化学信号，然后游走于蜂巢，将信号在群体中散布开来。这些化学信号的效果是保证整个蜂群都安于"蜂王之治"；换言之，蜂王一切安好，因此，蜂群也岁月静好。

工蜂生命不仅短暂，还受到严格的约束。蜂王产卵之后大约三个星期，工蜂开始慢慢爬出巢房。然后，它们需要经受一系列工作训练。首先是清扫巢房，为蜂王下次产卵做准备。其次，是承担保育的责任，喂养还在发育中的幼虫，有时候也需要喂蜂王。随着资历渐深，工蜂成为建筑工人，开始用自己腹部的蜡腺所分泌的蜂蜡来建筑或修补巢房。干过几星期这些级别较低的工作后，工蜂要负责的工作开始分化：守卫蜂巢防止入侵，扇动翅膀控制蜂巢内的温度，在夏天取水，甚至当殡仪服务员，将死去的工蜂或幼虫搬到远离蜂巢的地方。最后，它才可以去从事最令蜜蜂知名的工作：飞出蜂巢去采集花粉和花蜜。这份采蜜的工作它能干多久呢？这取决于一年的时令。在一年最繁忙的时节里，它大概只能活三个星期。采蜜可是特别耗神费力的事；基本上可以说，它是为了群体的利益工作至死。

传说中的蜂针

蜜蜂的无私奉献，也表现在它们保护蜂巢的举动上，它们就像敢死队一样无所畏惧。只有雌蜂有蜂针，这很好理解，因为蜂针原本就是由产卵器（产卵管）演化而来的。蜂针有倒刺，能嵌入目标动物的皮肤里。因此，蜜蜂在试图拔出蜂针的时候，倒刺会勾住目标动物的皮肤，导致自己的内脏被扯出而死亡。留在蜂针上的一大块内脏，包括一对毒腺，毒腺会继续向受害者的伤口注射毒液。在所有的蜂里，蜜蜂的蜂针是唯一长着倒刺的，因而，蜜蜂也是唯一在蜇刺过后就会死亡的蜂种。不过，蜂针只会嵌入大型动物的皮肤，因为这些动物皮肤较厚，比如人类这样的哺乳动物。如果威胁蜂巢的动物比较小，蜂针未必会被它们的皮肤嵌住，这样蜜蜂就还能存活。

蜜蜂可没有心怀恶意，它们的蜂针主要是用来保护蜂巢，而不是什么先发制人的手段。正是如此，在确信蜂巢受到威胁的时候，这些通常温顺无害的生物就会迅速变身。一旦一只蜂蜇刺了入侵者，它就会释放出一种信息素来激发附近其他蜂的攻击反应，其他蜂就会迅速加入攻击行动中。漫画中的角色在受到愤怒的蜂群追赶时，可能跳进水里躲避。但是，此前的蜇刺留下的信息素很难洗掉。因此，最可能发生的事情是，蜂仍然会待在信息素最强的地方，等待受害者冒出头来。蜂的蜇刺有可能致命，特别是如果受害者有过敏反应的话。即便没有过敏反应，要是被蜇得厉害也会非常危险。

几乎没有人像约翰尼斯·瑞利克（Johannes Relleke）一样，经历蜂群那么长时间的狂怒攻击。那是 1962 年，他和狗在灌木林里散步。不知道怎么引起了一群蜂的攻击。刹那之间，悠闲的散步就变成了慌不择路的奔逃。他跑着跳进附近的河流，蜂群在后边追着，狗也跳进了河流。瑞利克让自己和狗都浸没在水里，只在迫不得已要呼吸的时候才露出脸（和狗的鼻子）。蜂群无情地顺流追赶，一有机会就蜇他。屋漏偏逢连夜雨，他在河里遭受折磨的时候，一条鳄鱼还乘虚而入，掳走了他的狗。尽管蜂群始终盯着，他最终还是摆脱了它们的纠缠。现在，他作为蜂蜇数量最多的幸存者，创下了吉尼斯世界纪录：从他身上总共取出 2443 根蜂针。瑞利克那天受到的攻击，唯一落下的长期影响是一只耳朵聋了，已知的蜂蜇的副作用里可没有这一项。数年以后，原因终于搞清楚了，他进行柔道训练时被人摔到地垫上，一只死去很久的蜂从他耳朵里掉了出来。

蜜蜂会为了群体的利益自我牺牲。倘若蜂巢受到威胁，不管什么时候，也不管这种威胁来自哪里，蜜蜂都会不顾一切挺身而出。而且，如果蜜蜂知道自己携带了寄生虫，它们也会为了群体利益，把自己隔离起来。有一个很著名的事件，发生在罗伯特·斯科特（Robert Scott）船长 1912 年时运不济的南极探险之旅中。劳伦斯·奥茨（Lawrence 'Titus' Oates）船长是探险队成员之一，为了团队，他作出了自我牺牲。从南极返程的途中，他们遭遇越来越恶劣的天气，补给也越来越匮乏。奥茨的冻伤很严重。他清醒地意识到，自己的状况在拖累大家的前进步伐。于是，他决定自行了断。根据斯科特的日记记载（后来才被人发现），3月17日的早晨，他们在帐篷里躲避一场暴风雪，当时的温度低至零下40摄氏度。奥茨告诉自己的同伴："我出去一下，可能要一会儿。"但同伴后来再也没见到他。蜜蜂似乎不太可能知道自己时日无多，然而，经受寄生虫折磨的蜜蜂似乎会把自己隔离起来，以免同伴也感染上寄生虫。离群的蜜蜂不能存活，因此，这或许也是一种像奥茨一样的自我牺牲。

如同其他社会性昆虫，蜂以忠于集体、无私奉献著称。在蜂群社会里，彼此之间融洽和谐。不过，无政府主义的威胁也在社会边缘潜伏着。争夺繁殖的权利是冲突的原因。通常，只有蜂王才能产卵，但是，在很多种类的蜂（包括蜜蜂）里，有些原本该成为工蜂的个体也发育出产卵的能力。虽然未经交配，它们也能产下未受精的卵，这些卵会发育成雄蜂。拥有自己的孩子可是难以抵制的诱惑，但是它们的这种行为会对已经建立的社会秩序构成威胁。结果，工蜂警察会介入这些叛乱行为。它们如果发现了不是蜂王产的卵，就会立即执行正义，吃掉这些卵。这个办法很有效果，但也不是万无一失。在蜜蜂群里，大约每800只雄蜂里头，就会有1只雄蜂是工蜂的儿子。虽然这种雄蜂只有很低的出生率，看起来对蜜蜂社会不构成大问题，然而，倘若其中一只与蜂王交配的话，那么，蜂群中能生育的工蜂的数量会大量增加，进而引发混乱。在这样的情况下，蜂王和工蜂之间就会发生关于忠诚冲突，甚至可能严重破坏社会的顺利运行。这也正是治安对于维系社会稳定非常重要的原因。虽然大多数时候，工蜂警察都只是吃掉那些不该产出的卵，不过，有时也可能进行严厉的报复。例如，在好几种蚂蚁里，能够繁殖的工蚁会受到姐妹们的攻击，腿被咬断失去行动能力，甚至会被拖出蚁巢扔到外面等死。

黑暗蜂巢里的舞蹈

在《蜜蜂：它们的视觉、化学感觉和语言》（*Bees: Their Vision, Chemical Senses and Language*）里，诺贝尔奖获得者卡尔·冯·弗里希（Karl von Frisch）写道："蜂的生命像一眼神奇的泉：你越汲水，它就越丰沛充盈。"冯·弗里希是动物行为研究的先驱。他毕生致力于研究蜜蜂，让我们对蜜蜂的理解发生了革命性的转变。他的工作热情且极富传奇色彩。正是那种探究的激情，几乎可以让任何沉浸于研究主题的人产生热爱：你获得的发现越多，研究主题也就变得越有趣。

冯·弗里希全神贯注研究的一个主要问题是蜜蜂的语言，特别是，工蜂怎样交流蜜源的消息。他注意到，采集蜂返回蜂群的时候，似乎总会做出不太寻常的行为。他想弄明白，采集蜂究竟向她的同伴传递了什么信息。他于 1927 年发表了关于蜜蜂舞蹈的理论，其后，他的理论引起了激烈争论和怀疑。今天，蜜蜂的摆尾舞以及它们的意义已经广为人知，也完全被人们接受。不过，直到 1999 年，也就是冯·弗里希谢世 17 年之后，他的某些论点才被完全证明。

摆尾舞为我们提供了一个动物交流的典型案例。一只返巢的采集蜂会跳起"8"字舞。[①]舞蹈的关键阶段是它们的摆尾跑，通常沿着一条直线行进，还热烈地摆动着腹部。它们在摇摆跑时的前进方向，就告诉了姐妹们应该从巢飞向哪里。蜂巢中的蜜蜂，它们跳的舞蹈中的直线与重力垂直线之间形成的角度，与食物源相对于蜂巢和太阳的位置所形成的角度一致，由此向它的姐妹们指示出需要飞往的方向。因而，如果一只蜜蜂的直线舞

---

① 根据卡尔·冯·弗里希的研究，蜜蜂跳的圆舞意思是食物源在蜂房附近，摆尾舞则表示食物源在 100 米及更远的位置。——译注

蹈是在重力垂直线右边（或者顺时针）15度的位置，那么她是在告诉同伴，食物源在从巢到太阳的右边15度的位置。蜜蜂在摆尾跑过程中跑的距离则描述了食物源的距离。当结束了一次摆尾跑之后，她还会重新做一次摆尾跑，以防姐妹们第一次没弄得很明白。如果你想象一个"8"字形，那么，它们的摆尾跑形成"8"字中间的横线。摆尾跑结束以后，蜜蜂沿着横线上的圆圈和横线下的圆圈形状飞行，回到摆尾舞结束的地方后又重新开始。如果先走了一个顺时针方向的"8"字，下一次就会沿着逆时针的方向再走一次。

任何还算像样的公众演讲者都知道，有效的交流绝不仅仅是抛出干瘪的事实。如果你打算传递重要的信息，就必须带有感情。在和学生交流的时候，我总是努力铭记这个经验之谈，哪怕我并不是在舞蹈。蜜蜂比很多人都更懂得"激情"的重要性。一只采集蜂想要扩散极好的蜜源信息时，它的舞蹈尤其热烈，竭力告诉同伴自己的发现多么令人激动，并敦促同伴赶紧去采集。采集蜂通过不可思议的舞蹈语言，告诉同伴丰裕蜜源的所在。将蜜蜂舞蹈分解来看，事情似乎显得特别简单，不过，请再想一想，蜜蜂可是在完全黑暗的蜂巢里面跳舞，它们身处拥挤的蜂群，身边还有成千上万只蜂在忙忙碌碌。这就有点像交通高峰期，你和我在伦敦国王十字车站的站台上玩字谜游戏，而且所有的灯都关着。它们是如何应对这些挑战的呢？这个棘手的问题其答案在于，跳舞的蜜蜂还会利用多种感知手段，包括一定频率的嗡嗡叫和化学信号，来向观众传递信息，吸引追随者，并告诉它们蜜源的方向。

另外，被舞蹈吸引来的蜜蜂倾向于和舞者保持紧密联系，有时候，还会用触角来感受它的舞蹈所指引的方向。有意思的是，蜜蜂舞者有时候对自己掌握的消息似乎有一种独占欲。如果另一只蜜蜂在跳舞，它可能会撞进舞蹈的路线里迫使舞蹈停下来，以此让观众都来注意自己。因此，这位著名的舞蹈家传递了她的知识之后，理解这些知识的追随者就知道该飞向哪里，并根据太阳的位置来导航。那么，如果它们从巢里爬出来的时候，恰好太阳被乌云挡住了呢？这完全不是问题。蜜蜂能够看到偏振光，这意味着哪怕它们不能直接看见太阳，也能确定太阳的位置。舞蹈传达的信息的准确性可能略有不同，不过距离较远的地点总是比近处的地点要更准确，这确实契合一个道理，你要去的地方越远，方向就需要更准确些。

投票选择居处

有一次，我被困在一个学术会议上，努力想让自己的思绪走出循环论证的旋涡。看着墙上的时钟，我不禁想，为什么人们聚集在一起讨论问题时总是很难做出决定。不仅如此，根据我的经验，会议的规模越大，就越难获得决议并解决问题。你也许认为，人类的天赋智慧最善于决策：我们能就各种竞争方案的优缺点进行讨论，并且，我们还会通过投票来决策。然而，最常见的现象是，那个胶着的点是如此黏人，让我们都动弹不得。像我们一样，群居生活的动物也常常要进行决策，同时解决行动路线在偏好上的分歧。但是，和我们不一样（至少和学者们不一样），它们特别擅长筛选信息并取得一致意见。

既不能开会争吵，又不能投票决定，那么它们是怎么做到的呢？为了寻找问题的答案，研究者对蜂群寻找新家的过程进行了深入研究。

倘若看到成千上万只蜂嗡嗡嗡吵闹着聚集在一棵树上，那就是蜂群的生活正在经历巨大变化的信号。有几种因素可能诱发这种聚集行为，包括群体的增长超出蜂巢的容量，或者蜂王已经太老了。蜂王的寿命通常比她的后代长一些。随着年纪渐长，她向蜂群发出的化学信号会不断减弱，直到促使工蜂想要扶植一个新蜂王。她们选择一个胚胎，用蜂王浆这种独特的食物来喂它；蜂王浆是从工蜂头上的腺体分泌出来的，含有多种蛋白质。蜂王浆的哺育，以及让它的巢房保持更高温度等措施，改变了它的发育，让它走上成为蜂王的路。现在，蜂巢里有了两只蜂王，群体面临分裂。蜂群会一分为二：原来的蜂巢在新蜂王的统领下开始重建；老蜂王则带着约一半工蜂离开，去建立新基地。

迁居者需要与时间赛跑。它们随身携带的食物很少，支撑不了太久。如果看到它们挂在一个树枝上，那它们很可能是在等待决策。有些蜂，就像侦察兵一样，会离开群体去寻觅新家住址。收集信息返回来之后，侦察蜂也用舞蹈来报告。倘若一只侦察蜂找到特别好的筑巢地址，它回来的时候就会跳起热烈的舞蹈，剧烈地摇摆身体，不断重复舞蹈，甚至跳上数百圈。如果选址并不十分理想，它的舞蹈就会节制一些，重复的次数也会少一些。

侦察蜂热情洋溢的舞蹈会招引来其他一些侦察蜂，它们会沿着指明的方向去一探究竟。如果它们也热情地飞回来，就会说服更多的侦察蜂前往。最初的侦察蜂也会继续在蜂群和目标地点之间飞来飞去。每次飞回来的时候它都会跳舞，不过第二次、第三次以及之后的舞蹈时间会越来越短，热烈程度也会减弱。毕竟，如果侦察蜂每次飞回来的时候都同等地热情洋溢，那么它就极有可能每一次都招募到更多的侦察蜂，这样整个蜂群就会陷入永无休止的循环，因为第一只侦察蜂有可能弄错了，或者也可能太容易激动。

因而，蜂群不仅依赖于第一只侦察蜂的信息，也依赖于之后的正面反馈的确证。在这个过程中，可能有多只侦察蜂形成一个小分队，每只蜂都跳着舞指向同一个潜在的地点。正如觅食舞蹈一样，舞蹈者可能还会去干扰别的分队成员的舞蹈，比如用身子挤或者用头去撞，目标是阻止竞争对手招募同伴。这不禁让人想起人类选举过程中政治对手做出的那些糟糕行为。逐渐地，随着侦察蜂数量的增加，竞争的一方会胜出，完全压制住对手的热情。一旦侦察蜂达到很关键的数量，比如15只左右，那么决策就完成了。这个过程要多久呢？这取决于当时有多少个竞争的选址，以及它们究竟有多理想，有时候，蜂群成千上万的成员在短短数小时内就能做出决定。最后的阶段到来了，侦察蜂们移动着，将讯息传递给整个蜂群：我们马上要出发了，赶紧先热热身，活动活动飞行肌做好准备。一旦它们都准备妥当，整群蜂就会向新家径直飞去。

胡萝卜味的白蚁

多年以前，我那时还是个孩子。我坐在沙发上，怔怔地看一个关于白蚁的自然纪录片，我完全被迷住了。这部由琼（Joan）和艾伦·图特（Alan Toot）拍摄的纪录片名为《神秘的黏土城堡》（Mysterious Castle of Clay），它对我产生的影响，怎么夸张的形容都不算过分。这部纪录片特别高明的地方是将你带入巨大的蚁丘内部，让你亲眼观察白蚁的文明。这是我永不

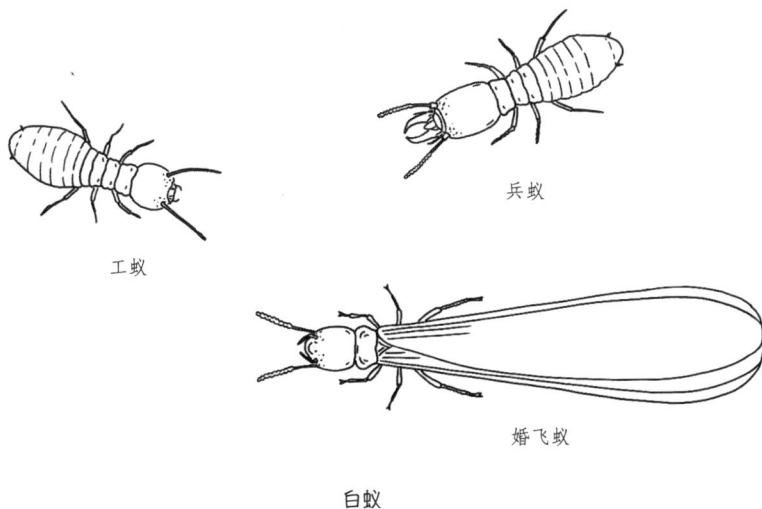

工蚁

兵蚁

婚飞蚁

白蚁

褪色的孩提记忆之一。我仍然还记得，随着那空灵的音乐响起，摄像机镜头似乎神奇地将我送进了白蚁的要塞内部，让我得以仔细地观察这种昆虫的非凡生活。

这部纪录片讲述的一切都让我深深着迷。我不再是那个认为昆虫简单而平凡的小男孩。我认识到，它们是一种展示了奇妙知觉能力和合作能力的生命形式，就像是突然发现了来自另一个星球的生命，丰富了我对这个世界的理解。对于那个年幼些的我，对昆虫的不在意和忽视也算是正常反应。人们往往不会去费力观察那些不在自己直接视阈里的事物，更何况生活总是有许多更重要的事情需要他们去操心。尽管生活在土丘里的白蚁不像空中飞舞的蜜蜂那样惹人关注，但它确实如卡尔·冯·弗里希所云，也是知识的"神奇泉源"。

在人们的印象里，一般将白蚁和蚂蚁、蜜蜂和黄蜂归为一类。然而，虽然它们和这些膜翅目昆虫有些相似之处，但在血统谱系上，却和蟑螂的亲缘关系更近。在科学家已经识别的3000余种白蚁里，绝大多数个头较小（一般体长不超过1厘米），视力很差，身体柔软。不像蚂蚁，白蚁是素食主义者，尤其喜爱干枯的木头或腐朽的木材。2011年，一群"富有冒险精神"的白蚁强盗团伙甚至闯进了印度的一家银行，吃掉了价值数千万卢比的纸币。银行家发现，他们严重低估了这些动物可能造成的损害。

白蚁通常生活在气候温暖的地方。在白蚁生活的地方，它们都是特别成功的殖民者。仅仅是南非的克鲁格国家公园，就生活着超过百万的白蚁群体，每一个白蚁群体都像是生活在一个独立的城市里。在塞伦盖蒂国家公园和马赛马拉国家自然保护区，白蚁也有同样的密度。可以说，马赛马拉也是我第一次真正看到白蚁的地方。如果让你想象一下马赛马拉，首先出现在脑海里的，想必是典型的稀树草原的景象：草叶长长的广阔草原，树冠平坦、稀稀落落的几棵树，还有自由散漫的大型动物群，白蚁并不在这幅图景中。然而，我在那里见到的数量庞大的白蚁，简直是我见过的最壮观的自然现象：那会儿是三月，地面、空中、灌木丛、汽车上，挤挤挨挨的都是这种长着翅膀的昆虫，到处都是。

白蚁有 4 片长长的翅膀，显得挺笨拙，事实上，它们并不特别擅长飞行。它们的策略不在于机敏，而在于数量，无数白蚁突然从地下的蚁巢里冒出来，让地面的风景黯然失色。在几分钟时间里，每只白蚁都飞出它们地下的幽居之所，在空中盘旋。这是它们的婚飞，是白蚁以寻找伴侣为目的的狂欢节。我很快注意到，在这场生物风暴里，动物们可不会错失良机，它们尽情地狼吞虎咽起来，有些动物吃得太饱了，走路都有点费劲。数十只贪吃的鸟，在金合欢树旁步履蹒跚地踱着步子，它们吃得太饱，飞不动啦。事实表明，我们的两个旅行同伴，约翰（John）和约瑟夫（Joseph）（他们都来自内罗毕），都懂得一些白蚁的"烹饪"技巧。他们鼓励我尝一尝。

"它们的味道像菠萝。"约翰告诉我。我注意到约翰自己并没有吃。

"不，更像胡萝卜，"约瑟夫说，末了还补充道，"这是我妈妈告诉我的，我可不会吃。"

我内心有点认可约瑟夫的态度，但同时又不愿意失去尝试的机会。因此，我不再犹豫，抓起一只放到嘴里吃掉了。味道还好，不算太难吃，有点脆。不过，这已经是我的最高评价了。天晓得，也许是我没选对配酒吧。今天，世界上有些地方的人们仍然将它们作为食物。尽管有我的"劫掠"，还有各种当地的哺乳动物、爬行动物、鸟类的大肆捕猎，但白蚁的供给似乎仍然无穷无尽。

方便的街头小吃、地面上像灾变预警般的昆虫密集景象、空气里成千上万的白蚁振动翅膀的声音，这些情形都容易让人忘记，它们聚集的目的可不是为了给就餐者提供便利，而是为了寻找配偶。很不幸的是，在我头顶飞舞的这些白蚁，最终能成功结成配偶的只是少数。那些在婚飞中成功找到另一半的幸运儿，接下来的任务是脱下翅膀，尽快钻到地底下，以躲避那些捕猎者。在泥土里，这对伴侣开始构建自己的皇家寓所，然后交配。在绝大部分情况下，它们都会待在一起，直到死亡将它们分开。这个时间难以置信地长，白蚁的蚁后能活上数十年。交配之后不久，新蚁后就开始产卵。卵孵化以后，幼蚁就开始侍奉它们的父母，照料、喂养父母，也会修建蚁巢。随着时间的推移，它们的母亲会迅速生长发育。和春天时谷粒大小的体型不同，她最终可以长得像你的中指一般粗壮。肥硕的腹部使她几乎丧失了行动能力，她的整个身体都会膨胀。她的皮肤是半透明的，可以看出卵巢和大块脂肪的形状；她就像是一个活生生的、巨大的产卵工厂。这个工厂效率惊人，在她以后的岁月里，每隔几秒钟就产下一枚卵，这也让侍奉的幼蚁忙碌起来，开始着手一项无休无止的工作，不断运送装着她们兄弟姐妹的卵去孵化。

昆虫的社会制度

社会性昆虫的一个定义性特征是它们的"种姓制度"，人们用这个词来描述一种特定的现象，种群里的个体承担不同的社会分工，看上去彼此之间的差异也很大。最令人吃惊的是，这些个体有相同的父母，也有很相似的遗传密码。人类的近亲，往往外貌有些相似之处，但一个社会性昆虫群体里的不同"种姓"个体，可能看起来像不同的物种。在最初的时候，白蚁群体里的后代会发育成最普通的类型，即工蚁。它们承担建造、清扫、觅食、照料幼蚁的工作。因为它们要一丝不苟地完成搜寻、搬运、建造、看守的任务，这些工蚁不能成

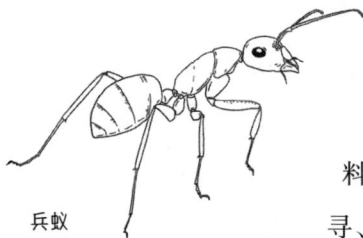

兵蚁

为最有效率的蚁群卫士。不久，它们之中就会出现一群会引起竞争对手或掠食者注意的高效战士。在蚁群陷入困境的时候，它们尤其需要战士的保卫。在幼蚁的早年生活里，因为环境和社会条件的一些因素，其中的小部分幼蚁的身体发育开关会启动，它们的命运从此改变，开始发育成兵蚁。

根据种类的不同，有些兵蚁会发育出巨大的颌和特大号的头，配以强有力的肌肉专门发动这些武器。部分兵蚁守卫着部落的入口，只允许本部落的工蚁出入。另一些兵蚁则随同外出觅食的工蚁一起远征，就像一支特遣部队，保护着在野外开阔地带作业的工蚁。在蚁丘遇到袭击时，有一些兵蚁会准备好牺牲自己的生命，它们用大脑袋堵住通道，防止袭击者接近易受伤害的蚁后、蚁王和蚁丘里的其他工蚁。兵蚁还有一种更让人震惊的形态——象鼻兵蚁，它们头上长出象鼻一样的管道，就像一辆辆白蚁坦克。受到威胁的时候，这些战士会从管道里射出有毒的、黏糊糊的化学物质，以此制服入侵的敌人。

蚂蚁大战

虽然白蚁有一定的自卫能力，但是，白蚁群也是许多掠食者的目标。蚂蚁，这种白蚁的昆虫近亲，就常常为了族群利益对它们发动袭击。因而，蚂蚁和白蚁之间产生了持久而深重的敌意。数百万年来一直如此。任何一次对抗的结果，都取决于双方的智慧。蚂蚁会侦察它们的猎物，希望发现外出觅食的白蚁留下的气息。除了要发现目标外，蚂蚁还会估量袭击目标的力量，以及猎物有多充裕。白蚁也进行着自己的谍报活动，它们时刻监视着活动区域里前来袭击的蚂蚁小纵队发出的轻微颤动。当然，蚂蚁也在听着，白蚁只能尽力隐藏行踪，蹑手蹑脚地行进，尽量不发出声音。

如果蚂蚁发起了攻击，白蚁就会敲响战鼓，将警报升级。虽然它们没有真的战鼓，但没关系，它们会用头敲击蚁丘的墙。声音虽然小，但兵蚁对这种声音很警觉，成群的兵蚁马上会做出反应，跑去守卫要塞最易受到攻击的部位。在这场战争里，最年长的兵蚁会守卫在前线。虽然经验丰富，但它们其实不是最精干的守卫者。在一定程度上，年长意味着它们更无足轻重，所以可以先做出牺牲。战争双方的赌注都非常高，因此，战斗往往无比凶狠惨烈；伤亡也会急剧增加。当然，受伤未必会致命。在白热化的战斗过程中，受伤的马特贝尔蚂蚁会释放出信息素，发出一种化学呼救信号，它的同伴则会对受伤的蚂蚁进行帮扶，把它运回蚁巢。在那里，它可能逐渐康复，兴许某天还能投入另一场战斗。

蚂蚁是特别难对付的敌人。如果它们突破了白蚁战士的警戒线，整群白蚁，通常有上万只，甚至数百万只，都会面临危险。在体型最大的那些蚂蚁（像是蚂蚁中的将军）和白蚁的兵蚁缠斗的时候，它们身后体型小些的蚂蚁就开始源源不断地越过战斗防线，涌入蚁丘内部。白蚁的工蚁远没有它们的兵蚁兄弟或兵蚁姐妹那么强悍，不过它们也会投入战斗，抱住蚂蚁的腿，狠狠地撕咬这些入侵者。

现在，在蚁丘内部，蚂蚁正向蚁丘的核心部位推进。在白蚁堡垒的主干道上，到处都是绝望的战斗，白蚁为了生存与它们的宿敌战斗，场面一片混乱。作为预防性的措施，工蚁会预先用泥土将皇室寓所封闭起来，泥土会变得坚硬，从而保护蚁后和蚁王免受侵扰。同时，战斗也升级得更为激烈。白蚁战士会撕咬、砍击、喷吐，再加上一些不太常用的策略，它们的战斗力大增。根据一篇文献上的解释，这个策略包括向敌人投掷白蚁的粪便。很难说这起到了什么作用，也许是通过化学信号来召集更多白蚁进行攻击，也许是投掷粪以影响蚂蚁的士气。有一种更有效、也更富戏剧性的防卫手段，是爆炸性白蚁的独门绝技。有一些白蚁种类，年长的白蚁会让自己变身为自杀式炸弹，在入侵的蚂蚁咬它们的时候，它们会爆裂开来。

因为这些年长的白蚁的背上，像是背着一个蓝色小袋子，里面囤积着含铜的化学物质。当蚂蚁咬到这样一只白蚁时，白蚁背上的小袋子破裂，里面的化学物质与蚂蚁唾液中的一些物质混合，会产生一系列化学反应，导致一场小小的爆炸，有毒的化学物质就会洒向袭击者。

战争不可避免地会给双方都造成重大损失。哪怕成功击退了蚂蚁的进攻，白蚁群的力量也会大大削弱，也更容易受到后续的攻击。不管怎样，蚂蚁的目标并不是要对白蚁群赶尽杀绝。为了保证日后仍然有白蚁群可以劫掠，蚂蚁甚至会轮流攻击不同的白蚁群。撤退的蚂蚁纵队，会将它们的战利品——成千上万只被彻底击溃的白蚁的尸体——搬回蚁巢当作食物。

伟大的白蚁建筑师

就在不久前，我曾驱车游历迪拜。我伸长脖子，努力想将高耸入云的哈利法塔尽收眼底，它的尖顶几乎已经消失在沙漠扬尘形成的云团里。它是人类工程的巨大胜利，集材料、力量、计划和勤奋工作于一体。哈利法塔的高度大约是我身高的460倍。让我们来与最大的白蚁蚁丘比较一下。有些白蚁可以建造高达9米的蚁丘。对一只普通的工蚁来说，这差不多是其身长的1000倍。实际上，这种动物几乎都是瞎子，每只个体对要完成的产品都没有什么认知。而且，虽然这些建筑物的主要取材不过就是附近的泥土，但它们能屹立数百年，甚至上千年。

从人类的视角来看，我们可能很自然地会认为，白蚁乃是有计划地建造、修缮它们的土丘，似乎每只白蚁对它想要达成的成就都有一张蓝图。然而，从白蚁个体来看，它们不过是根据一条简单的内置程序来运作，很可能并没有什么所谓的蓝图。那么，动物如何能够在不知道（也不需要知道）自己在建造什么的情况下，造出规模如此庞大的建筑物呢？问题的答案是一种人们称为自组织的现象，它描述的是一个系统的微小组成部分如何相互作用，在没有任何中心化的控制的条件下，产生出一个更大的模式或结构。雪花漂亮的对称性就是自组织现象的一个例子。一簇水分子聚在一起形成一片雪花的时候，显然不是因为心里有一个计划或蓝图，而是因为水分子彼此的相互作用，才形成了雪花晶体的形状。

对白蚁建造师来说，每只工蚁都能感受到蚁丘内部自然条件的变化。比如，空气流动的增强可能意味着蚁丘有一个洞。白蚁对这一点的反应，是先去收集潮湿的泥土颗粒，用唾沫将它混合成一摊泥土糊糊；然后，它顺着气流找到那个小洞。到达施工地点后，它将用泥土糊糊造的小泥球放下来，紧挨着上一位建筑师留下的小泥球，然后，又继续返回去搬运小泥球。这个过程会持续进行，工蚁们可能需要搬运成千上万个小泥球，直到蚁丘内空气的流动稳定下来。给定足够的时间和数量庞大的白蚁，只需要不断重复这个几乎完全相同的简单过程——挑选泥土、做泥球、将泥球放到另一个泥球边上——就足以建造出一些世界上最大的由动物建造的建筑。

蚁丘内部的情形，比蚁丘的规模更让人拍案叫绝。蚁丘底部通常低于地面，一个个白蚁寓所与蚁丘内部的高速公路相连，像高塔一般的昆虫教堂则耸立其上，通常只有零星的工蚁在忙于维护。蚁丘是设计史上的一个奇迹。它通风良好，但通风通道只允许恰到好处的空气流通。通风通道还点缀着一些白蚁寓所，起到调节气流的作用。与此同时，还有一帮工蚁，一直在不断地修缮、调整通道的结构，以保障蚁丘内部的同伴所需要的空气条件，就像帆船上的水手，不断调整船帆来适应天气条件。气流的动力来源于太阳，辅以白蚁的精巧设计。白天，蚁丘外墙的温度升高，使得靠近蚁丘一侧的空气向上流动，同时温度较低的空气从蚁丘顶部往下流动。晚上，随着外墙温度的降低，则会发生相反的流动过程。日复一日，蚁丘呼出、吸入空气，就像肺一样工作。

白蚁的农作物

　　建造这些巨大建筑的非洲白蚁，有特别强烈的理由密切关注蚁丘内部的条件，因为它们需要照顾一些特殊的客人。事实上，也许称为伙伴而非客人更为恰当，因为没有它们，白蚁群就不可能繁荣昌盛。这些客人，或者说伙伴，就是真菌，它们在白蚁的成功故事中起了特别关键的作用。白蚁带回的植物，其大部分营养价值都锁定在植物较坚硬的纤维素里。白蚁不能消化它们，但是真菌可以。这就解释了为什么白蚁要花很大力气来让真菌生活得舒适。它们甚至还建造了特别的设施，一般称为真菌园或菌圃，还像人类的庄稼汉一样尽心尽力地照顾它们的农作物。

　　如果打开一个白蚁的蚁丘，你会在蚁丘的底部看到真菌园。它们表面有复杂的涡纹，有点像珊瑚礁或者海绵，这为真菌提供了最大的生长空间，也有利于真菌向那些植物纤维施展魔力。采集蚁从外面觅食回来，将经它们咀嚼过的植物渣滓涂抹在真菌园上。这些"假粪便"，像是由树叶、草叶和孢子做成的乱炖，白蚁用它们来给真菌提供养料；等真菌长出来，白蚁就能食用了。有些工蚁负责监测湿度，如果太干燥，真菌就会死掉。太湿的话，有些竞争性的真菌就会生长，破坏庄稼。通过带入水分和调控通风情况，白蚁总是让真菌园保持良好的温度和湿度。从人类的视角来看，你可能会将这种伙伴关系理解为是白蚁在利用真菌，但也许反过来想可能更准确，也许是真菌在操纵白蚁，让白蚁为其提供理想的、备受呵护的生活环境，满足其各种严苛需求。不管从哪个角度看，它们的良好伙伴关系都极其融洽。

　　在著作《白蚁之魂》（*The Soul of the White Ants*）里，博物学家欧仁·马雷（Eugène Marais）将白蚁的蚁丘看作是一种喀迈拉一般的嵌合体，[①]是一

---

① 喀迈拉（chimera）是源自希腊神话的有着狮头羊身蛇尾的吐火怪。——译注

个有多个构成部分的生物体。他还提出，蚁丘的不同构成部分可以类比于人类的器官：外部的土丘就像皮肤，真菌园就像胃，呼吸塔就像肺，蚁后就像生殖器官。虽然蚁丘的整个结构就像一座摩天大楼一样，看起来不可改变，也没什么显著变化，但是，它像我们的身体一样，总在不断进行适应性调整、修复和更新。它是身躯柔弱的白蚁建筑师世世代代努力的结果。从这个层面来看，我们似乎可以把这些工蚁看作身体的血细胞，它们为身体的各个部位输送养分，也击败入侵者。这个比喻恰当吗？

又或者，在它们的天才源自集体合作这一点上，它们是不是更像大脑呢？我们的大脑由一百多亿个神经元细胞构成。每个神经元就其自身而言能力很有限，但是，彼此相互联系的神经元却能成为最伟大的艺术和最卓越的科学成就的基础。类似地，一只单独的、孤立的白蚁无足轻重，然而，一群勠力同心、和谐合作的白蚁能产生的作为却远远超出它们能力的简单加总。正是它们非凡的组织能力，让这种弱小的昆虫取得了自然界里最伟大的成就之一。

蚂蚁杀手

过去的一个世纪里，电影制作者不断地深入自然世界，去拍摄那些会让人恐惧的题材，比如《大白鲨》（*Jaws*）、《侏罗纪公园》（*Jurassic Park*）或者《食人鱼》（*Piranha*）。人成为猎物，这个想法总是扣人心弦，它刺激人类的神经，削弱我们认为可以主宰自己命运的自负。在我的孩提时代，如果不是在看自然纪录片，或者在一些肮脏的地方寻觅动物，那么，我就极有可能正藏在沙发后面，提心吊胆地看那些贪婪而残酷的生物：它们偷偷地跟随着不够警觉、完全没有意识到危险的演员。《蚂蚁夺魂》（*Ant!*）如此，《蚂蚁的袭击》（*Legion of Fire: Killer Ants!*）也是这样。虽然这些作者构想的

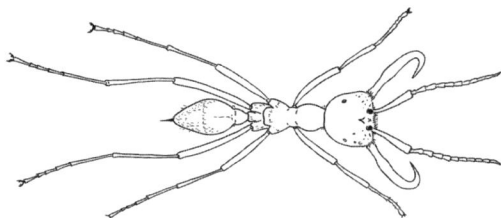

行军蚁

情节有些荒诞，不过，他们将蚂蚁想象成捕猎大师这一点完全是对的，在动物王国里，蚂蚁无疑属于最有效率、最致命的猎手之列。

这些恐怖电影故事的灵感可能来自行军蚁。这个术语宽泛地囊括了多种会聚集成巨大群体的蚂蚁，不过，它们有两个共同点：其一，它们没有固定的蚁巢；其二，它们有不断进行大规模迁移来觅食的习性。有一些种类的蚂蚁，它们行进时的队伍足足有一个足球场那么长。

它们的游牧行为，主要源于其贪得无厌、永不满足的胃口：它们几乎每天能捕获并吃掉多达50万只猎物。倘若行军蚁居有定所的话，它们很快就会将附近区域的猎物捕杀殆尽，考虑到有数百万张饥饿的嘴，行军蚁只能不停地迁徙。

行军蚁的袭击，其规模和凶猛程度颇具传奇色彩。虽然它们主要吃一些无脊椎动物，比如蝗虫、蟑螂，还有其他一些社会性昆虫，但是，它们也留下了许多捕猎大型猎物的传奇故事，特别是非洲行军蚁，它们的群体规模甚至达2000万只。19世纪中期，美国博物学家托马斯·萨维奇（Thomas Savage）曾经描述过行军蚁在现在属于利比亚的一些地区征服巨蟒、猪、鸟，甚至猴子的情景；法国探险家保罗·迪·谢吕（Paul Du Chaillu）则讲过相关的传说故事，受到魔法诅咒的故事人物被绑在木桩上，蚂蚁则充当慢吞吞但冷酷无情的行刑刽子手。

蚂蚁是机会主义者，但行军蚁不太可能总是以较大的脊椎动物作为捕猎目标。除非是受了伤，或者是被什么限制住了，不然脊椎动物可以轻易摆脱行军蚁，行军蚁的队列移动速度大约是每小时20米。虽然如此，行军蚁仍然可以凭借凶狠的撕咬和数量优势，轻松制服比它们大得多的猎物，比如大型蜘蛛和蝎子，它们强有力的武器在数不清的蚂蚁的撕咬面前黯然失色。被制服以后，猎物会迅速被肢解成小块，行军蚁纵队则带着战利品继续前行。

有些种类的行军蚁会攻击社会性昆虫的窝，比如黄蜂窝。面对蚂蚁的大规模入侵和破坏，黄蜂只好尽可能地带着它们的幼虫逃走，完全没有什么有效的自卫措施。在突袭纵队行进的时候，受到威胁的动物纷纷从庇护所里跑出来，四散逃奔，另寻避难之地。猎物奔逃如潮的情形，解释了为什么那么多动物和行军蚁保持着密切联系。颇令人惊奇的是，有超过300种动物直接依赖行军蚁来讨生计，就地球生物之间的依赖关系而言，这是已知最大的数量。蚁鸟啄食那些逃避蚂蚁袭击的昆虫，寄生蝇追踪被驱赶出藏身之处的蟑螂。甚至还有些胆大的甲虫，它们模仿蚂蚁行事，和行军蚁一起生活。

行军蚁是墨守成规的生物。它们用两个星期左右的时间行军，然后花大致同样长的时间在一个地点扎营休整。这个模式的驱动力来自群体里的"新生儿浪潮"。它们孵化之后，为了满足"新生儿"旺盛的食欲，蚂蚁军团变身为狩猎机器。它们白天行进，一大群工蚁构成群体的核心，强壮的战士保护着两侧翼。蚁后随着军队行进，一群工蚁随从环绕保护着她。腿长的工蚁专门做搬运工，将珍贵的幼虫紧紧抓着贴在自己的腹部。于是蚂蚁大军开始行动，所到之处，肆意劫掠和屠戮。当黄昏降临，它们形成一个露营地般的非凡结构。本质上，这种露营地是蚂蚁用自己活生生的身体构成的一个蚁巢，数十万只蚂蚁相互咬合在一起，形成一个直径可达一米的蚂蚁球。蚁后和数以万计的幼虫被安全地保护在中间。几乎没有什么生物敢鲁莽地招惹这个充满恶意的球。

随着幼虫开始结茧，准备变态为成虫，一个阶段的游牧生活就结束了。因为不再需要喂养幼虫，蚂蚁军团可以舒一口气了。白天日常的觅食行军暂停下来，军团开始扎营。现在，它们的头等大事，是将食物塞到蚁后的嘴里，她的身体夸张地膨胀起来，因为要准备在接下来的四五天时间里产下近30万颗卵。这些卵孵化出来的时间和上一批步兵从蛹室里爬出来的时间大致相吻合，这给军团传递了动员信号，一个新的循环即将开始。

每3年左右，会发生一个现象级事件，行军蚁群体将分裂成两个新群体。分裂一般发生在热带的旱季初期，在群体数量增长到超过50万之众的时候发生。蚁后在其统治期间的每一个循环都会产卵，但这一回孵出的蚂蚁是具有繁殖能力的蚂蚁，它们有望成为未来的蚁后或者和蚁后交配。

虽然我们的描述中暗示了一种封建性质的继承关系，但群体里真正掌握权力的却是工蚁。它们会决定谁能成为蚁后，谁又成为蚁后的配偶。工蚁必须作出正确的选择。尽管它们在袭击行动中勇猛无畏，但每次袭击都需要承受巨大损失，因此，一只健康、能大量产卵的蚁后对于蚁群的繁荣至关重要。分群仪式和新蚁后的遴选，是组织工作的一个典范。蚁群大约产生6只候选蚁后，当然，它们中的大多数都无法成功加冕。就好像预知有这个遴选过程，在还只是幼虫的时候，候选蚁后就产生强烈的信息素，用来在工蚁中招募自己的随从队伍。这些幼虫候选蚁后让工蚁宣誓效忠，意味着行军蚁的露营地里竞争团体之间会爆发冲突和争斗。在蚁后们还是幼虫的时候，她们会得到保护和照料。不过，一旦她们从蛹室里爬出来成为成虫，她们就必须面对决定命运的选择。

作为分群的准备，以露营地为中心，蚁群分成两个朝不同方向进行的队列。在其中一个队列里，打算加冕的蚁后已准备好作出选择。一只蚁后在其随从工蚁的簇拥下，尝试沿着一个队列的方向行进。剩下的候选人则保持不动，等待那些工蚁迷途知返。如果年轻的觊觎者进展顺利，她会被工蚁们接受为新的蚁后。倘若不然，她就会被抛弃。这个过程会持续进行，直到两个队列都选定了自己的蚁后。也许老蚁后还能保住王位，带领其中一个蚁群，但这也很难说。行军蚁的蚁后寿命有6年左右，但下一代蚁后需要3年时间才会产生。在此期间，蚁后需要产下数百万枚卵，而且，还要随着蚂蚁军队的洗劫纵队，行走很远的距离。女王的耐力和生育要让工蚁们感到满足，倘若不然，它们就会选择一位新的、更强健的君主，将老蚁后丢弃不顾，让她孤独终老。一旦遴选工作完成，两个队伍里的工蚁就会围绕着它们的新统治者，形成两个新的露营地。逐渐地，两支队伍会分开，各自朝不同的方向行进，老群体就此分裂成了两个新群体。

雄蚁在蛹室里待的时间，比工蚁和新生蚁后都要长一些。在分群的时候，工蚁会带着它们行进，不过，它们从蛹室里爬出来之后，却不会仍然还在群体里逗留。雄蚁有翅膀，它们的任务是飞出去寻找别的蚁群的蚁后，然后与蚁后交配。像蚁后一样，它们比工蚁的个头要大一些，以至于在非洲的某些地方，人们认为它们是另一种不同的物种，还给它们起了个名字，叫作香肠蚊子（sausage fly）。在本质上，它们是巨大的飞行性腺，就像一个个大型交配机器，除了携带着大量精子，还能释放化学诱剂，以便吸引新蚁后及其群体。

对人类来说，赢得心上人芳心的艰巨任务，常常因未能获得对方的朋友或家人的同意而失败。不妨想想看，雄蚁找到一个蚁群后，想与蚁后交配，不仅需要接受工蚁的重重攻击挑战，还必须利用自己的化学信号打消工蚁的怀疑，表明自己确实是合适的配偶。如果工蚁答应的话，雄蚁才会被护送到蚁后那里去。在某些情况中，雄蚁必须脱落下翅膀，作为交配的进献之礼献给蚁后。工蚁如此挑剔是有道理的，毕竟，工蚁将要抚养它的后代。不过，雄蚁看不到这一天。它做的是一锤子买卖：完成交配后不久，它就在回味着云雨之后的余韵中死去（但愿是）。

蚂蚁工程师

在行军蚁生活的热带地区，蚂蚁的数量超过在那里生活的总动物量的四分之一。不过，蚂蚁不仅仅只在热带有如此重要的地位。蚂蚁几乎到处都是，而且通常数量还很庞大。有人测算过，随便给定一个时刻，地球上都约莫有100万亿只活蚂蚁。换句话说，用地球上的人口数量来对比的话，相当于地球上的每个人有不少于15 000只的蚂蚁，尽管在澳大利亚有过野餐经历的人，可能会认为这还低估了蚂蚁的数量。你几乎可以在除南极洲以外的任何一片土地上发现它们在筑巢、繁殖、生长。在有些情况中，比如肆意扩散的阿根廷蚂蚁，它们还会形成超级群体，蚁巢像网一样彼此相连，覆盖的区域也不可思议地大。有一个超级大的蚂蚁群体，绵延近4000千米，从葡萄牙一直延伸到意大利的西北部。

蚂蚁的成功很大程度上是由于它们的社会性。和白蚁一样，所有种类的蚂蚁都是社会性的，反而不像蜜蜂和黄蜂等近亲物种。如果你看到一只蚂蚁独自行动，那么它要么是在执行短期侦察任务，要么是迷了路，要么是别的物种成员因为羡慕蚂蚁的成功，假装成一只蚂蚁。正如我们已经看到的那样，许多个体一起协作是一种很成功的策略。蚂蚁的另一个制胜之道，是有很强的适应性，善于利用各种机遇。有些蚂蚁吃别的动物，有些蚂蚁吃植物，还有些蚂蚁不那么挑剔，它们几乎吃任何碰巧赶上的东西，包括机油。

真正最能表明蚂蚁适应性的地方，还是它们解决日常问题的能力。前面讲过的行军蚁，既是速度敏捷的捕猎高手，也是蚂蚁幼虫的优秀快递员。它们不遗余力地维持这一系统的效率。遇到坑洼不平的道路，工蚁会用它们的身体填补行进路线上的坑洼，携带补给的蚂蚁则踩着这些工蚁前进，而不是开发新路径，将行进路径整理平顺有利于整个群体快速移动。和人类的情形类似，有时候因为地形的限制，要保持直线前进特别困难。比如，在灌木的树枝间移动的时候，树枝间的空隙就常常迫使它们绕远路。对此，蚂蚁有一个特别精妙的解决方案，就是用它们的身体搭一座桥梁来跨越沟壑。两边的蚂蚁都面临着峡谷深渊，蚂蚁们抱成团，有些蚂蚁叠在别的蚂蚁上并向前方伸出去，像杂技演员叠人体金字塔一样。最终，两边的蚂蚁在空中相遇了，它们互相紧紧拽着对方，形成一条道路，得以让群体成员迅速通过。在所有蚂蚁都通过之后，这座活桥就会断开，"昆虫工程师"们也要继续去忙活下一项任务了。

生活在洪泛区的火蚁，它们地下的蚁巢常面临被洪水淹没的危险。洪水袭来的时候，火蚁会用身体搭成一个可以漂浮在水上的筏子。通过彼此之间的紧密勾连，它们构造出一种可以防水的结构，既能支撑整个蚂蚁群体，还能保护筏子上方的幼虫。倘若必要的话，这种筏子结构可以维持数星期。洪水有时候甚至也带来益处，因为水流会把它们带往新的宜居栖息地。离开了蚁巢，火蚁比往常居家的时候更为暴露，因此，它们会加强自己的武装，让自己的毒性比巢居状态要来得更强烈些。

最终被冲上岸以后，火蚁会形成另一种不可思议的像行营一样的结构，直到找到固定的居所。它们聚集在一棵植物的茎部，堆叠成一个像埃菲尔铁塔般的形状，塔的高度可以达到数十只蚁身。塔底的负载自然是最重的，所

火蚁

以塔底招募的蚂蚁也最多，越往上，蚂蚁的数量就越少，结果就形成了一个帐篷似的结构。和在洪水中一样，最外层的蚂蚁用身体形成一个防水层，让蚁塔内部的成员身体保持干燥。就像我前面描述过的白蚁建筑师，每只火蚁只有极其微小的大脑，它们自然不可能对一个船筏或一顶帐篷的总体目标有所认识，但这也无妨，预先内置的某种简单规则就可以帮助它们实现目标。这些规则会根据情景有所变化，使它们能在不同时候构造出不同的结构。

蚁群计算最佳路线

在日常生活中，动物常需要决策。有时候，这些决策会相互联系构成一个序列，一个选择会对另一个选择产生影响。用人类的案例来考虑这个问题吧。设想一个快递公司的快递网络：快递员和公司都需要找到最优的物品递送路线，来服务好许多正不耐烦地等待货物的顾客。这看起来简单，实则不然。其中最著名的案例，是所谓的旅行商问题。

想象一个推销员或者快递员，他需要拜访10个居住在不同地点的顾客。以仓库为出发点，他需要找到拜访完所有顾客的最佳路线。仅这10个顾客，就有约180万条不同的路线。这个问题不仅困扰那些想计算出最佳路线的快递公司，想优化生产制造流程的公司也面临同样的计算问题，比如在电路板上打孔，设计一个仓库，或者给用户供电。要是弄错了，就会浪费资源，还费时费力。人类在解决小规模旅行商问题时表现尚可，相较而言，蚂蚁群体解决这类问题的能力则更令人惊叹。

许多种类的蚂蚁都面临旅行商问题，因为，像快递员一样，蚂蚁从蚁巢这个中心点出发后，需要去多个不同地点寻觅食物。对觅食的蚂蚁而言，重要的是如何最有效率地将食物运送回蚁巢。食物并不总是在同一个地方，这个因素让事情变得复杂起来。新的食物来源出现，旧的采集地点食物殆尽，所以蚂蚁几乎总是需要设计出不同的网络来解决问题。这是它们特别擅长的事。

去年盛夏的一天，我最小的儿子在公寓阳台上吃冰激凌。他将甜筒的脆皮倒过来，以防止融化的冰激凌滴落的时候，出乎意料的事情发生了，冰激凌整个地掉了出来，啪嗒一声落在地板上。我把他带回屋里，从冰箱里拿了一只棒棒冰来安慰他。等我再回到阳台的时候，那一摊冰激凌被多达上百只的蚂蚁团团围住了。然后，我看到一队列蚂蚁，从冰激凌所在之处一直延伸到一个大花盆的位置。这对它们可是难得的幸运，既在我公寓阳台找到了一个舒心的住所，还收获了意外的惊喜。

蚂蚁之所以能迅速地大规模募集成员并形成觅食网络，其秘密在于它们给同伴留下的化学信号。倘若一只蚂蚁找到了食物，它会取下食物的一小块，搬回到巢里。在行进途中，它定期在路途留下一点信息素痕迹，这些信息素就像灯塔一样给其他蚂蚁指引方向。新成员如果对食物很认可，它也会在途中留下自己的信息素，强化前一只蚂蚁留下的信号。这是社交媒体中的"我喜欢"符号在蚂蚁社会中的功能等价物，正面反馈的累加很快就能形成蚂蚁社会的高速公路。那么，食物即将告罄的时候又会怎样呢？信息素容易挥发，这意味着它们很快就会消失。这是一个特别重要的性质，因为这意味着信号需要用信息素来不断地加以强化才行。如果带着食物回巢的蚂蚁越来越少，信号就会开始弱化，以阻止后来的蚂蚁白跑一趟。

尽管信息素痕迹是一个特别强大的信号系统，能够将蚁巢和食物来源有效联系起来，不过，仅凭信息素，有时候也不足以帮助蚂蚁解决觅食路径的问题。因为信息素信号缺乏灵活性，如果所有的蚂蚁都只是盲目地跟随信号，它们就可能进入一条死胡同。美国博物学家威廉·毕比（William Beebe）提供了一个很好的例子。他1921年在南美洲探险的时候，看到一群行军蚁不知怎地被困住了，所有蚂蚁都围绕着一个巨大的圆兜圈子，形成一个直径超过100米的旋涡。这些蚂蚁绕着这个圆走了两天，其间许多蚂蚁不断死去，直到最后这个圆被打破。

此类事件当然极为罕见。蚂蚁之所以能解决在复杂网络中找到最优路线的问题，是因为它们并不都以相同的方式行事，也并不都走相同的道路。虽然绝大多数蚂蚁谨遵信息素信号的指引，但还有些蚂蚁以不太可预测的方式行事。这给问题的解决带来了很重要的灵活性和创新性。那些特立独行的侦察蚁，并不遵循既定路线，而是会偏离路线去探索不同的方向。正因为这样做，它们才有可能发现新的、或许更为丰饶的食物来源。

通常，从A点到B点的路不止一条。找到最短的路对于蚂蚁的成功特别重要，因为这可以帮助它们改善信号网络的效率。不过，如果是面对两条差不多的路线，它们的选择就比较随意。比方说，两只蚂蚁从蚁巢到冰激凌的路上，要经过一只丢弃的玩具。设想它们分别走不同的绕过玩具的路线，走较近路线的蚂蚁就会先到达那摊邋遢的美食。然后它开始沿原路返回，而另一只甚至还没到达美味的所在地。与此同时，返回的蚂蚁会留下指路信息素，用化学信号来召唤更多同伴。更短、更直接的路线上建立了更集中、更强烈的信息素信号，也鼓励同伴进一步加强信号。与之相比，较远的路线上，信息素信号则不那么集中，吸引力也弱些。因为信息素会挥发，慢慢地，选择最短、最有效率路线的蚂蚁越来越多，相反，选择较长路线的蚂蚁越来越少，直至那条路线被遗忘。

研究者做了很多实验，来测试蚂蚁找到通向食物的最佳路径的能力。我们现在已经知道，它们具有将不同路线区分开来并选择最有效率的路线的非凡能力。这些实验对于我们了解蚂蚁如何处理一些简单的问题颇有帮助，不过，研究者对实验对象尚缺乏足够深入的了解。这留下一个开放的问题：究竟蚂蚁是有特别强的找到最佳路径的能力，还是有某种特别强的导航能力？我以前在悉尼大学的同事克里斯·里德（Chris Reid），决定用蚂蚁来做一个设计精巧、趣味盎然的实验。在他进行过的一些研究里，他给一群蚂蚁设置了从蚁巢到食物的迷宫。挑战来自迷宫的复杂性，有32 768条从蚁巢到食物的潜在路径，其中，只有两条是最理想的路径，从蚁巢到食物的距离最短。蚂蚁在一小时之内就破解了这个迷宫，找到了最理想的路径。

在克里斯做这个实验时，人们普遍认为，虽然蚂蚁善于找到觅食的路径，但条件改变的时候，它们的应对能力就不那么强了。这确实构成了另一个挑战。当然，我们几乎没办法知道，蚂蚁是不是能感受到挫折，但克里斯努力想确认这一点。在它们第一次成功解决问题之后，克里斯改变了迷宫的结构。因此，蚂蚁需要调整自己的行为来重新寻找迷宫的解决之道。再一次，它们还是接受了挑战，并令人印象深刻地解决了迷宫问题。

要通过这样的测验，需要依赖于创新和正面反馈的一种混合机制。它们催生了叫作"蚁群系统"的算法，或者叫作"蚁群优化"方法。在计算机科学中，人们用这些算法来处理生活里的一些问题，比如旅行商问题。这些优化方法使用虚拟的蚂蚁，通过模拟真实蚂蚁生活的规则和程序，来解决各种各样的问题。从城市交通规划到大学课程表数百门课同时授课的最优安排，从天线和电路板设计到土壤排水系统预测，如此等等。

队伍里的卧底

蚂蚁最令人着迷的行为，还是它们与同类之间的互动，更宽泛地讲，也包括不同种类的蚂蚁之间的互动。在自然世界里，正如在人类社会里一样，对成功的渴望同样会激励马屁精和骗子。比如，倘若你是一只弱小可口的昆虫，但是你能骗过蚂蚁，让蚂蚁认为你既不是一顿美餐也不会对它构成威胁，那么待在蚂蚁群体中间反而最为安全。蚁蟋就是如此，它们不仅从东道主那里得到了俗名，还获得了免费的保护、良好的住宿与食物。

首次进入一个蚂蚁群体的时候，蚁蟋会面对蚂蚁的攻击。最初，它得仗着自己腿快，躲开蚂蚁的攻击，但老是逃跑也不是办法。如果蚁蟋想行骗成功，它就需要混入蚂蚁队伍。它是用一种奇怪的方式做到的——模仿蚂蚁的走路方式。在黑暗的蚁巢里，这种行动方式给蚂蚁的印象使得卧底蚁蟋能逃过检查。如果有一个好奇的科学家，将它移到另一群不同种类的蚂蚁巢里，后者有不同的走路模式，它也会迅速学会用新的步态走路，这展示出它的适应性和高超的应变才能。待的时间稍长些，它逐渐沾染上蚂蚁群体的气味——这可是蚂蚁识别彼此的主要手段。从此以后，它就可以泰然自若地假装自己也是一个蚂蚁姑娘了（工蚁都是雌性）。

到目前为止一切挺好，不过，为了生存总得吃东西啊。蚁蟋只能偷偷摸摸地吃。很多社会动物的成功，部分原因在于它们会互相喂食，这种社会行为的正式名称是"交哺"（trophallaxis）。工蚁将食物储存在嗉囊里，在其他群体成员的请求下，可以从嗉囊里反流出一些液体状的食物来喂给对方。请求喂食的蚂蚁会用它的触角，轻轻触碰能提供食物的蚂蚁的触角和头。这种食物的分享和传递模式对于蚂蚁群体至关重要，不仅因为它保证了资源在全体成员之间的分配，还因为在这个过程中信息素会在蚂蚁之间传递，帮助形成稳固的群体以实现共同目标。蚁蟋在这一点上也特别聪明，它们具备欺骗蚂蚁给它们喂食的能力，欺骗的方式和蚂蚁相似；它迅速地拍一只蚂蚁的脑袋，后者立即吐出食物，就像自动售货机一样。

蓄奴蚁的剥削

蚂蚁有非凡的团队合作能力，不过，它们还会采用一些极其邪恶的策略。不同种类的蚂蚁，甚至同一种类的不同群体，彼此之间都抱有深深的敌意。但是，要说残酷无情的剥削，那就没有什么种类比得上蓄奴蚁。亚马孙蚁（又名悍蚁）是干这种勾当的专家。它们装配着令其猎物望而生畏、镰刀状的强大上颚，它们的猎物——蚁属蚂蚁（ants of the genus *Formica*）——一般不是它们的对手。正如蚁属蚂蚁（*Formica* ants）并非由胶木（formica）所造，亚马孙蚁也不是来自亚马孙，它们来自美国。一只刚交配的亚马孙蚁蚁后，正身负重要任务。她必须找到一个蚂蚁群体，推翻这个群体的蚁后的政权，好奴役其工蚁。通常，蚁群会将任何一只入侵者迅速撕成碎片，完全不管它们的大颚有多强壮。但是，亚马孙蚁蚁后却不一样，她自会得到命运的垂青。

一个重要原因是，亚马孙蚁蚁后几乎没什么自然的气味。因为蚂蚁是凭借气味来识别彼此的，这就使得亚马孙蚁蚁后可以躲过寄主家里的雷达监测。另一个原因在于，亚马孙蚁蚁后有些特别精妙的化学武器。她能释放一种信息素，抑制目标蚁群的兵蚁和工蚁的攻击性，从而赢得进入蚁巢并找到蚁属蚂蚁蚁后的时间。到这个阶段，她的工作仍然没有完成。为了让蚁群的工蚁接受自己，她还必须用蚁属蚂蚁蚁后的气味给自己做一件"斗篷"。

极其恐怖的事情是，亚马孙蚁蚁后会在屠杀蚁属蚂蚁蚁后之后，通过舔舐后者的身体，来获得自己的化学伪装。亚马孙蚁蚁后对受害者又咬、又撕、又砍，最终将其折磨至死。有些蚁属蚂蚁群体的巢里有多只蚁后，亚马孙蚁蚁后会无情地将它们一一消灭。现在，蚁属蚂蚁的气味识别系统已被破坏——工蚁将亚马孙蚁蚁后视为新的蚁后。新"登基"的亚马孙蚁蚁后在此定居下来，开始产卵，而那些蚁属蚂蚁的工蚁则沦为她的奴隶，尽职尽责地侍奉她，为她养育后代。

亚马孙蚁没有通常意义上的工蚁，因为它们并不哺育自己的幼蚁。它们依赖被奴役的寄主来完成这些工作。但是，如果没有蚁属蚂蚁蚁后生育下一代奴隶，蓄奴蚁的劳动力就会逐渐枯竭。如果维系一个兴旺发达的群体，亚马孙蚁就需要找到更多的受害者，迫使它们为自己服务。侦察蚁开始出动侦察，寻找可以袭击的蚁属蚂蚁群体。找到一个群体之后，侦察员火速带着消息返回蚁巢。亚马孙蚁蚁后迅速开始动员，募集多达3000只蚂蚁发起进攻。让人吃惊的是，奴隶们有时候也会随着主子一起突袭，甚至与那些和自己的同类蚂蚁战斗。战斗通常都很激烈。在遇到袭击的时候，蚁属蚂蚁一般会逃走，将蚁巢拱手相让给袭击者。只有在遇到那些特别大的蚁属蚂蚁蚁巢时，战斗才会拉长一些，但即便那样，它们也几乎不可能抵挡住亚马孙蚁的攻势。

另外一些种类的蓄奴蚁，不是依靠数量优势，而是发展出一套秘密武器。有些使用"宣传物质"，这是一种能在目标群体中产生恐慌的化学物质，甚至能使它们同室操戈。有些蓄奴蚁，在攻击的时候会使用"哈利·波特式的隐身斗篷"，只不过它们的斗篷是化学性质的伪装。因此，巢里受到攻击的蚂蚁似乎意识不到袭击者就在它们中间。袭击小分队的成员是如此自信，有时候，它们的团伙甚至可能小到只有4只蚂蚁。不管它们使用什么方法，最终的结果通常是一样的，蓄奴者会得到它们想要的东西——所攻击的蚁巢中的幼虫，蓄奴蚁会把它们搬回自己的巢里。经过一段时间，一群亚马孙蚁有可能绑架数万只蚁属蚂蚁的幼虫。在它们发育为成虫的过程中，这些被绑架来的幼虫会打上蓄奴蚁群体的烙印。它们也会把这气味熟悉的地方当作家，把将它们哺育长大的蓄奴蚁当作姐妹。

对那些天性同情弱者（或者这个故事里的弱蚂蚁）的人来说，也还有些稍作安慰的好消息。如果蚁群开始怀疑附近区域有蓄奴蚁的话，它们就会高度警觉，对陌生蚂蚁的敌意也会增加。有时候，作为预防措施，它们甚至会搬家，以逃离蓄奴蚁的劫掠。但是，如果最坏的情况发生了，一群蚂蚁被抓去做了奴隶，那又会如何呢？在绝大多数情况下，它们的命运都难以改变了，不过，也不是必然如此。有时候，地下抵抗运动会悄悄酝酿，奴隶们会发生叛乱。它们的抵抗一般以托儿所为中心展开。奴隶工蚁的一项工作是照顾幼虫。在托儿所里，有它们自己群体的幼虫，这是它们的蚁后在被杀之前产的卵所孵化出的幼虫；有蓄奴蚁从别的蚁巢劫掠回来的幼虫；还有它们的主人，也就是蓄奴蚁的幼虫。对蓄奴蚁的幼虫而言，这是非常危险的时刻，它们的生命掌握在奴隶们的手里。为了生存，蓄奴蚁幼虫必须让自己的气味与在它们身旁一起生活的奴隶幼虫一样。它们伪装得很不错，但还算不上完美。如果托儿所的奴隶工蚁察觉到自己的气味和蓄奴蚁幼虫之间的细微区别，它们就会杀死这些蓄奴蚁幼虫。这像是有趣的武器装备竞赛：奴隶工蚁群体面临要进化出更复杂的识别化学信号的能力的压力，以便能将"自己蚁"和蓄奴蚁区分开来；蓄奴蚁则需要跟上步伐，进化出更为精妙的模仿寄主气味的能力，以维持对蓄奴蚁的伪装。

蚂蚁牧民

上面说的这些诡计阴谋固然狡猾多端，不过，在蚂蚁的社会关系里，我们还可以发现勤勉良善的情形，这种关系几乎是自然世界里最使人惊奇赞叹的关系之一。一些吸食植物汁液的昆虫，比如蚜虫和叶蝉，是园丁和农民眼中的祸害。它们用尖利的口器，刺入植物的叶脉，吸食植物的"生命之血"——树液。就如人体依赖血压输送血液，植物也依靠压力来输送树液，将营养物质输送给植物的各个部分。吸汁昆虫用嘴刺进植物的时候，压力就会自动把汁液输送到昆虫体内。事实上，树液常常流得太多了，昆虫还得把过多的液体排出来。

树液在经过蚜虫身体的消化系统时，通常只有小部分被消化，从它们身体里流出来的液体，富含营养物质，人们称之为蜜露。10 000只蚜虫，用一小时的时间，大概可以分泌一茶匙的蜜露。这听起来好像不多，不过，如果有足够多的吸汁昆虫，有足够多的植物，那么其收成就值得人们认真考量了。起码有数千年时间，澳大利亚原住民都把蜜露当作可口的食物；中东地区的人们也是如此，有人曾经认为，《旧约》中所说的"天赐之物"（manna from Heaven）就是蜜露。虽然蜜露的名字表明这种物质的成分主要是糖，不过，它还含有丰富的蛋白质、维生素和矿物质。

有益于人类的东西，通常也有益于蚂蚁。有些种类的蚂蚁待在蚜虫工作的植物下面收集蜜露。有些蚂蚁则别出心裁，它们会让你想起农场的牧民，比如林蚁，植物上的一群蚜虫就像它们正在放牧的牲口。不同类型的工蚁有不同的专长，有些承担警戒守卫的任务，有些负责"挤奶"，还有一些则负责运输蜜露。挤奶的工作尤其令人惊奇，它们轻轻抚触蚜虫，鼓励蚜虫分泌蜜露。有些蚂蚁甚至会在蚜虫群周围搭建庇护所，保护它们免遭恶劣天气侵扰。

用这种办法，蚂蚁可以收获大量食物。根据一些研究的估计，一群蚂蚁一年里可以收获大约半吨蜜露。随着蚜虫不断生长发育，它们最终会长出翅膀，能够飞走。如果"牲口"飞走的话，对蚂蚁的生活来说当然是个问题，因此，蚂蚁会把它们的翅膀剪断，或者用化学物质来延缓蚜虫的发育。蚂蚁甚至还能产生化学物质，以防止它们的"牲口"跑得太远。有些蚂蚁甚至在冬天就将蚜虫卵带回巢里，等春天蚜虫孵化后再开始自己的放牧生涯。如果蚜虫取食的植物开始凋萎，蚂蚁还会将它的"牲口"们送去另一株新植物那里。从各个方面来看，这些"放牧"的蚂蚁都非常勤勉。你可能会认为，这特别像人类的农业行为，但真相恰好是反过来的，在人类学会这项技能之前，蚂蚁已经如此生活了数百万年。

就像我们熟悉的那些生活在农场或房舍里的驯化动物，蚜虫的行为也发生了重要改变。有些种类的蚜虫世世代代和蚂蚁共存，也很依赖蚂蚁对它们的保护。在圈养的生活里，它们失去了部分野性。特别是，被"驯化"的蚜虫不那么擅长用跳跃来逃脱，它们也会花更少的精力来为自己的身体准备蜡质保护层，而蜡质层对于它们抵御掠食者有重要作用。最终，这些变化都意味着蚜虫越来越依赖蚂蚁的保护。不过，蚂蚁对它们的"牲口"可没有什么感情。如果一群蚜虫数量太多，产出的蜜露超过需求，蚂蚁会吃掉多余的"牲口"。更糟糕的是，如果出现了替代性的食物来源，有些种类的蚂蚁会把整群蚜虫都吃掉。

它们和我们

社会性昆虫是地球上最令人着迷的动物。它们和我们差异巨大，然而，它们的社会和我们的社会显然有许多相似之处。像我们一样，它们也是农民和建筑工人，努力改造世界来满足自己的需求，它们也会保卫自己的家园，还会进行专门的分工。除人类以外，只有它们能举数百万之众形成组织严密的社会。它们还分享某些人类的不良特征，包括剥削奴隶，这个相似之处颇让人吃惊。我们一般将社会性昆虫视为辛勤的工人，但是，正如我们的社会一样，蚂蚁社群里不同个体的工作伦理也可能差异巨大。以岩蚁为例，或许只有3%的工蚁一直在为集体的福祉而辛勤劳作。大约有四分之一的蚂蚁成员似乎压根就不参与工作。剩下的蚂蚁，偶尔工作一阵子，其他时候则尽享清闲。

兴趣有时候取决于知识的多少，社会性昆虫最能表明这一点。你对它们所知越多，兴趣就会越浓。当然，它们对我们也极为重要。在数百种人类赖以果腹的庄稼里，大约有70种需要蜜蜂传粉。倘若没有蜜蜂的话，人类将面临不堪设想的灾难。虽然蚂蚁和黄蜂不像蜜蜂一样与人类生活紧密相连，但它们在虫害控制方面起着重要作用。下一次，当你伸手去拿报纸卷或者杀虫剂的时候，请再想想吧。或许我们和它们并不能总是完美相处，但社会性昆虫仍值得我们尊重。

第 **3** 章

从沟渠到决策

From Ditches to Decisions

⋮

鱼群能够做出复杂的选择。

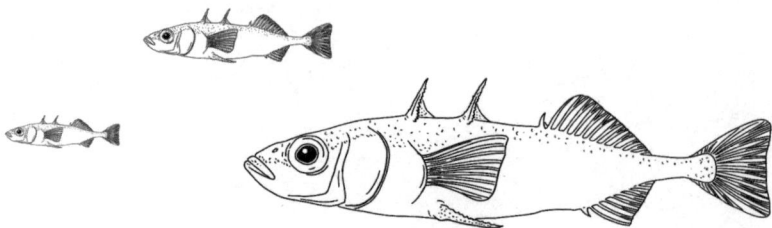

三刺鱼

沟渠中的居民

我抓着一张网，站在田野中一条臭气熏天的沟渠里，这里几乎是英格兰最偏僻的地方之一。正是十一月的寒冷夜晚，还下着细雨。整整9个小时，为了捕鱼，我在这条沟渠里一厘米一厘米地搜刮着。我站在齐大腿深的水里，膝盖以下都是厚厚的泥。尽管穿着绝缘防水裤，但我还是冻得肌肉僵硬，脚的感觉似乎成了遥远的记忆。我身上几乎到处都是污秽的泥水。我的同事迈克·韦伯斯特（Mike Webster）也是如此，他站在沟渠里几百米开外的另一个地方。

现在天色渐暗，是时候离开这里返回酒店了。毫无疑问，我们浑身散发着的熏天臭气肯定会把酒店酒吧里的人都赶跑。不过这没关系，我们当之无愧该喝上一杯啤酒。这么想着的时候，在昏暗的光线中，我看到一位老人走过来，他和蔼可亲但神情有点忧郁，正在遛一条患有关节炎的狗。他看不到我，因为我站在沟渠里；除了我头的上半部分，他什么也看不到。我担心，如果我像沼泽怪物一样突然从沟里冒出来，老人家那可怜的心脏可能会停止跳动。

我需要让他意识到我的存在，尤其是他那只看起来不太机灵的老狗。于是我吹了一声响亮但无音调的口哨，慢慢地把自己拖出沟渠，然后在溅满泥浆的脸上挤出一抹微笑，让自己看起来没有威胁，说了一句："今天天气还行！"

我做得不错。他僵在半路上，脸上夹杂着惊讶和厌恶的表情，随后才缓过神来说："你脑子有毛病吗？！"我有点窘迫，在他身后说了句："祝你拥有一个美好的夜晚。"他又咕哝了几句粗话，作为对我的回应。

当我告诉人们我研究动物行为时，那些不认为我是废物的人，通常会想象我有一系列令人向往的际遇，特别是在一些有着异国风情的地方遇到各种迷人的野生动物。至今还没有任何人说过："动物行为？那你一定熟悉林肯郡的沟渠！"的确，我曾在美好的地方看到过美好的事物，但田野里的考察也可以学到很多东西，虽然对局外人来说，这些地方既缺乏有魅力的动物，也缺乏视觉吸引力。我和迈克在沟渠里这般狼狈游荡的收获是，我们发现了我们研究的物种——三刺鱼——是如何组织起来的。它们个体的气味来自它吃的东西和住的地方，就像你吃大蒜或芦笋，或住在炸鱼薯条店上面一样。即使距离只有几米，居住环境的微小差异也会让它们产生一些非常特殊的气味。它们偏爱同那些闻起来和自己一样的鱼结伴。

我们人类的嗅觉相对较差，所以嗅觉在我们的社会关系里起作用的程度也较低，但许多（有些人会说大多数）社会动物则不一样。鱼用气味来区分可靠的友邻和邪恶的外来入侵者，类似于人类用口音和方言来区分彼此。在我自小长大的英格兰北部，我可以通过人们的说话方式分辨出他们来自哪个郡或城市，甚至哪个山谷。沟渠里的三刺鱼用嗅觉来完成类似的功能。它们更喜欢与特定的群体在一起，在自己熟悉的地域生活。如果你把它们转移到另一个地方，它们会很快找到回家的路。

自动驾驶汽车与鱼群

我一直对动物很感兴趣，总是去池塘、植被或木堆下寻找动物。小时候，有一天我去了约克郡山谷里的艾斯加斯瀑布，我对那天的情形记忆犹新。夏天，尤尔河（River Ure）蜿蜒穿过繁茂的林地，为游客呈现出英国乡村最壮丽的景色。冬季的狂风暴雨让河流得以在夏季的时候冲刷出许多小瀑布。在大热天时，这是一个绝佳的避暑之地，你可以让水流过后背，或者站在瀑布后面，假装自己在躲避敌人的追踪，就像我那天做的那样。

我试用了一个新玩具，它是一个潜水面罩。当我第一次把它戴好，将头放进水里时，我看到的景象超越任何我所见过的水族馆：一个由数百条鲹鱼组成的巨大的、闪闪发光的鱼群，在树根和水生植物间游来游去，斑驳的阳光透过头顶的树叶照射下来。我被它们迷住了。我兴奋地向站在岸边的爸爸尖叫。以真正的英式风格来看，我出的洋相让他感到难堪，但我不在乎，我感到兴奋不已。我漂浮在河中，任由鱼群在我周围游了几个小时。

从那以后，我就在北方的河流中潜水，每次都很美妙。我几乎没见过其他人这样做，也许是因为天气寒冷，但在我眼中，这些水下世界丝毫不逊色于世界上我所参观过的任何一个更具异国风情的珊瑚礁和海洋。水下景象是绝大多数人都没有注意到的自然奇观，是他们视线之外的璀璨宝藏。

当然，我绝不是唯一一个对鱼群、鸟群或任何大型动物群着迷的人。看着它们成群结队地聚集在一起，像一支强大而仁慈的军队，然后看着它们神奇地变换成不同的形状和对称图形，一致地移动和转动，这是一件很令人震撼的事情。看到鲹鱼群时，我感到敬畏，这与许多在野外看到动物集体行为的人的感受一样。如果说鲹鱼群并没有促使我设定我的人生道路，那么当我最终成为一名生物学家时，鲹鱼群无疑让我清楚了我想要从事的工作。我想要了解动物群体，而鱼类提供了一个绝佳的切入点。

日产汽车公司在开发第一代自动驾驶汽车的时候，如同许多开发人员一样，转而向自然世界寻求灵感。任何观察过动物群体（比如鱼群和鸟群）的人可能都会注意到，这些动物不会相互碰撞。事实上，它们的动作看起来仿佛经过精心设计，整个群体中动物的动作，就像在对某种无形的指挥者做出反应一样。日产迫切想要复制这种防撞技术。在过去的几年里，尤其是对鱼群的深入研究，准确地揭示了成群结队的动物怎样产生如此吸引我们的类似芭蕾的动作。

首先，重要的一点是，并不存在无形的指挥者塑造和指挥它们的动作。每只动物都对一系列简单的规则做出反应。这些规则的基础是这样的，按重要性排序：如果离最近的个体太近，就远离它；如果离最近的个体太远，就靠近它；如果离最近的个体的距离合适，就效法它。因此，群体中任何一对相邻动物之间的距离决定了它们的反应。它们对彼此之间的间隔进行微调，直到形成一种金凤花姑娘般的"刚刚好"，①然后效法彼此的做法。日产在制造第一辆原型车时，就为其安装了传感器，使其能够做到这一点。果不其然，这些小型机械汽车表现得像一群动物。通过这种方式，它们的移动效率远远超过人类驾驶者。

以上规则足以让动物和机器人在一个地方活动而不会发生碰撞，就目前而言，这是没问题的。但它们不能帮助动物对它们所生活的环境——群体之外的世界——做出反应。如果受到威胁，它们需要以协调一致的方式应对。如此多的动物组建群体的理由之一是群体可以为它们提供一些保护。掠食者接近一群动物时会产生所谓的混淆效应（confusion effect）；大量的动物，让掠食者面临超负荷的感官刺激，使其难以锁定单一目标。多项研究结果表明，这就是为什么随着猎物群体规模的扩大，掠食者成功率会降低的原因之一。掠食者需要做的是挑选单独的目标，但是面对这么多令人眼花缭乱的动物时，它怎么才能做到这一点呢？随机冲向某一群体，希望能走运并抓住目标，这几乎从来不奏效。因此，掠食者经常试图通过追

---

① 金凤花姑娘（Goldilocks）是美国童话里的一个人物。因为她特别挑剔，粥要不冷不热，椅子要不软不硬，床要不高不低，所以，她有时候就成了"刚刚好"的代名词。——译注

逐和骚扰动物群来让猎物落单。一些珊瑚礁上的掠食者，比如鲷参鱼，对此有一个聪明的策略：将小鱼群驱赶到岩礁处，迫使它们分裂成更小的群体。另一个诀窍是找到使某只动物在群体中凸显出来的特征。一旦成功，掠食者就可以锁定它的目标并抓住它。这种诀窍也有一个名字：异常效应（oddity effect）。

大约50年前，对动物研究的伦理监管还没有那么严格的时候，一些研究人员给角马群中一小部分角马的角涂上白色，以此来测试这种异常效应。果不其然，这只"长相异常"的角马很快就被掠食者抓住了。因此，看起来和群体中的其他个体一样，显然是一种重要的自卫方式。类似地，对受到攻击的动物来说，另一种防御策略是让自己的行为与其他动物的行为保持协调一致。动物特别关注自己的近邻，会像近邻一样行进和转身。这些动作往往发生得很快，以至于人眼——甚至掠食者的眼睛——都跟不上。

随大流的鱼

信息在动物群体中传播的方式，有时候被比作英国皇家海军舰艇的旗语。1805年，英国皇家海军舰艇在特拉法加角外排成长队，通过悬挂旗帜相互发出信号，将信息传递给"胜利号"（HMS *Victory*）上的纳尔逊（Nelson）上将，通知他西班牙和法国舰队已离开加的斯并准备战斗。当群体边缘的一只动物发现掠食者并做出突然反应时，它的邻近的个体会效仿着做出反应，然后它们的邻近的个体也会效法，以此类推。这并不是我们想象中的信息——一个明确的消息。相反，这里指的是最广义的信息：表明现状变化的数据。

不管如何定义，信息可以像野火一样在群体中传播，比任何一只动物的行动速度都快得多。然而，信息的传播也存在一个问题：它可能是错误

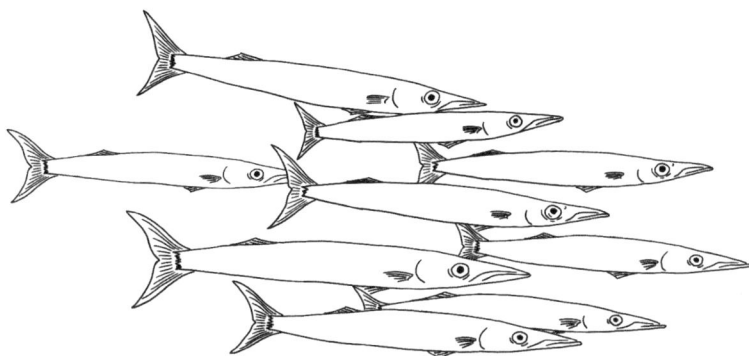

梭鱼群

的。如果整个群体每次都对其中任何一名成员的轻微动作做出反应，那么它们很快会发现自己处于一种身体和神经疲惫不堪的状态。对此动物群体演化出了很好的解决方案。首先，它们更有可能对突然转弯或快速加速的近邻更为敏感——因为这些行为往往表明一些重要的事情。其次，随着信息从源头向外传播，从一只动物传播到另一只动物，每次交流的反应强度都会略有下降，直到逐渐消失，除非有更多信息来强化最初的信息。

动物必须在它们的环境中行进，而不只是四处闲逛和躲避掠食者。那如果其中的某些个体想去某个地方怎么办？答案是：动物可以追踪环境梯度。一个明显的例子是一只饥饿的动物想要找到食物，如果它察觉到一些食物，它会朝着这些线索发出的方向移动。这时会出现一个进退两难的情况：它想去吃东西但不想只有自己去——如果它把其他成员抛在后面，它就会陷入孤立从而暴露在危险之中。在一些动物群体中（比如我们将在后面章节中遇到的哺乳动物）有明确的等级制度，领导者可以决定群体运动的方向。但在鱼群和许多鸟群中，没有等级制度，也没有永久的领导者——动物必须达成共识。你可能会认为，在一个大的群体中，这几乎是不可能的，但事实上，这很有效。只需要有少量饥饿的鱼觉察到食物线索，就能使一个大的鱼群移动。如果大约5%的鱼开始转向食物，那么其他鱼很可能会跟上。

大多数鱼群都没有被领导的概念。只要大多数鱼不偏向不同的方向，它们就会继续与近邻保持一致，并对其他鱼正在做的事情做出反应。当然，最终结果是它们步伐一致。我曾经在一次野外实地研究课上向一群学生描述过，鱼群和其他动物群体是如何由少数有积极性的个体来领导的。有两个学生灵机一动，决定自己测试一下，把其他学生当作他们测试的动物。每天早上，在我的实地研究课上，学生们都会从新南威尔士州的珍珠海滩的野外训练中心出发，沿着一条安静的乡间小路走到他们工作的海边，到了晚上再原路返回。大约在这条路线的中途，有一条长约50米的环道，围绕着一个树木和灌木丛生的小岛。这两个学生没有告诉任何人他们的计划，并确保自己在到达小岛时走在队伍的最前面，然后随机决定是走岛的左边还是右边。尽管他们身后30个左右的学生松散地分布在约100米的范围内，但他们总会遵循"鬼鬼祟祟的实验者"所选择的方向。不论这些领头者走左边还是走右边，学生们总是跟在后面。这种情况持续了好几天，直到实验者向小组其他成员坦白自己所做的事情。

如果说有一件事人们特别讨厌，那就是他们表现得像羊一样；因而，实验者的坦白让学生们都对自己过去的表现感到非常不舒服。在这两个学生透露了自己的所作所为后的第二天，这两位自封的领头者再次走到小组的前面。他们站在岛的左边，其他人都站在右边，挑衅般地表示独立。当然，颇具讽刺意味的是，这两个领头者仍然决定了其他人的路线。因为，如果其他学生想表明领头者没有影响力，他们应该随机走到岛的左边或右边。

人们一般不愿意接受这一事实，即他们所做的大部分事情都是出于对他人行为的简单的、通常是潜意识的反应。像"群体思维""从众心理"和

"随大流"这样的词被认为是极其消极的，然而，在很多情况下，这些社会交往的潜意识规则可能非常有益。例如，每当我们走过繁忙的人行横道时，我们就会排成一道，跟在和我们方向相同的人后面过马路。我们不一定会意识到这一点，而且似乎也没有什么严格的经验法则，比如"如果要撞上相反方向的人，请向左移动"。在没有任何约定规则的情况下，我们只是自发地对社会力量的作用做出反应，并形成解决问题的最有效方法。如果我们不这样做，结果将很混乱，有很多碰撞和尴尬的情况，你最终与一个陌生人陷入尴尬的"双人舞"局面，你们像照镜子般向左、向右、再向左，最后苦笑着打破僵局。

我的博士生导师延斯·克劳斯根据我们对鱼类的研究，在人类身上进行了一项大规模实验。一个星期天的早上，他设法让科隆的几百名志愿者抽出一点时间在他预订的一个大厅里参与他的实验。每个人给定两条简单的规则，这些规则是基于我之前在鱼类集体行为实验中所描述的规则。它们分别是"保持移动"和"与至少一个人保持一臂的距离"。当然，后一条规则是鱼移动时所用的方式——保持靠近近邻——的另一个版本。

接下来发生的事情甚至连延斯都感到吃惊。在最初的几分钟里，人们只是在毫无规律的情况下移动，但很快就形成了一种秩序，因为人们发现自己在一个巨大的环形结构中移动。当他们意识到这一点时，一些参与者开始笑了起来，但几乎没有人能打破这种模式。没有人有意识地让它发生。这种模式就这样出现了。更正式的说法是，这种环状结构被称为"环面"（torus），它是多种动物集体运动的特征，包括梭鱼群。

接下来，延斯在一批新的志愿者身上尝试了一种变化。大多数参与者都得到了两个同样的简单指示，但少数随机选择的人被秘密地给予了额外的任务——到达大厅边缘的一个预定点。问题是，这些少数人能否在领导多数人的同时，仍然遵守规则，"与至少一个人保持一臂距离"。果然，只要小组中至少有5%的人被指示朝向目标移动，他们就能够领导其他对目标一无所知的人。

有必要指出的是，没有什么神奇的、不成文的规则说，如果有5%的动物开始向一个特定的方向移动，动物群体就会跟随。在小群体中，需要更大比例的"领导者"。这个数值在不同的物种和不同的情况下都会有所不同。它只是表明，你不需要获得多数团队成员（甚至无需接近多数）的同意，就可以行动。这意味着动物群体可以非常高效地做出决定。即便如此，如果5%大致是引领一个群体所需的比例，那么对于一个由1000只动物组成的大型群体，你可能需要50个领导者。可以说，如果推动进程的领导者更少的话，效率会更高。不过，尽管这看似是一个好主意，但你需要一定数量的动物同意这一举动，这为防止错误信息的传播和做出错误决策提供了保障。

影响鱼群决策的领袖

做决策是群体生活的重要组成部分。有证据表明，动物群体通常非常擅长做出准确的选择，并能在成员之间达成共识。越深入思考，就越会觉得这件事情不可思议。我一直觉得很神奇，为什么动物群体在这方面做得如此之好。我职业生涯的主要研究工作，就是了解它们是如何做到的。在延斯的指导下获得博士学位之后，我去了莱斯特大学和保罗·哈特（Paul Hart）一起工作。也许这不是巧合，当时我正苦恼于人生中的一些重要决策，尝试在短期学术合同的一系列不确定性中规划未来。我决定看看动物群体是如何应对这一挑战的，于是我带着五花八门的创意，再次转向关注鱼。这当然是我会做的，不是吗？我理解它们，它们也是优秀的实验对象。你可以很容易地在实验室里对它们进行分组测试，相比之下，其他群居脊椎动物就很难做到。你还可以把研究结果推广到其他动物身上，因为行为上的相似性远远大于差异性。

我刚到莱斯特的时候，保罗就给我介绍了一个他最喜欢的捕鱼地点，它有一个很诗情画意的名字，叫作梅尔顿溪（Melton Brook）。它有一小部分距离莱斯特市中心相当近。也许它曾经是一个风景如画的地方，但现在不是了。迈克是后来陪我去林肯郡沟渠的同伴，他在我之后不久加入了保罗的团队，我们一起把这条河命名为"粪河"。即便如此，这个名字也没能恰如其分地描绘这条河：它到处都是垃圾，闻起来像音乐节厕所的味道，为了找鱼，我们不得不先捞出饮料罐、包装纸和丢弃的尿布。有一次，一只胀得鼓鼓的死老鼠尸体神气地从水上漂过去。粪河似乎不太可能有鱼生存，但事实上，河中到处都是刺鱼，它们对我的实验来说是完美的研究对象。当我把它们带回大学里的水族馆时，我甚至觉得我是在把它们从城市地狱中拯救出来。

动物做出错误决策的故事总是能激发公众的好奇心，其中最著名的是成群的旅鼠跳下悬崖的传说。像旅鼠一样的行为已经成为盲目复制错误的代名词。但事实上，旅鼠不会这样做。这个误解的源头是迪士尼纪录片电影《白色旷野》（White Wilderness）：摄制组为了电影制作，让加拿大北极圈地区的因纽特的孩子们抓来旅鼠，然后将之运送至阿尔伯塔。在那里，旅鼠被赶进河里，以制造吸引观众的画面。于是，一个神话诞生了。

然而，我想知道从众的社会压力是否能让鱼表现得像旅鼠一样。我利用从粪河中捉来的刺鱼，设计了一个实验：在这个实验中，一小群鱼将从实验池的一端游到另一端有遮蔽的区域。通过将实验池进行分割，我给了它们两条可供选择的路线，有点像几年后学生们偷偷进行人类实验的路上的那个岛（见前一节）。为了给鱼增添些趣味，我在其中一条路线上放了一个假的掠食者，然后静静看着它们会如何做出选择。毫无意外，除了几条鲁莽的鱼，其他的鱼都避开了有"掠食者"的路线，选择了安全的路线。接下来，我试着看看添加一点社会压力是否能影响它们——我放入了一条假刺鱼，让它沿着有掠食者的路线游过去。真正的刺鱼可以看着假刺鱼沿着这条路线游动，然后自己选择走哪条路。结果几乎是一样的——它们无视假刺鱼，而且几乎所有鱼都再次做出了安全的选择。但我还没有完成实验。我想继续加大社会压力，看看怎样才能影响它们。我向它们展示了两个选择危险路线的假刺鱼。突然间，真正的刺鱼注意到了。尽管它们在跟随这两个探路者穿过假掠食者的意愿上远非一致，但它们的行为发生了重大转变，尤其是它们自己在较小的群体中时。一个"领导者"是无效的，但两个"领导者"就可以改变它们的行为方式。

在包括人类的动物群体中，你总能看到一个鲁莽的个体或一个做出错误选择的特立独行者。出于这个原因，最好忽略任何一个个体所做的事情，像这样一个简单的规则就可以作为坏信息的过滤器。但是两个个体同时做同一件事呢？这或许值得一听。但这并不意味着你必须像传说中的旅鼠那样死板而盲目地跟随。在我的实验（有两个复制品作为领导者）中，鱼通常会像跟随两个仿真的领导者一样出发，但也有很多鱼临阵退缩了，改走更安全的路线。

我们称之为法定人数反应（quorum response）：忽视个体或（在某些情况下小群体）的倡议的趋向。这是一种简单而精妙的避免错误的方法。成群的动物在对一条新信息做出反应之前，通常要等到达到一个临界数量（即足够多的群体成员达成一致）才会开始行动。在我的实验中，我设法让一群刺鱼做出了一个糟糕的决定，但这是利用了社会从众的压力来打破它们的防御。在现实世界中，两个真正的领导者不太可能一开始就都做出在掠食者面前穿梭的错误决定。

更多的鱼，更好的决策

1785 年，在其思想家生涯因法国大革命中被砍头而中断的 9 年前，马里·让·安东尼·尼古拉斯·德·卡里塔（Marie Jean Antoine Nicolas de Caritat），也就是孔多塞侯爵（Marquis de Condorcet，后文姑且简称他为孔多塞吧，否则我们整晚都要耗在他的大名上了）提出了一个定理。孔多塞是一位数学家和哲学家，对他来说不幸的是，他还是一位贵族。他的遗产之一是一个数学证明——大陪审团比小陪审团能做出更好的决策。这听起来显而易见，对孔多塞多少有些不公，我应该说其内涵比这听起来要复杂一些。如果每个陪审员都对被告是否有罪有独立的意见，那么增加陪审团的人数通常会增加他们投票时多数人的决定是正确的可能性。换句话说，随着陪审团人数的增加，你会得到更好的整体决策。正如许多国家的法庭一样，陪审团中有十二名"善良而正直"的人，能很好地实现这一目的。

以这种方式在两个选项之间做出选择，是动物经常被迫面对的事情。对它们来说，做出正确的选择至关重要。早期我研究这个问题时，曾听闻一个关于美国总统选举的奇怪统计数据。每到选举的最后阶段，投票都会变为对两个候选人的选择。统计数据显示，在每次美国大选中，不管政策差异和狂热程度如何，选民都更有可能选择两位候选人中个子较高的那个。快速核查事实后发现，这并非完全正确，但确实存在一个显著趋势。这让我自然地想到了鱼类。如果让鱼在两个领导者之间进行选择，那么它们会选择哪一个？经过一些图像处理，我让刺鱼分组进行选择，大的还是小的，胖的还是瘦的，有斑点的还是无斑点的，等等。我的方法是制作不同的图像并把它们展示给鱼看，然后将两个图像向相反的方向移动，这样鱼就必须选择跟随哪一个领导者。虽然这听起来很荒谬，但这些选项中的每一种选择都对鱼有实际意义。体型较大的鱼往往比体型较小的鱼年龄更大，经验也更丰富；与体型较瘦的同类相比，肥胖的鱼可能是更好的觅食者；无斑点的鱼往往不会受到寄生虫的困扰；等等。在每种情况下，这些对潜在领导者的选择的细微差异，都给了它们的潜在追随者一些值得深思的东西。

我发现，小群体对领导人的选择并没有表现出特别强烈的偏好，但随着群体规模的扩大，它们会更加果断，做出更好的选择——它们通常会迅速达成共识，并团结在受青睐的领导者身后。当时我并没有想太多，这只是出于乐趣和科学好奇心，而且我对孔多塞的陪审团定理一无所知。我的数学家同事大卫·萨普特（David Sumpter）指出了我的无知，他还指出，这个刺鱼实验恰好完美说明了陪审团的工作原理。谁知道呢？

随着鱼群数量的增加，它们的决策能力也会提高。它们的选择变得更加准确，做出决定的速度也更快。这对鱼群来说是一大好处，但不是唯一好处。大多数鱼没有刺或甲壳，也没有毒；相反，它们通常是掠食者的美味佳肴。在没有任何形式的物理防御的情况下，它们必须依靠快速移动来避开掠食者。在脊椎动物中，鱼类的肌肉占身体重量的比例最高——几乎占身体总重量的80%，约为人体肌肉比例的两倍。这使它们成为优秀的运动员。但要想保证安全，光有速度是不够的，尤其是在没有什么藏身之处的开阔水域。成群结队降低了个体的风险，鱼类利用混淆效应，让掠食者眼花缭乱。此外，鱼在群体中更善于寻找食物，因为鱼群起到了一种"超级传感器"的作用，将群体成员的搜索能力整合起来。在饥饿的时候，一些鱼群会形成一个宽大于长的方阵，有点像警察在犯罪现场搜索证据时拉成一圈的警戒线。当一条鱼找到食物时，其他的鱼就会纷纷加入，想要分一杯羹。

游向麻烦

成群结队有许多优势，这有助于解释为什么它作为一种策略来说如此普遍。在 2 万多种不同的鱼类中，超过一半的鱼类在它们脆弱的幼年时期聚集在鱼群中寻求庇护，大约四分之一的鱼类一生都在鱼群中度过。在这些鱼身上，聚集成群的冲动根深蒂固：它们看到一大群同类时，大脑中控制社会行为的视前区就会被激活。顺便说一句，尽管鱼类的大脑和包括人类在内的哺乳动物的大脑有许多重要的区别，但它们背后的基本特征颇有共性：在哺乳动物中，视前区对社会行为和性行为也很重要。在鱼群中，我们最熟悉的是餐盘里的那些鱼，如鳕鱼、沙丁鱼、鲭鱼、金枪鱼和凤尾鱼。其中一些鱼形成的群体的规模几乎令人难以置信，例如，在黑海中可以看到占据 700 万立方米水域的单个凤尾鱼群，或者，由数亿个体组成的鲱鱼群分布在几十平方千米的范围内。但是，就像磷虾一样，当它们面对人类这种全新的、非常不同的掠食者时，这些庞大的群体面临着巨大的风险。

在近 5.3 亿年的进化史上，鱼类几乎一直在适应掠食者带来的挑战。但是，它们却无法应对现代捕鱼业、配备液压绞盘的现代渔船（可以布下 2000 米长、200 米深的围网）或拖网渔船；这些渔船在海洋里拉的网，像一张巨大的嘴巴，大到足以吞下一个仓库。人类使用声呐来消除大部分猜测，直接遥控追踪大型鱼群。这样的装备不仅摧毁了鱼群的防御能力，而且利用鱼聚集成群的特性来将它们一网打尽。尽管有捕捞配额制度可以保护鱼类资源，但配额既不切实际，又缺乏强制力。捕捞的副产品——即在错误的时间出现在错误的地点的鱼——可能会被直接丢弃。制冰机使船只能够在船上保存大量的渔获，而不必再返回港口，这意味着船只可以在海上停留更长时间来捕鱼。简而言之，人类的捕鱼能力已经超出了鱼类资源的应付能力。

　　第一批访问美洲的欧洲人回到家乡时，向人们描述了那里惊人的财富。西班牙探险家乔瓦尼·卡波托（Giovanni Caboto）曾描述说，海中的鱼类非常多，只要把篮子放进水里就能捕捉到它们。葡萄牙人和巴斯克渔民是最早意识到纽芬兰海岸大浅滩潜力的欧洲人，自15世纪以来，他们一直横渡大西洋到那里捕鱼。17世纪到访该地区的英国渔民说，这里的鱼非常充裕，以至于他们几乎无法划船穿过它们。纽芬兰海岸生物如此丰富得益于一些独特的海洋条件。墨西哥湾暖流带着温暖的海水从墨西哥湾向北奔流而来，在纽芬兰附近与一股向南流动的、寒冷的拉布拉多洋流相撞。在它们相撞的地方，随着海床上升到大浅滩的浅水处，洋流被向上推动，这片海域的面积大约相当于爱尔兰的面积。随着洋流的上升和混合，洋流携带了更多的营养物质，滋养了一个丰富的微生物群落，这个群落构成了丰富的食物网络的基础。

　　大西洋鳕鱼处在这个食物网络的顶点。这种鱼标示了人类与海洋生物之间很成问题的关系。我们喜欢它多汁的白色鱼肉，而且每条鱼都有很多肉：它们可以长到一个成年人的大小，长达2米，重达100千克，不过现在很少能见到这种大小的"巨型鳕鱼"了。雌性鳕鱼能够产下数量惊人的卵。一个种群中体型最大的雌鱼可能有20岁，每年产卵近1000万枚，而体型

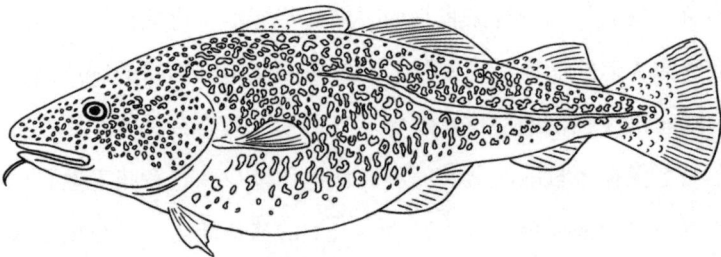

鳕鱼

较小、年龄较轻的雌性鳕鱼的产卵量可能不到这个数字的十分之一。如果你从种群中挑走最大的鱼，种群恢复的能力将受到不成比例的巨大损害，然而对人类来说，最大的鱼往往代表着最大的利益。

除了较大的鳕鱼有产卵的潜力外，经验丰富的鱼在迁徙的鱼群中占据主导地位。20 世纪 90 年代初，加拿大渔业和海洋部的两位研究人员伊丽莎白·德布洛瓦（Elisabeth DeBlois）和乔治·罗斯（George Rose）跟踪了一个每年向纽芬兰北部迁徙的大型鳕鱼群。鱼群延伸了 20 多千米，最大的鱼在前面领头。年轻的追随者便学到了年长领头者长期建立起来的路线并因此获益，使得知识代代相传。我们在鲱鱼、鲭鱼和沙丁鱼等其他可食用的巨大鱼群中也发现了类似的模式。因此，最大的鱼被捕捉对整个种群来说是最糟糕的事情。

大浅滩上的大西洋鳕鱼曾看似取之不竭。过去几个世纪，事实也确实如此。尽管纽芬兰是英国的殖民地，沿海地区的渔业社区如雨后春笋般涌现，但鳕鱼数量如此之多，捕捞能力又如此有限，以至于对数量几乎没有影响。然而，天平在 20 世纪初开始倾斜。渔船不再依靠风力，而是使用发动机——首先是燃煤的蒸汽机，然后是柴油机。木船让位给带有金属船体的大型船只，绞盘上的人力让位给发动机的机械动力。越来越多的船被吸引到大浅滩，加入当地小规模渔民的行列。捕鱼量的增加虽缓慢但不可逆转。

然后，20 世纪中叶，事情就有点乱了套。渔船规模和拖网能力不断扩大，但是，二战后船上冷藏技术的发展更催生了超级拖网渔船的诞生。加拿大政府虽可以宣称对大约 19 千米海岸内的水域拥有专有权，但除此之外的范围对所有人开放。工业拖网渔船从世界各地来到大浅滩，分享战利品。当时纽芬兰的目击者描述说，那时出海的渔船灯光通明，看上去就像是在大浅滩上建起了一座城市。1968 年，大浅滩捕获了 80 万吨鳕鱼，鳕鱼捕获量达到顶峰。在此后的几年里，尽管捕捞强度保持不变，鳕鱼捕获量却急剧减少。到 1974 年，捕鱼量还不到 1968 年的一半。鳕鱼的数量正在迅速减少。

从 1977 年起，加拿大人将他们的领海专属范围扩大到大约 321 千米，但由于当地人试图从这个"富矿"中获利，鳕鱼几乎没有得到喘息的机会。逻辑很简单——既然外国人多年来一直从中受益，那为什么加拿大渔民不能主张自己的利益呢？尽管这时捕鱼量只是高峰期的一小部分，但对渔民来说仍是一个繁荣的时期。政府设定的配额是固定的，然而，他们对捕鱼业可持续性的判断还是过于乐观了。规模较小的近海渔民曾发出警告：他们的捕鱼量减少了，所捕获鱼的个头也变小了，但是这一警告被忽视了。那时候，还没有阻止渔业无序扩张的政治意愿。

到 1990 年，形势就危急了。政府科考船上的科学家乔治·罗斯，描述了他和同事如何发现了一个巨大的鳕鱼群——一个从北极向南游向大浅滩的 45 万吨鳕鱼群。这可能是最后一个巨型鳕鱼群。罗斯估计，剩余种群大约 80% 的个体都集中在这一聚集群中。当鳕鱼这样的浅水鱼的数量急剧减少时，会发生两件事：要么鱼群的数量大致保持不变，但每个鱼群变小；要么鱼群里鱼的数量保持不变，但鱼群的数量减少。罗斯认为后者最接近事实。他只能眼睁睁地看着这最后一个从北极水域洄游过来的鱼群到达渔场，径直游向一群欢迎它们的拖网渔船的"怀抱"，什么都做不了。

这件事情不久就迎来了大结局。1992 年，加拿大政府终于向无法扭转的结局低头，宣布对大浅滩的鳕鱼实施禁渔令。据估计，该地区 99% 有繁殖能力的鳕鱼已被清除。顷刻间，成千上万的人失去了工作，加拿大的收入损失达数十亿美元。这一禁令对纽芬兰人生活造成的损失更直接，甚至是无法估量的。这是公共悲剧的一个鲜明例子——鳕鱼的红利曾一度为所有人共享，如今则无人能够拥有。渔民没有动力限制他们自己的捕捞量，因为他们不去捕捞的话，渔获就会被别人一扫而空。在崩溃前最关键的那几年里，尽管人们有采取果断行动的政治决心，但在一个成功行业可能面临的风险面前，这些决心都烟消云散了。再说，鳕鱼又不能投票。

这项禁令最初颁布时，只打算持续几年，让鳕鱼种群有时间恢复。但事实上，情况并没有立即好转。生态系统似乎已经发生了不可逆转的改变，这不仅是由于作为主要掠食者的鳕鱼已被清理得过于干净，还由于拖网渔船的长期行动对海床——那是鳕鱼及其猎物的繁殖地——造成了损害。多年过去了，鱼群仍然没有复苏的迹象，除了延长暂停期外，别无选择。直到2005年前后才首次出现了鳕鱼回归的迹象。虽然数量不多，但它们确实出现了。即使是现在，距离最初的禁令已经过去了30多年，鳕鱼数量最多也不过是繁荣时期的三分之一。尽管如此，捕鱼业仍在施加巨大的压力，配额因此增加了。科学家们觉得配额太多了，渔夫们则说太少了。没有人知道未来会怎样，也没有人知道我们是否能够从错误中吸取教训。唯一可以肯定的是，大浅滩鳕鱼的锐减对人类和鱼类来说都是一场悲剧。

聚集成群虽然是许多鱼类走向成功的不可或缺的部分原因，却成了大浅滩北部鳕鱼的催命符，所以你可能会问，为什么鳕鱼不放弃它们成群结队的习性呢？如果有足够的时间，或者更确切地说，有足够多的世代，鳕鱼的行为并非完全不可能演化和适应。但是，它们聚集和成群迁移的冲动是它们行为的基本组成部分，这是在数千万年的时间里形成的。当工业拖网渔船带着巨大的渔网来到这里时，鳕鱼面临着一次全新的、迅速的、毁灭性的打击，以至于它们根本无法应对。

尽管鳕鱼面临着艰难处境，但动物们仍然可以改变自己的行为，以适应自己的需要。鱼有时会聚集得更紧密，有时则会更加独立些。对那些在白天活动的物种来说，夜晚的到来是触发它们群体解散的因素。原因在于，鱼群的作用是混淆掠食者，尤其是那些靠视觉捕食的掠食者。在黑夜里，这些掠食者不再那么活跃，鱼也不再需要鱼群的保护。天一亮，当危险再次来临时，作为猎物的鱼又只能聚在一起。危险越大，鱼群中的鱼就越紧密，越团结。一项对英国一条河流中鲹鱼群的观察研究表明，这些鱼一生都生活在离它们的掠食者几米远的地方。即便如此，鲹鱼仍然是栖息地中最成功的鱼类之一。这让我们明白，聚集作为一种防御手段来说是多么有效。如果危险解除了，鱼可以放松下来，那么它们对鱼群的需求就会减弱。

两个世界的鱼

在特立尼达潮湿的热带雨林中流淌的溪流，为自然界的进化提供了一个最迷人的例子。这个加勒比海岛屿是孔雀鱼的家园，许多鱼缸里都常有孔雀鱼出没。这些小鱼不超过二三厘米长，对性有着不懈的、不可抑制的追求。这并不是为了追求刺激，而是作为一种生命短暂又处处面临危险的物种的生存策略。快速繁殖的策略使它们在早期的水族馆贸易中成为热门选择，也为那些想要通过人工选育使其性状得以提升的人提供了便利。在宠物店可以看到品系选育的花哨结果：雄性孔雀鱼有着长长的、色彩鲜艳的尾巴，而雌性孔雀鱼则很少有这种性状。但在野外，孔雀鱼与水族馆里有着夸张鱼鳍的"怪物"相去甚远。它们的斑纹要隐蔽得多，原因在于，它们与众多的掠食者共同生活在特立尼达。对任何名副其实的掠食者来说，家养孔雀鱼简直就是送到嘴边的食物：它的颜色引人注目，它夸张的尾巴意味着只能缓慢游动。勤劳的培育者在每一批幼鱼中选择最鲜艳的个体，并用它们繁殖后代；而掠食者的选择则相反，不是培养最迷人的个体，而是吃掉它。你可以在澳大利亚的一个非刻意设计的自然实验中看到这一结果。在那里，多年来，愚蠢的养鱼人把鱼放生到热带北部的水道中。孔雀鱼是一种适应性很强的生物，它们对新栖息地的热情使它们成为一种颇令人头疼的入侵物种。我们可以合理地假设，最初被放生的孔雀鱼是家养的、色彩鲜艳的品种，但它们的后代看起来却几乎与特立尼达野生的孔雀鱼一模一样。

澳大利亚本土的掠食者在几代之后促成了这种转变。与此同时，在特立尼达，当溪流从高山和丘陵流向大海时，孔雀鱼游过瀑布。在瀑布上游，孔雀鱼过着相对安逸的生活，没有像慈鲷和蓝鳍鱼这样的大型掠食者——这些掠食者被限制在特定水域中。那些被冲下瀑布的孔雀鱼则面临艰难得多的生活，它们面前是一个充满风险和危险的世界。因此，孔雀鱼的群体被自然屏障分为两群，分别生存在两种截然不同的生存环境中：一边是鱼的天堂，另一边则是充斥着掠食者的地狱。令人欣慰的是，孔雀鱼有足够应对环境的适应能力。个体的灵活性和自然选择的结合导致了这两个群体之间的明显差异。瀑布上方的都是"花花公子"——个头更大，色彩更鲜艳，不倾向于成群结队地活动；瀑布下面的比较像"流浪儿"，外表单调，成群结队地躲避它们的天敌。不过，下游的雄性也不能长得太乏味：雌性更喜欢颜色鲜艳的配偶，所以为了有机会繁殖，雄鱼必须表现出鲜艳的橙色和黑色，尽管这会使它们在掠食者面前更加显眼。就像自然界的许多事物一样，这是一种权衡。瀑布下面的孔雀鱼生得快，死得早；由于被贪婪的掠食者包围，它们要在更早的年龄繁殖，把整个生命都压缩在短短几周内。

几十年来，这种自然演化的严峻考验吸引了很多生物学家。随着时间的推移，这些共存的孔雀鱼种群所承受的不同压力，产生了一系列不同的性状。如果将不同栖息地的鱼类进行交换会发生什么？动物的行为往往是灵活的，这使它们能够适应一生中的不同挑战。然而，就像我们一样，它们在年轻时能更好地适应变化。如果低捕食压力环境的孔雀鱼被拿去和高捕食压力环境的孔雀鱼一起养大，它们的行为会和高捕食压力环境的孔雀鱼类似，尤其是更倾向于聚集成群。换句话说，它们会遵循周围同类的行为方式。

更持久的变化，比如受基因控制的行为方面，则需要更长的时间。如果圈养不同种群的孔雀鱼，你可以在可控的条件下饲养它们。这可以让你区分先天和后天。先天指的是动物行为中那些由基因控制的部分，而后天则指动物生存的环境是如何影响它们的行为。生活在安全可控的环境中的孔雀鱼，尽管与它的野生种群分隔了两代，但这些孔雀鱼的行为仍有些像它们的祖父母。换句话说，祖父母来自高捕食压力环境的圈养孔雀鱼，比祖父母来自低捕食压力地区的同类要更倾向于聚集成群。它们的行为在一定程度上是由基因决定的。因此，尽管动物有一定的灵活性，但它们并不是"一块白板"，无法自由地根据周围环境完美地塑造自己行为——它们身上有前几代遗留下来的产物。通过进行遗传学家所称的遗传力估算，我们可以评估动物的行为在多大程度上是由基因决定的。针对鱼类的聚集行为的研究表明，这一比例约为40%。也就是说，在整个种群中，约40%的行为由基因决定，其余60%由环境决定，或者至少由非遗传因素决定。

在野生环境，我们不太能看到演化在一些更复杂的动物（比如脊椎动物）身上起作用，这是因为那要花费的时间太长了。但是，孔雀鱼在其生命周期中的快速变化意味着，在这些小鱼身上，演化过程仿佛被按下了"快进按钮"。早在1957年，孔雀鱼就从一个高捕食压力的环境被带到了一条缺乏掠食者的新河流。1976年人们又帮它们进行了类似的迁移。1992年，当这些孔雀鱼的后代再次接受检测时，它们的行为发生了变化。自然选择改变了每一代从父母那里继承下来的行为特征。因此，我们知道，孔雀鱼需要30~60代的时间，才能将其行为从典型的高捕食压力环境转变为低捕食压力环境下的行为。当然，这里讨论的情况是消除掠食者的威胁，所以选择并不那么激烈。换言之，像祖先一样极度谨慎的孔雀鱼仍然可以繁殖。如果采用反向方式来迁移，将来自低捕食压力环境鱼类引入高捕食压力环境，那么选择压力将更为极端。只有那些能够迅速采取有效的反捕食行为的个体才能存活足够长的时间来繁殖，因此演化的速度会更快。

鱼群中的侦察者

如果你我在大街上看到一只老虎，我们很可能会赶紧与它保持一段距离。孔雀鱼和许多其他鱼群的鱼类则不然（当然，它们看到的不是老虎，而是与之类似的鱼，但道理是一样的）。它们不会迅速逃向安全的地方，而是密切关注着它们的敌人。它们为什么要这么做？一方面，看不到的掠食者才是最危险的；另一方面，信息是所有动物的重要硬通货。当被掠食的鱼第一次发现掠食者时所发生的事情似乎令人难以置信。它们首先停下正在做的事情，把注意力集中在这个威胁上，然后通常一小群鱼，甚至某一条鱼，可能会离开群体去接近它。这种做法被称为掠食者侦察。这是一件有风险的事情，因此必须谨慎行事。当接近掠食者时，它们会不时停下来评估情况，并让侦察组的其他成员（如果有的话）跟上它们。侦察者还会避开掠食者的攻击锥（attack cone）区域——就在掠食者长着牙齿的嘴的正前方。侦察者知道，这样一来掠食者必须转身才能冲过来，这给它们争取了一点安全时间。

侦察的目的是了解掠食者所构成的威胁程度。因此，在侦察时，它们会收集信息，比如这位掠食者是否饥饿，以及它最近吃了什么样的猎物。这些信息可以通过注意掠食者发出的线索来收集，比如它看起来是否饱了，闻起来如何。一只饥饿的掠食者，而且你这类的动物正合它口味，这是一个坏消息，所以是时候拉响警报了，而一只吃撑的掠食者则问题不大。有了这些信息，侦察员可以向鱼群汇报，如果是好消息，它们就可以继续正常的活动：觅食或求偶。

由于接近致命威胁本身极度危险，不是溪流中的每条鱼都愿意接受侦察的挑战。那么，为什么侦察者要把自己置于危险之中呢？对很多动物而言，冒险行为是具有性吸引力的。那些旨在探究人类性行为复杂性的研究一致指出，危险行为具有独特魅力。这一点在评估女性对男性的吸引力时尤为明显，不过，只有在风险与我们的狩猎 - 采集起源有关时才如此（比如面对危险的动物或火灾），而不是更现代的风险（比如不系安全带）。这一结果也适用于侦察掠食者后返回的雄性孔雀鱼。它们从事这项冒险事业的回报是增加了对雌性的吸引力，并且让它们的求爱尝试有更高的接受度。通常情况下，雌性孔雀鱼的择偶决定大多取决于雄性孔雀鱼的颜色花样。强壮、健康、善于觅食的雄性可以展现鲜艳的颜色。它们的制服是一个信号，雌性可以通过这一点来判断雄性是否有好的基因。在这个世界上，颜色单调的雄性还有什么机会呢？侦察掠食者的危险行为会使雌性的观念有一定程度的转变：它们更喜欢冒险但颜色单调的雄性，而非胆小但颜色鲜艳的雄性。

天堂之旅

25年前，我还是一个对艾斯加斯瀑布好奇不已的男孩，如今，我开始了一次新的冒险。我登上了一艘34米长的双体船——"苍鹭岛人号"（*Heron Islander*），第一次从昆士兰的格莱斯通港出发前往大堡礁。我不只是在船上，更是一直待在船头，仿佛站在船的最前面会让我更快地到达那里。我凝视着80千米长的珊瑚海（位于我和地球上最著名的海洋栖息地之间），在船的行进中满怀期待。我觉得自己是世界上最幸运的人。这是我为之奋斗的一切的顶峰。作为一名鱼类研究人员，这是我的香格里拉。随着双体船向远处进发，我们经过桅杆岛（Masthead），然后是大堡礁朝向陆地的前哨——威斯塔里礁（Wistari Reefs），渐渐地，大海从深蓝色变成了明亮的绿松石色。最后，我们终于到达了苍鹭岛。这里曾经有一家主要是捕获并罐装海龟的工厂。但现在在澳大利亚，他们不再这样做了——他们把豆子放进罐头里，让海龟继续游荡，我认为这是正确的做法。苍鹭岛现在是一个度假岛，但它并不是我们旅程的终点。在苍鹭岛码头有另一艘船在等待，它将带我们走完最后20千米，到达我们的目的地——一树岛（One Tree Island）。

一树岛研究站的经理拉斯（Russ）和珍（Jen）正驾驶着第二艘船。这段航程非常平稳，直到到达一树礁（One Tree Reef）的外缘。我们需要穿过一树礁，才能进入环礁湖，但这只能在水位较高的时候才行，而且也只能从一个特定的地方进入。即便如此，船体与珍贵但可能会破坏船只的珊瑚之间也几乎没有多少空间。要穿过这里需要胆量和航海技术，而拉斯和珍二人具备这两点。今天大海很平静，我们很容易就穿过了环礁湖。再开几千米就到岛上了。一树岛是珊瑚礁，本质上是由一堆数以百万计的珊瑚碎片堆叠而成的。随着时间的推移，它被耐寒的植被和小树覆盖。我不知道究竟有多少棵树，但肯定不止一棵。不过，一树岛相当小；在涨潮时，只有大约10个足球场那么大。其中大部分区域对我们来说都是禁区，我们处在珊瑚礁最原始的地区之一，保护它是首要任务。研究站仅限研究人员进入，由于一树岛位于珊瑚礁保护最严格的区域之一，因此禁止所有捕鱼活动。研究站已经从20世纪70年代初的一间简陋小屋扩展为一个小建筑群，包括办公室、实验室和睡觉的地方，但即便如此，它也只是挤在岛上的一个角落里，将其余的空间留给野生动植物。

尽管一树岛地处偏远，但多年来，许多动物被冲上岸并在那里站稳了脚跟。在人们的记忆中，壁虎、蜘蛛和巨大的有毒蜈蚣一直存在。当然，对鸟类而言，登岛更是易如反掌。秧鸡在灌木丛中穿梭，白鹭在水边等着捕杀粗心的鱼。成千上万的燕鸥聚集在那里，在几乎每棵树的枝桠间筑巢。在一树岛上，它们从未学会害怕人类；它们仿佛扮着闪闪发亮的妆容，用银边环绕的眼睛盯着你。你经过的时候它们不会逃，但如果你离得太近，它们可能会啄你的鼻子。

不过，它们已经学会了害怕猛禽。一对白腹海雕在一树岛上筑巢，其中一只飞起来时，燕鸥就会发出巨大的警报声。黄昏时分，一小群剪水鹱飞来。这些长着羽毛的来访者在黑暗中的诡异叫声曾让迷信的水手们感到恐惧，他们以为自己被死去的婴儿的鬼魂缠住了。

虽然这些鸟很棒，但我来这里是为了水下的动物。我一放下包就大步走到水中。大堡礁上大约有1500种鱼类，我迫不及待地想认识它们。我潜到水下，当气泡消散时，我看到的第一只海洋动物是一只巨大的红海龟。原来我见到的是阿斯特罗（Astro）——一只体型巨大的雄性红海龟，其因甲壳上覆盖着类似草皮的藻类而得名。阿斯特罗忧郁地看着我，然后又继续享用一只巨大的蛤蜊，它咬破几厘米厚的硬壳，仿佛那

红海龟

是一片薄饼。继续往前行进，我在一个小时内看到的鱼的种类，比我在这之前看到的鱼的种类加起来还要多。这是我梦寐以求的景象，甚至远超我的梦想。

周围的一切令人眼花缭乱，为我的研究提供了无限的可能性。我看到的每一处都有事情在发生——躲藏、狩猎、争夺、追捕、求偶展示、交

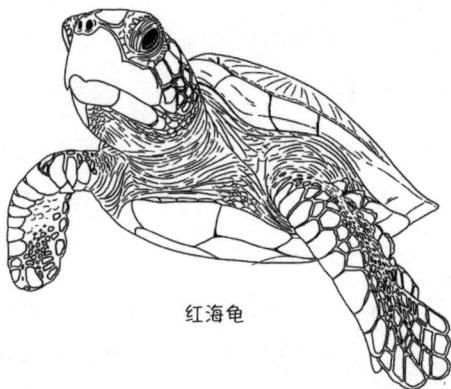

配前戏和凶杀，所有这些都发生在离我几米的范围内，并在环礁湖中反复发生。我可以慢慢选择研究对象，但是，因为我对社会行为最感兴趣，所以有一个物种特别吸引我。环礁湖的沙地上点缀着成片的珊瑚，大小从花盆到花园小棚屋不等。有的独自孤傲，有的则聚集在海底花园里。每一种珊瑚都是由活珊瑚虫和石灰岩骨架组成的混合体，石灰岩骨架为珊瑚虫提供了支撑，同时也为鱼类提供了迷宫般的藏身之处。当我经过每一个较小的集群时，一张张小脸就从它们家的安全角落偷看我。出于好奇，我稍微远离它们的藏身之处一小段距离，然后等待着。大约一分钟后，这些面孔的主人纷纷现身并四处游动，但很少远离它们的庇护所。这是一群小热带鱼；它们黑白分明的条纹使它们像一种老式的薄荷糖，因此得名：硬糖（humbugs，源于一种薄荷糖名，学名：宅泥鱼）。每个珊瑚丛都有自己的一组宅泥鱼，通常只有6条左右。它们是小型的鱼——哪怕是其中最大的一条也可以轻松地放在我的手掌上。通常情况下，每个小组里的宅泥鱼大小不一，从最大的到最微小的宅泥鱼，各种大小的应有尽有。小家伙们的每个细节都令人赞叹，有的大小甚至只有你的指甲盖那么大。

宅泥鱼

不寻常的宅泥鱼

宅泥鱼很有趣，因为它们与大多数群居鱼类截然不同。我之前已经提到的第一个也是最明显的区别是：通常情况下，鱼群的大小和它们的体型大小是匹配的，但宅泥鱼不是。这导致了它们行为不寻常的第二个特点：它们有一个非常严格的统治等级。每条鱼都知道自己的位置，如果它忘记了，其他鱼很快就会提醒它。最大的鱼通常是雄性，它较小一点的室友是雌性，但和许多珊瑚礁鱼一样，宅泥鱼是雌雄同体的。它们出生时是雌性，长到成年体型后会变成雄性。在这个群体中，雄性的攻击性阻止雌性发育成雄性，因此它严格控制着自己的"后宫"。这与宅泥鱼的近亲小丑鱼的情况完全相反，小丑鱼因迪士尼电影中的"尼莫"而闻名，小丑鱼群体中雌性最大，并由她控制较小的雄性。

宅泥鱼和大多数其他群居鱼类之间还有一个区别是，在大多数情况下，它们的群体都是封闭的。它们不会离开群体，也不欢迎新人。这意味着这个群体非常稳定，它们会在珊瑚家里待上几个月甚至几年。如果一个流浪者出现，群体既有的宅泥鱼中体型与流浪者最相近的那条鱼会试图赶走流浪者。没有哪条宅泥鱼会想让局外人抢走自己在队伍中的位置，但较大的宅泥鱼不会被新的团队成员取代，而较小的宅泥鱼又不够大，无法与之抗争。因此，受影响最直接的那条鱼——体型最接近的鱼——必须去捍卫自己的权利。

和大多数珊瑚礁鱼一样，宅泥鱼的幼体孵化后会散落到开放海域中，几周后再回来找个家。在这段时间里，这些小鱼面临着巨大的生存危机，但如果它们真的找到了一个宅泥鱼群落，它们通常会被允许作为该群体中最低级（在各个方面）的成员加入。体型较大的雌性可能会离开群体以逃避雄性的"暴政"。然后它们会自行转变成雄性，并寻求一群雌性加入，自己成为"暴君"。

在它们的群体中有着如此多的冲突和攻击，你可能会认为宅泥鱼作为一个集体并不能很好地合作。珊瑚礁虽然美丽，却是生存环境最恶劣的栖息地之一。像宅泥鱼这样的小鱼几乎一直面临着不同掠食者大军的威胁。稍不留神，哪怕只是片刻，也可能会丧命。我曾经看到过一对宅泥鱼从珊瑚中旋风般地冲出，陷入了一场激烈的争斗。一条捕食的濑鱼看到了机会，把它们都吞了下去。它们的争斗使得它们暂时对危险视而不见，这就成了它们生命中犯下的最后一个错误。不过，这只是个例。通常，在危险面前，宅泥鱼倾向于联合对抗共同的敌人。群体中的每一个成员都有其作用，而且，由于有这么多的眼睛都在警惕着，掠食者很难在攻击距离内偷袭。一旦有一条宅泥鱼发现危险即将来临，它就会立即冲向珊瑚中的安全地带。这段疾冲会提醒其他鱼，不管它们是否看到掠食者。转眼间，所有宅泥鱼都躲进了避难所，幸而安然无恙。

鱼的社交孤岛

在这个社交媒体时代，有一种令人担忧的趋势，即所谓的社交孤岛（silos）。这是指一群人在网上聚集在一起，不断强化他们自己的偏见；很快，他们的意见趋于一致。这塑造了一个有价值的群体身份，但也带来了负面后果——让他们无法接受其他观点。

我们或许可以在宅泥鱼身上看到这种趋势的基础。在它们的小社交圈中彼此间存在着相互依赖而持久的关系。因此，毫不奇怪，它们的群体塑造了成员们的行为方式。尽管每个群体都与其所在地的其他群体的行为不同，但在任何特定群体中，每条鱼的行为都非常像它的伙伴——它们以一种独特的、社会化的方式应对挑战和机遇。宅泥鱼在很小的时候就加入了已建立的群落，通常在同一个群体中度过它们的一生。它们的行为模式在成长过程中由其他群体成员所塑造，结果是它们的个性让位于统一性。每个群体中的鱼彼此间都没有亲缘关系，所以它们的行为是社会环境塑造的结果，这是后天的而不是先天的。虽然我们可以看到我们社会中的社交孤岛明显存在着弊端，但对鱼类来说，社交孤岛将它们融合为一个群体，这种紧密融合使所有成员能够凝聚为一个整体，步调统一，它们的一致性和从众性成为对付众多掠食者的宝贵武器。

在野外，宅泥鱼群的领地可能包括两到三个相邻的珊瑚。在这些珊瑚之间移动最安全的方式是成员们一起移动，尤其是对宅泥鱼这个物种来说，群体似乎是它们自己的延伸。我很想仔细观察这些小鱼作为一个群体时是如何协调彼此的行为来做出决策的。于是，我收集了一些鱼群，并把它们带到一树岛上的水族缸里。首先，我给每个宅泥鱼群一点基本的珊瑚，作为它们的"起步房"。当它们安顿下来后，我就开始用水族缸另一头一座极具诱惑力的宅泥鱼豪宅来引诱它们。不怎么社会化的动物可能会一个一个地去看一看，但宅泥鱼不会。尽管它们很想去考察这处新的房产，但它们只会作为一个群体去接触，所以一开始它们留在了自己的家中。我看到了它们做出决策的整个过程：起先，它们几乎可以称之为兴奋地开展起团队建设的活动——围绕着它们的简陋的"起步房"旋转。那些迫不及待想看看自己潜在新家的鱼开始更兴奋地游泳，有时会绕圈子，有时会假装要游往新家；如果没有鱼跟着它们，它们又会撤退回来。最后，当所有鱼都欢欣鼓舞、狂热起来之后，它们就会作为一个群体游过去。

有几次，一群鱼去往新家，但其中一条掉了队。在这种情况下，这个被孤立的个体会变得焦虑不安，但这种情况并不会持续太久。发现其中某个成员失踪时，其他鱼会集体回到原来的家，把那个"流浪者"带回到队伍中，然后一起回到它们新的豪华住宅。这种群体行动前的集聚绝不是一种只在宅泥鱼中出现的现象，我们在许多群居动物身上都能看到这种现象，从等待起飞的大雁群，到马群，甚至大猩猩群。活动开始前的热身动作可以让所有团队成员都做好准备，这对确保团队保持凝聚力、确保出发的时候所有团队成员都已"步调一致"来说至关重要。虽然这看起来很简单，但它再次预示着鸟类和哺乳动物表现了更复杂的社会行为。

鱼群狩猎

并非所有的鱼群都是为了保护其成员而形成的。有时候，鱼会聚在一起捕猎，它们一起捕猎的结果令人惊讶。绯鮗鲤通常生活在小而稳定的群体中，它们的捕猎显示出合作的特征。鱼群中的一两条鱼在珊瑚礁上追逐着它们的猎物如一条小鱼，当它们的猎物消失在珊瑚头中，鱼群中的其他成员会移动到两侧阻止其逃跑，直到猎物被包围。然后，绯鮗鲤用嘴下的触须探测珊瑚缝隙。一旦惊吓到猎物，猎物可能会冲出来，直接进入一个"欢迎委员会"成员的口中。与其他的合作捕猎者不同，绯鮗鲤不分享猎物，但是，只要合作能为所有成员提供比单独捕猎更大的好处，这就是一种不错的策略。

鲜有鱼类能像红腹食人鱼（学名红腹锯脂鲤）那样声名狼藉。这种南美淡水鱼，长得像一个大餐盘，牙齿大而锋利。它们的近亲——小型、无害的脂鲤，一般成群结队地栖息在水族馆里，与之类似，食人鱼也成群结队地生活在浅滩中。1913 年，美国前总统西奥多·罗斯福（Theodore Roosevelt）在他关于亚马孙之行的回忆录里，记录下了食人鱼凶残地杀死人类和野兽的"冷面杀手"的恶名。为了给来访的政要留下深刻印象，当地人采取了一种不同寻常的血腥方式。他们把一头牛赶到河里，在罗斯福的注视下，水"沸腾"了，食人鱼在几分钟内就把这头不幸的牛吃得只剩下骨头。随着罗斯福对这一事件的描述在全世界传播，食人鱼成为地球上最可怕的动物之一。

它们是否名副其实呢？不一定。牛的悲惨命运是设计好的舞台剧。为了确保游客获得难忘的体验，当地人用网将一段河流围起，并用食人鱼填满了河流。食人鱼被切断了一切食物来源（尽管它们并不介意吃掉彼此），一段时间之后，才开始拉开"特技表演"的帷幕。在饥肠辘辘的时候，虚弱的动物又恰好唤醒了它们的食欲，因此发生这样的大屠杀就一点也不奇怪了。

不过，我们也不应该断定食人鱼就是完全无害的。虽然疯狂地进食并不是它最典型的行为，但它们可怕的牙齿和强大的咬合力的确可以造成一些严重的伤害。不断有报道说确实发生过食人鱼致人死亡的悲剧事件，不过更多的则是伤害事件，尤其是手和脚被咬伤。一般来说，除非猎物已经比较虚弱，否则，对食人鱼来说，捕食比自己大的猎物是不太寻常的。它们通常会捕猎其他鱼类，有时甚至会咬食与它们在同一片水域的大型鲶鱼。食人鱼在浅滩的群居倾向似乎与自我保护相关，就像许多群居鱼类一样。食人鱼是宽吻鳄、鸬鹚和其他大型鱼类的美味佳肴。待在比较小的群体里时，它们也会表现出紧张的迹象，和其他感觉到威胁的鱼一样，比如呼吸较为急促。更大的群体提供的庇护所，对它们有镇静的效果，所以，这些传说中的可怕猎手实际上是为了安全而团结在一起的。

相比之下，旗鱼聚集在一起只是为了捕食。从1月到3月，成群的沙丁鱼会向北移动到墨西哥尤卡坦半岛附近的穆赫雷斯岛（女人岛），并以其岸边的浮游生物为食。沙丁鱼的到访引来了一群掠食者，其中便包括旗鱼。它们是非凡的海洋猎手，身长可达3米。它们身体的前四分之一逐渐变细，像一柄长剑，有时候人们称之为剑或喙，但更恰当的名字是吻突。它们用

旗鱼

一种特别的方式来使用吻突。为了知道得更多些，延斯·克劳斯和亚历克斯·威尔逊（Alex Wilson）带领着一个生物学家团队，从墨西哥尤卡坦半岛的坎昆租用了一艘船。

如何在大海中找到旗鱼？答案是找鸟。无论旗鱼在哪里觅食，它们引起的骚动都会吸引有羽毛的捕鱼者，比如军舰鸟，它们在空中滑翔着，然后纵身扎进鱼群，收获它们应得的奖励。这些鸟聚集在一起的时候，就形成了一个数千米外都能看到的标记。在出海50千米的地方，研究团队找到了他们要找的东西。

海洋猎手旗鱼

在水中，沙丁鱼聚集在深处，以避开它们在明亮的水面上会面临的危险。旗鱼也在深处追赶着猎物，在研究人员的视线之外。亚历克斯描述说，它们的"剑"划水时会发出嗖嗖声，因为它们在深海中追赶着沙丁鱼，试图把它们赶到水面上。旗鱼的目标是将一小群沙丁鱼从大鱼群中分离出来。如果成功的话，沙丁鱼就真的有麻烦了。这个小群体与数以百万计的同类分离之后，会受到来自四面八方的攻击。沙丁鱼无处可逃，也无处可藏，只能彼此紧紧地贴在一起，惊慌失措又徒劳无益地转来转去。一群旗鱼正专注地盯着这个孤零零的沙丁鱼"饵球"。它们的追捕残酷无情，又颇为有序。它们轮流靠近。惊恐的猎物猛冲着，想从旗鱼身边游走，但它们的速度比不上旗鱼。旗鱼追上了沙丁鱼群的尾部，将它的吻突伸到它们中间，然后向一侧劈去。它的吻突上布满了锯齿状的突起，它向一侧劈去时，会刮掉沙丁鱼的鱼鳞或者划伤沙丁鱼的身体。受伤的沙丁鱼瞬时失去了平衡，在被袭击者狼吞虎咽之前，它有几毫秒的时间恢复并重新加入鱼群。然而，攻击没完没了。另一条旗鱼会重复这个把戏，又一条沙丁鱼也跟着受了伤。随着伤口增多，沙丁鱼越来越疲惫，也变得更容易受到攻击。渐渐地，沙丁鱼群就成了旗鱼的盘中餐。在只剩下少数几条鱼的时候，旗鱼组织有序的围猎就停止了，开始一拥而上，换成自由的自助服务模式。

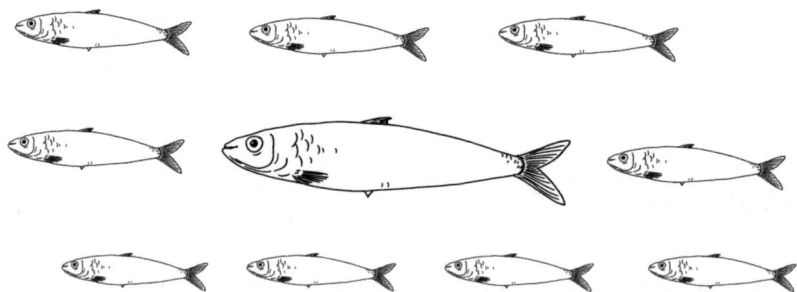

沙丁鱼

在开阔的海洋里，沙丁鱼几乎没有避难所，但它们足智多谋。有时，掠食者无休止的追逐会导致沙丁鱼放弃挤成不断收缩的诱饵球，转而围绕着另一个掠食者，在它周围形成一条活生生的"毯子"。一条好奇的鲨鱼被狩猎的骚动吸引而来，很快它发现自己被吓坏了的沙丁鱼包裹住了。如果沙丁鱼能避开鲨鱼的大嘴，这暂时是一个足够安全的地方。旗鱼不会冒险攻击另一个大型掠食者，以免折断自己的长剑。

出于同样的原因，沙丁鱼偶尔也会聚集在观察它们的研究人员周围。不过，这大多只是权宜之计。它们只是在拖延不可避免的事情。尽管如此，在延斯和亚历克斯的考察中，他们仍发现有一条沙丁鱼在逆境中幸存了下来。当时亚历克斯发现水中漂浮着什么东西，就游过去看了看。它看起来像一只死海龟，但是有一条旗鱼在周围盘旋。亚历克斯游近时，旗鱼悄然而去。原来，这只海龟可没有死。它把头从壳里伸出来，猛地游开，只留下一条沙丁鱼。事实证明，这条沙丁鱼是在利用海龟作为最后的庇护，为了生存，它孤注一掷。海龟游走之后，最后这条沙丁鱼向下俯冲，朝着下面的巨大沙丁鱼群游去。不知道它是否能活着向同伴讲述这段经历。

第 **4** 章

聚集成群

Clusterflocks

⋮

鸟儿们不仅成群结队,

还会组团"犯罪"。

椋鸟的群飞

椋鸟

几年前，在还没有意识到能以科学的名义研究动物来谋生时，我在英格兰北部的布拉德福德做着一份毫无新意的工作。每天的苦差始于火车站，也以火车站告终。在11月下旬的某天晚上，这平凡的通勤路却让我遇到了一件不可思议的事。当时的情形至今仍历历在目。

暮色笼罩布拉德福德时，我离开办公室前往火车站，像其他人一样，蜷缩在外套和围巾里。在英国的任何一个城市，深秋都阴郁不堪。夜幕早早降临，人行道和建筑物像是永远都这么潮湿，空气里弥漫着即将到来的冬天的气息。街上可见的动物，只有几只顽强的狗和年迈体弱的鸽子，它们盼望着烤肉会从谁那冻得僵硬的手中滑落。但当我到达福斯特广场时，从上方传来的巨大杂音吸引了周围所有人的注意。头顶上空，一群椋鸟表演着令人惊叹的空中芭蕾。这是一幅迷人的变幻奇观。每只鸟似乎都相互配合，演出着某种神秘的编舞，鸟群作为一个整体旋转、俯冲和攀爬，充满活力。嘈杂的鸟叫声甚至盖过了来往车辆的喧嚣。在那几分钟的时间里，地球上的观众有幸看到了自然界最精彩的大规模表演之一：椋鸟群飞。最后，椋鸟准备栖息。这场表演的最后一幕由少数几个领导者发起。每只鸟都从它相邻的鸟那里得到提示，行动指令迅速传播开来，在近乎完美的同步中，这群鸟儿消失在空中。

从10月到次年3月，在一年中最冷的几个月里，类似布拉德福德上空的群飞秀在许多地方上演着。在有些地方，椋鸟群的规模非常庞大，聚集的椋鸟多达100万只。丹麦人因而将这些聚集的椋鸟称为"黑太阳"（sort sol）。黄昏时分，鸟儿们聚在一起，行动一致，"表演"持续约半小时，然后集体降落过夜。人们认为，这种鸟群还能够召集来远处的同伴，让它们也一起协调行动。也许在着陆后，这些鸟还可以挤在一起互相取暖。

不过，形成大规模鸟群的主要原因在于掠食者。一只椋鸟，或者哪怕是一小群，都很容易受到雀鹰和鹞等猛禽的攻击，但若数量足够多的话，椋鸟就不会那么被动。当这些致命的敌人出现时，椋鸟群飞的规模似乎更大，持续时间也更长。这种令人眼花缭乱的展演可能会让捕猎者感到困惑，妨碍它们从旋转、加速的鸟群中挑选目标。

盯紧七只鸟

鸟群协调移动时最能混淆掠食者，但在由成百上千只鸟组成的庞大群体中，每只鸟是否能掌握其他同伴的行为？答案是它们做不到。事实上，我们现在知道，每只鸟仅对约7只近邻有反应。所有动物在协调行动时都会密切关注附近的动物，我们自己在走路和开车时也这样。对椋鸟来说，这是避免灾难性的空中相撞的重要措施，而且，能使每只鸟都与邻近的同伴保持一致。但为什么偏偏是7只？就像生活中的许多事情一样，这是权衡后的结果。一方面，一只鸟关注的近邻越多，它与近邻协调行为的能力越好，对突然转向的反应也就越快；但另一方面，随着关注同伴数量的增加，它就会越来越难跟上队伍。结果表明，保持对附近6~7个邻居的关注可以提供完美的平衡，能使鸟类以最低的成本保持最大的反应能力。

尽管每只椋鸟只密切关注离自己最近的几只鸟，但作为一个整体，鸟群几乎可以瞬间改变速度和方向。这是一项惊人的壮举，为了解释这种行为，我们需要深入考察临界性这个概念。临界性描述的是，一个系统处于从一种状态过渡到另一种状态时的转折点。就像不断积累的雪会变得越来越不稳定，直到表面平静、风景如画的山坡突然发生致命的雪崩；又比如，构造板块相互挤压时会一直积聚能量，能量累积到达临界点时，只要板块一移动，就会突然发生地震。

这个从物理学中借鉴来的概念，或许可以解释椋鸟群飞的行为。鸟群一直处于高度警戒状态，随时可能受到攻击，也随时处于飞行路线突然改变的边缘。如果一只鸟在飞行过程中突然改变方向，整个鸟群都会随之而改变。飞行方向和速度的变化信息通过群飞队列迅速传播，因此，每只鸟都能影响鸟群中的其他鸟。另一点值得注意的是，有多少只鸟似乎并不重要，鸟群的协调能力对搅扰掠食者的注意力来说才是至关重要的。在布拉德福德那个寒冷的夜晚，我们看着椋鸟群以难以置信的速度不停改变着形状，这是动物艺术的一个精彩例子，但对椋鸟来说，这事关生死存亡。

长途飞行

当鸟儿成群飞行时，我们通常知道会有两种不同的队形。其中之一，或许只能把它叫作簇群——密集的鸟群，它没有清晰的形状，只有一系列不断变幻的形态。椋鸟的群飞就是一个显著的例子，还有其他许多鸟类，特别是一些小型鸟类，在受到猛禽攻击的威胁时也会以这种形式飞行。

另一种飞行方式与簇群这种自由飞行形式形成了鲜明的对比。较大的鸟类，如鸭子、鹅和天鹅，会排成"V"字队形，特别是在长途旅行的时候。总有一只鸟必须位于"V"字的顶端，引领鸟群的飞行方向，不过这个角色会定期轮换。在"V"字队形中领头的鸟，它的动作有点像环法自行车赛中车队领头的骑手，在前方承受着最主要的风阻，同时为后面的人创造有利的空气动力学条件。这就是为什么鸟类（和车队中的骑手）必须频繁变换位置，轮流承受领头的压力。在鸟类身上安装的心率监测器（类似我们手腕上佩戴的那种设备）表明，空气动力学效应是多么重要。后排的鸟的心率比前排的鸟低10%左右。这听起来可能不多，但长途飞行会让鸟儿达到其体能的极限。大约有三分之一的小雪雁会在迁徙过程中死亡，因此，哪怕节省下一点点能量，都可能决定了它们是会平安到站，还是会在途中就力竭坠亡。

　　为什么要排成"V"字队形？当鸟儿扇动翅膀时，翅膀将空气推向下方，形成下洗气流。这种下洗气流反过来又使一些气体向上流动，诱导出上洗气流。这种上洗气流，紧随下洗气流之后达到峰值，并且方向稍稍偏向两侧。因此，如果鸟儿飞在它们的同伴的身后或两侧，它们就能利用这股上升的空气，从而节省能量。这是我们从理论和对在风洞中飞行的单只鸟的研究中了解到的；这一研究的目的是考察自由飞行的鸟群是否符合我们在实验室内形成的设想。这曾是我在科学领域的同事史蒂夫·波图加尔（Steve Portugal）在探索鸟类迁徙时面临过的挑战，他是个全能的鸟类天才。史蒂夫的困境是，虽然为鸟类配备的微型数据记录器能轻松记录下飞行时收集的详细信息，但当鸟类已经飞行了数百或数千千米时，要回收这些记录器绝非易事。

　　奥地利的环保主义者提供了解决方案，他们正试图将已经绝迹的秃头朱鹭重新

秃头朱鹭

引入中欧地区。不过，我得直说，这种鸟实在是一种丑得可怕的物种，已经在中欧灭绝了几个世纪。重新引入候鸟绝非易事。鸟从它们种群中的长辈那里学习迁徙路线，但现在没有长辈来做这项工作，重新引入的第一代朱鹮必须有人带路。奥地利人训练朱鹮跟随超轻型飞机来实现这一点。对史蒂夫的研究来说，这样做的好处是鸟儿能沿着既定路线飞行，并且一旦鸟儿降落，研究人员就可以从它们那里收集记录器。

现在，有了技术和研究对象，史蒂夫和他的团队可以开展工作，了解"V"字队形在鸟类的自由飞行或迁徙中是如何起作用的。他们的发现实在令人震惊。虽然他们预料到，后排的鸟能从前方的鸟产生的小幅上洗气流中获益，但他们却认为，鸟儿不一定能准确地飞在正确的位置。现在看来，这简直是对鸟儿的侮辱，朱鹮不仅符合他们关于"相对于前方同伴应处于何种位置"的预测，还以近乎完美的方式挥动翅膀，以确保充分利用空中的上洗气流。后一只鸟的翅膀所走的轨迹几乎与前面那只鸟刚才所走的轨迹完全相同。史蒂夫将其比喻为，孩子们踩着前方大人们留下的脚印，在厚厚的雪地里行走。但鸟儿不仅要考虑空中的风和气流，也没有可见的路径可循——这里所需的精度非常之高。

在朱鹮的飞行中，另一个令人惊讶之处是，它们似乎会合作，轮流承担"V"字队形中令人疲惫的领头角色。在环法自行车赛中，每位骑手的角色都很明确：一些骑手在比赛的大部分时间里承受着主要的风阻；另一些骑手则跟在他们身后骑行以节省体力。理论上讲，朱鹮也可以采用类似的策略，胁迫下级冲在鸟群的最前面，承担更多的工作。但实际上，它们以一种令人钦佩的公平方式分担了工作量，每只鸟在领头位置的时间相同，在后方借力的时间也一样。没有哪只鸟"偷奸耍滑"。

带着长矛的白鹳

　　我们对鸟类迁徙的理解本身就是一段漫长的旅程，也许可以说是太漫长了。尽管现在看来很奇怪，但鸟类在一年中的某些时候的出现和消失，曾一度笼罩在神秘之中。它们去了哪儿？自然哲学家为此绞尽脑汁，提出过一系列令人忍俊不禁的猜想。亚里士多德断言它们进入了冬眠，很可能是去了地下，或者神奇地变成了其他物种。其他人对此嗤之以鼻，坚称它们消失于水下。还有某位令人钦佩的自由思想家认为，它们飞向了月球。

　　直到两个世纪前，我们才设法把这些"优秀的理论"扔进了垃圾桶。春天的时候，欧洲部分地区的烟囱和屋顶上会出现用树枝建造的巨大建筑。这些是白鹳的巢，白鹳是一种翼展达 2 米、喙如刺刀的鸟。这些大鸟每年都会迁徙到它们在欧洲的繁殖地，然后在那里搭建这狂放的住所。1822 年，一只白鹳出现在德国，它的喉咙处插着一支长矛，而这支长矛显然来自非洲。猎人瞄得很准，但这只勇敢的鸟仍然一路飞到了德国，带着那戏剧性的、特制的"刺穿伤装饰"飞越了撒哈拉沙漠和地中海。它一定认为最糟糕的时候已经过去了，结果它在到达北欧时被枪杀了。这只鸟被做成标本，现在在罗斯托克大学的动物收藏品中占据最重要的位置，作为"倒霉"的纪念碑。此后人们又报道了 25 只这样的"箭鹳"，最终彻底解答了这些鹳在哪里过冬的问题。

白鹳

即使没有被长矛刺穿喉咙，长途旅行对白鹳这样体型庞大的鸟儿来说也是一项挑战。为了省点力气，它们尽可能利用上升热气流来攀升高度。上升热气流是由太阳加热地面产生的。一些地方的地面温度比其他地方高，导致温度高的地方形成一股热气柱，它一直向空中延伸。当白鹳发现这样的热气柱时，它们会在气柱中盘旋，以获得飞行高度，然后通过滑翔来节省体能。待滑翔到下一个热气柱后，它们会在气流的帮助下再次回到高处，尔后开始下一次滑翔。这些鸟有效地利用这些热气柱，作为它们迁徙的"垫脚石"或"燃料站"。

问题在于，上升热气流肉眼不可见，并不容易找到。虽然云层的形成有助于发现上升热气流，但白鹳仍然可能会直接错过。飞行员也关注上升热气流，但与鸟类不同的是，飞行员会尽量避开上升热气流，因为它会引起剧烈的颠簸，而这意味着你可能会洒一身咖啡。然而，即使手头有一系列仪器，探测空气状况也常常依赖于之前飞过同一航线的飞机传回的信息。成群飞行可以让白鹳以类似的方式收集信息。一旦前面的鸟发现了某个巨大的空中电梯，它就会开始在空中盘旋，这是让其他鸟加入进来的信号。

上升热气流的发现并不是故事的终点。风的变化会使这些柱子像大风天篝火上的烟一样摇曳不定。总的来说，白鹳们自己心里有数，它们会根据鸟群中的伙伴，和它们对反复无常的上升气流的解读来调整自己的位置。最终，所有鸟都有效地利用了这些条件，鸟群组成的上升螺旋像是有了生命，为下一阶段的长途旅行增加高度。

错误的大多数能成功吗

公允地说，在科学史上，1906年英格兰西部的肉畜和家禽展，比当时其他许多同样享有盛誉的肉畜展览更为著名。在普利茅斯城举办的爱德华时代乡村博览会上，出席了一位年长的科学家兼统计学家——弗朗西斯·高尔顿（Francis Galton），他的座右铭是"只要有空就算数"。一场比赛吸引了高尔顿的注意：参赛者要猜出一头公牛被宰杀并处理后的重量。6 便士的参赛费吓退了一些只是随意猜测的人，在当时，6 便士可以买到大约 1.4 升的啤酒。尽管如此，还是有大约 800 人参加了比赛，他们在卡片上填写了自己的猜测、姓名和地址。其中，有 13 名参赛者因字迹潦草难以辨认而被算作弃赛——可能其中一些参赛者已经喝了 1.4 升啤酒。高尔顿设法拿到了剩下的卡片，并进行了一些计算。结果发现，公牛重量的正确答案是 543 千克，所有猜测的平均值约为 542.95 千克——普利茅斯的人们一起猜出了公牛的重量，其准确度令人印象深刻。

现在，你完全有理由问，猜测一头牛的重量和鸟类到底有什么关系。猜测公牛的重量展示的是一种群体的能力，即群体的信息组合后能达到惊人的精确度。如果某些参与者的预测非常不准确也不一定要紧——只要有足够多的猜测，那么群体对这类问题的预测将异常准确。特别是，群体作为一个整体通常比任何一个个体都做得更好。这种现象被称为群体智慧或群体智能，是谷歌等搜索引擎高效工作的基础。但它并不只局限于人类群体。动物群体也能从中受益，鸟群就是一个很好的例子。

当鸟类开始迁徙时，它们会选用一种线索来设定路线，可用的线索包括地球磁场、太阳或恒星的位置、低频声音、气味、山脉和海岸线等主要地标。即使有了这种能力，每只鸟在计算其航线时也可能会有些不准确。这种"不准确"可能只有一两度，但在长时间的迁移中也可能会最终导致它错过目标大陆。然而，如果它们一起迁徙，它们就可以汇总信息，这与普利茅斯人猜测公牛重量的方式有些相似。虽然每只鸟对飞行方向的偏好略有不同，但只要群聚在一起，理论上，鸟群应该倾向于沿着所有鸟偏好的平均方向飞行。如此一来，鸟群作为一个整体，就能从这种准确到令人难以置信的集体导航中获益。

从理论上来说是如此，但现实情况是否也如此呢？有证据表明确实如此。例如，云雀和海番鸭（一种海鸭）在更大的群体中飞行时，似乎能更有效地导航。也许鸽子是这方面的最佳例证。这些鸟如今太过常见，也很少受到重视，以至于人们很容易忘记它们有着识途的神奇能力。事情并非总是这样。鸽子一直被视为

鸽子

第一种被驯化的鸟类，几个世纪以来，它们一直被用作信使，以每小时100千米的飞行速度，运送重要的信件、药物甚至违禁品，从不失误。尽管它们在很大程度上已经被电话和互联网取代，但在地球上的一些偏远地区，它们仍然承担着这些工作。鸽子有不少形形色色的爱好者。历史上著名的鸽子爱好者包括猫王埃尔维斯·普雷斯利、拳王泰森和英国女王伊丽莎白二世。虽然将鸽子用作信使的做法在很大程度上已经成为历史，但赛鸽运动仍在蓬勃发展，以至于有的鸽子能以数万英镑的价格转手——甚至最近有一只鸽子卖出了超百万英镑的高价。

虽然鸽子显然有能力独立导航，但它们是群居鸟类，在群体中表现得更好。近年来GPS技术的突破意味着，我们可以研究迁徙动物的路线，从而首次开始理解这种不可思议的行为。因此，为了研究鸽子在鸟群的导航下是否比自己单独找路更好，研究人员给一群鸽子安装了微型GPS设备，以便在它们从放飞点飞回家的过程中持续跟踪。结果很明确：当鸽子成群飞行时，它们会以最快、最直接的路线飞回栖息地。不仅如此，它们组队行进的速度也比单独行进要快。相比之下，单独放飞的鸽子会盘旋一段时

间，在确定方向后，根据不同的线索回家，比如沿着地标回家，这也意味着它们不一定会走最短的路线。

虽然这种所谓的"众愚成智"的路径可以作为回答"应该往哪儿飞"问题的好办法，但鸟类并不完全依赖这种方法，这或许并不奇怪，尤其是当错误可能事关生死之时。"众愚成智"方法有一个问题，即可能会有一群方向偏好相同的鸟儿一起迁徙。或许可以用人们的政治立场做一个类比：如果你只听那些与你观点相同的人的意见，那就会加强你的偏见。对候鸟来说，收集并更新自己的信息，修正自己的路线是至关重要的。在整个鸟群中，鸟儿会整合信息并对方向的变化作出迅速反应，这可以确保群体导航的有效性。不仅如此，鸟群似乎还能充当巨大的空中传感器。如果其中一只鸟察觉到细微的线索，并相应地改变速度或方向，这时鸟群中其他的鸟通常也会跟着改变。于是，这些相当数量的动物中的每一个都在寻找线索，协助引导群体到达目的地。只要其中一只鸟注意到这样的线索时，群体所有成员都会从中受益。这是一种简单而绝妙的导航方式。

敲玻璃乞食

思想的传播基于人与人之间的联系。我背靠着窗户坐在悉尼大学的办公室里，俯瞰着一条繁忙的大街。道路两旁种着树木，这些树木又是鸟儿的街道。两年前的那个春天潮湿得反常，我的窗台上出现了一只湿答答的凄凉的小鸟，悲伤地看着我。我一直认为我的办公室不缺什么东西，设备相对齐全，但那一刻，我知道我缺了鸟食。因为没有其他东西可以喂给它，我尝试亲手做了一碗燕麦粥。鸟儿狼吞虎咽地吃了下去。这就是一段友谊的开始，即使不算美好，至少也可以说是实用的，而且我们的关系现在仍然很牢固。

黑头矿鸟

肯（Ken）是一只黑头矿鸟，因其老套的灰色羽毛而得名。在澳大利亚，黑头矿鸟是不受欢迎的物种，因为它们在筑巢季节喜欢攻击人类。作为一个英国移民，我在澳大利亚同样不受欢迎，这一点我感同身受。但无论是否为繁殖季节，我都不会攻击人类。关键是，黑头矿鸟是社会性鸟类，"沃德厨房"有食物供应的消息一旦传出，我就会发现自己需要招待越来越多的黑头矿鸟。我只得被迫关上窗户。只有肯知道如何让我就范，即轻轻敲打玻璃；如果我没有回应，则采取尖叫策略。由于黑头矿鸟密切的社交关系，我想这个秘密传播开来也只是时间问题。

撬开奶瓶盖的鸟

比起一群鸟造访我的办公室，动物王国中最著名的有关自然学习的例子可能"壮观"得多。这个例子是关于一种被称为山雀的鸟，可爱却鲜为人知。大约100年前，有报道称，在英格兰南部海岸的南安普敦附近，送奶工在清晨送完奶离开后，山雀会将牛奶瓶的蜡盖撬开。这些鸟儿通过这种方法喝到了牛奶表层的奶油，得到了一顿免费的午餐。需求是发明之母。这种行为最有可能在冬季发生，因为到了冬季，食物资源稀缺，奶油丰富的乳脂是最有价值的。在短短几年内，这种鸟式技法就传遍了不列颠群岛，通过社会学习的过程鸟鸟相传。一只鸟看到另一只鸟解决如何吃到奶油的问题后，它可能会想"这真是一个好主意"，然后在其他放着奶瓶的门阶上模仿这种行为。

为了查明这种行为有多普遍，英国鸟类学信托基金（the British Trust for Ornithology）向其全国各地的成员，还有自然史学会的一些分支机构，甚至报刊媒体发送了调查问卷，询问他们是否看到过类似的行为，以及如果有，那第一次注意到这种行为是在什么时候。因为基金会在20世纪上半叶一直保持着对这种行为的兴趣，问卷调查也一直持续着，我们由此可以看到这种行为是如何传播的。这些小鸟相当恋家，基本上一直待在自己出

山雀

生长大的地方附近，然而，类似行为却在相距数百千米的区域相继出现。基于这一点，很可能在每个地方，都有一只聪明的善于解决问题的鸟想出了窍门，并引发了当地种群中其他鸟类的模仿行为。在远至考文垂和拉内利这样的城市，少数几起单独发生的案件很快发展成一场铺天盖地的盗奶案。偷奶事件的爆发在当地山雀种群中迅速蔓延，有趣的是，它们会沿着郊区之间的主要道路行进，挨家挨户吃"霸王餐"。

在英国的某些地区，当地守法的鸟儿从未将自己当作罪犯。在伯明翰附近的小阿斯顿，这种做法很常见，但没能传播到附近的斯特里特利和萨顿科尔菲尔德。另一些地方的鸟儿则毫无顾忌，甚至跟着牛奶车行进，在牛奶送达之前就开始攻击瓶子。人们试图用在瓶子上放石头或倒置罐子的方法阻止这些"鸟贼"，但这些方法很难长期有效。一旦解决了如何打开瓶盖的问题，这些机智的小脑袋也能很快克服新的难题。

要指出的是，尽管山雀种群的"犯罪行为"的传播是一件精彩的逸事，但要作为一项严格的科学证据，它并没有通过作为社会学习研究对象所需的测试。例如，我们不能确定，这些鸟是互相学习，还是各自独立解决了问题。同样，我们也不能确定，这种行为的传播是由于山雀种群成员之间共享了信息，还是仅仅因为人们关注的增加或填写了更多的问卷。即便如此，从这种行为模式在英国不同地区的传播方式来看，从单一行为的爆发向外扩散，从缓慢传播到逐渐加快，这些至少表明了大规模的盗窃的确基于社会学习。

关于山雀的聪明才智，匈牙利的大山雀食脑鸟提供了一个可怕的例子。虽然这些大山雀没有像猛禽那样配备可怕的武器，但它们不会放过任何机会。蝙蝠用来冬眠的洞穴也是大山雀冬日里的粮仓。蝙蝠逐渐从长时间的休眠中苏醒过来时，它们的叫声会引起大山雀的注意，大山雀会根据这声音找到它们。由于冬眠的缘故，蝙蝠仍然昏昏欲睡，却不知自己为大山雀提供了一顿简餐。这些鸟啄食着它们薄薄的头骨，享用着里面鲜嫩多汁的大脑。与开奶瓶的山雀一样（现在看来，它们的不端行为相比之下也没有那么罪恶了），有人认为这种行为会在鸟类之间传播，并世代相传。

鸟的社会学习

观察其他动物的行为并从中学习的能力，使动物能够获得群体积累下的智慧。山雀偷牛奶和啃蝙蝠的行为确实体现了社会学习，但我们如何确定这一点？如何才能以科学上可接受的方式证明这一点？答案是，通过实验，系统地排除对给定模式的其他可能解释。

几年前，由牛津大学的露西·阿普林（Lucy Aplin）领导的一个团队开始着手做相关实验。研究人员使用许多不同的山雀种群作为研究对象，并为这些鸟设置了一个"关卡"。他们把一只看上去很美味的面包虫摆在鸟儿面前，但鸟儿需要先解决如何打开喂食器的难题。为了帮助鸟儿自食其力，研究者随机捕获了一些鸟，对它们进行了如何打开喂食器的强化培训。喂食器有两扇门，一扇红色的和一扇蓝色的。研究人员教一些鸟从左往右打开蓝门，教另一些鸟从反方向打开红门，并向第三组鸟展示喂食器却不告诉它们如何打开。然后，这些鸟带着它们新发现的知识，被放飞到野外与当地的种群混合，同时，研究人员安装了喂食器，期待着看会发生什么事情。

实验结果令人难以置信。毫无疑问，这个实验不仅展示了鸟类的社会学习能力，还展示了信息是如何传播的。尽管每个鸟群中只有两只懂得如何打开喂食器的鸟，但3周后，大约四分之三的鸟都学会了这个技巧。那些看过喂食器，但不知道如何打开喂食器的鸟，也被放回到它们自己的种群中，但它们的表现不太好。尽管如此，山雀还是能很好地解决问题，即使是那些没有学习过打开喂食器的种群，也逐渐学会了如何获取面包虫——尽管效率比不上那些从"打开喂食器"学校"毕业"的种群。

实验中还有其他惊人的发现。尽管有两种打开喂食器的方法，即滑动蓝门或红门，且两种方法回报都相同，但每个种群还是选择并坚持了研究人员最初教给它们的那种方法。当山雀通过反复试验发现实际上有两种打开喂食器的方法时，它们仍然倾向于坚持从同一种群的同伴那里学到的方法。这表明，这些鸟是传统主义者，就像我们一样，容易受到社会中多数人的影响。

4周实验过后，喂食器被收了起来，等到来年冬天再重新启用。一个可悲的事实是，像山雀这样的小型雀形目鸟类往往寿命不长。在大约9个月后，只有三分之一多一点的老手还活着。尽管如此，这些鸟儿并没有忘记，它们兴致勃勃地来到喂食器前，从老手传向新手的社会学习过程又开始了。值得注意的是，此时关于如何解决谜题的偏好加强了——选择蓝门或红门的传统甚至变得根深蒂固。

乌鸦的工具

美丽的新喀里多尼亚太平洋岛屿位于澳大利亚东北海岸约1200千米处。对詹姆斯·库克（James Cook）船长来说，阳光普照、棕榈环绕的白色海滩立刻让他想起了苏格兰，这些岛屿也因而得名。也许是我缺乏他的那种想象力，在2018年访问这里时，我并没有这样的感觉。尽管如此，我还是把失望放在一边，戴上一顶面罩，在明亮清澈的海水中浮潜，聊以自慰。几小时后，我至少暂时满足了观鱼的欲望。擦干身体后，我开始寻找岛上最著名的动物——至少对书呆子生物学家来说是——新喀里多尼亚乌鸦。诚然，它们没什么好看的，只是一种中等大小的黑色鸟类，但它们能做到只有少数动物才能做到的事情——使用工具，这又恰恰印证了最不起眼的动物也能拥有才华的道理。

　　沿着一条崎岖不平的小路，我走进茂密的森林，几乎立刻就感受到了探险家的那种遗世独立。我的眼睛飞快地转动着，急切地搜寻着各种各样的奇异动物。在如此丰饶的大自然中，我想一定能看到些美妙的东西。几分钟后，我沿着小路来到森林深处的一片空地。在那里，我发现了一头闷闷不乐的牛，它被拴在一个木桩上，周围都是垃圾。若是库克船长他一定会为此地想出一个合适的地名，但当牛和我面面相觑时，我们似乎都挺失望的，我也丝毫没有起名的灵感。我有些气馁，但继续前进。有一次，我可能听到了乌鸦发出的嘎嘎声——这种叫声让它们获得了当地的俗称"嘎嘎鸟"（gua-gua），但我最终没能看到那些著名的鸟，或它们使用的工具。幸运的是，有人做到了。

新喀里多尼亚乌鸦

新喀里多尼亚乌鸦改写了动物智力的规则。它们是唯一不仅使用工具，还将它们的创意和改良代代相传的非哺乳动物，这种现象被称为累积文化演化。乌鸦以多汁的蛴螬为食，但这些蛴螬藏在植物上的缝隙和洞里，很难找到。它们会取一种长而坚韧的树叶，比如螺纹松的叶子，毫不犹豫地用喙把叶子剪开，直到制作出一件鸟类工艺品。理想的工具需要兼具长度与握持度。借助工具，鸟儿能够触及更深处，从而碰到隐蔽处的蛴螬。撕扯叶子时留下的自然锯齿状边缘，是它们钓取猎物的好帮手，但如果这也不足以把不情愿的昆虫钩出来，它们就会干脆做个钩子。这种非常灵活的解决问题的方法，长期以来一直被认为是人类的专属。

通过研究岛上乌鸦留下的工具，我们了解到，这些神奇的鸟如何在相互学习的过程中逐渐开发出更有效的捕获蛴螬的装备。由于新喀里多尼亚不同地区的乌鸦使用的工具存在一定的差异，因此，制作工具的知识似乎只在当地鸟群间传播，特别是在家族群体中。新喀里多尼亚乌鸦并不是最具社会性的鸦类，但一对成年鸦可能会陪伴它们的后代一年左右——幼崽有足够长的时间继承制造工具的传统。它们或许也让我们开了开眼界。包括人类在内，大多数动物的知识倾向于单向流动，从老人到小孩，从老师到学生。人们甚至会抗拒向后辈学习——你教不了老狗新把戏，当你只是一只小狗时，这就更难了。但当新喀里多尼亚乌鸦的小群体必须解决一个新问题时，年长的鸟可能会向年轻的鸟学习，反之亦然。

社会学习可不仅仅是和捕食策略或寻找方向相关。鸟儿发出各种惊人的叫声是由它们所生活的群落塑造的。鸟类用叫声来宣示领地、吸引配偶和传播警报。怎么通过叫声做这些事会因地而异。在我们自己的社会中，社会环境最明显的影响之一就是方言和口音，这些就像是群体成员身份的标志，在一定程度上与模仿和融入群体的愿望有关。这些地方性的转变始于生命早期。孩子们在这方面是相当灵活的，对那些移民家庭的孩子来说，他们的口音听起来明显不同于他们父母的口音。在这个年纪，他们也能比成年人更直观、更有效地采用外语的说话模式。我的儿子山姆在3岁的时候，和一个中国的小男孩交了朋友。虽然他以前从未说过中文，但他对这个男孩的语言的模仿能力，尤其是他发音的准确性让对方父母都感到惊讶。但这一时期非常短暂，一旦过了这个年纪，几乎不可能让第二语言听起来像是母语。等到十几岁的时候，我们在这方面的灵活性就几乎丧失殆尽了。尽管总会有例外，但总体而言，我们的口音到了那个年龄通常已经定型了。

鸟类也受到类似的社会影响，所以，它们在用语和发音上有地方性差异也就不足为奇了。在北美森林里，年幼的白冠麻雀在生命的头两三个月里，会通过听邻居的歌声来编排自己的曲目。这种本土化的社会学习促成了独特的叫声。在这个国家的不同地区，甚至在不同的森林里，这些麻雀的叫声各不相同。这不仅对融入社会场景有影响，也会对性选择产生影响——雌性麻雀通常更喜欢和自己声音相似的雄性麻雀。这种选择的压力意味着，即使是几乎生活在一块的同种鸟类，甚至都可能有不同的叫声。在加州的部分地区，不同方言的族群之间可能只隔着几米的距离。在这种情况下，有些年轻而狡猾的雄性会同时学习两种方言，它们在求偶时可不会把鸡蛋全放在一个篮子里。

岩壁上的相聚

关于鸟类的社会性，最迷人也最具戏剧性的例子，是它们会聚集在一起繁殖或睡觉。通常情况下，在日常生活中或某些季节里，许多鸟类总是独来独往，但在某些时候，它们又会相聚在一起。

在约克郡东海岸的本普顿，高耸的悬崖可达百米。它们是北海的防波堤，任凭东北风呼啸和雷鸣般的海浪击打。在崖顶，少数耐寒的灌木有些败下阵来，像破碎的船只一般向陆地倾斜。弗兰伯勒周边的这些岬角在我心中占据着特殊的位置，因为我小时候经常和家人来这里过暑假。作为一个城镇居民，我在这里第一次见识到大自然令人惊叹的多样性。

然而，当你在隆冬时节走上海岬时，这些又冷又咸的岩墙仿佛没有一丝生命的气息。很难想象有什么东西能在这样的地方生存下去。尽管知道这里四时之景不同，但仅仅是几周之后所见的景象变化之大也还是那样令人难以置信。当50万只海鸟从远方归来在此繁殖时，悬崖上便展开一场热热闹闹的狂欢。这些鸟已在广阔的土地上四散而居数月，随着筑巢的本能占了上风，它们便相聚于本普顿。三趾鸥、海鸠、管鼻鹱、海雀和海鹦的叫声或许没有鸣禽的叫声优美，但它们却拥有神奇的力量。雄赳赳的塘鹅也来到这里，但这些大鸟仍与其他鸟类保持着些微的距离，它们偏爱石灰岩堆上的平顶这种"高端地产"。在周围较软的岩石被侵蚀、悬崖后退的地方，这些石灰岩仍以挑衅的姿态兀立着。无论造访这座海鸟之城多少次，看鸟儿们在悬崖上盘旋，或看它们在岩壁栖息时摇摇欲坠的样子，我都会为它们在那陡峭而令人目眩的岩壁上成功孵出鸟蛋而感到不可思议。雏鸟的生活似乎充满危险，它们被安置在不到一掌宽的悬崖凹处里。然而，这个不那么安全的住处，却有一种矛盾的安全感。很少有掠食者能在悬崖上穿梭。虽然银鸥确实会骚扰筑巢的鸟，但抢鸟蛋和幼鸟的事只是偶然发生而已。悬崖既为繁殖期的鸟类提供了一个庇护所，也方便它们前往丰饶的觅食地，以喂养饥饿的雏鸟。

老地方，好地方

为何有如此多数量的鸟儿聚集在这里？这里面有传统的因素——鸟儿总是回到它们最初破壳而出的地方，或者回到它们过去成功养育雏鸟的地方。我也一样，尽管我现在生活在世界的另一边，但类似的传统总让我尽可能地回到故乡。这种吸引是一种模糊但强烈的感觉，我深知我的一部分已永远扎根在这个地方。也许这些鸟儿也经历了类似的冲动，在它们那里，当它们发现那个地方是好地方时，这种冲动会得到强化——没必要再去改动成功的模式。除此之外，对于迁徙到这里来繁殖的鸟类来说，群体之间会相互吸引。即使是那些在一年的其他时间里不太愿意和自己的同类待在一起的物种，在这种时候，有同伴在的地方仍会产生强大的吸引力。通过捕捉远处鸟群的声音和气味，或者被其他返回的鸟引导，那些没有经验的鸟似乎从这么多同类的共同选择中获得了安全感——这应该是一个养家糊口的好地方。

这些线索非常有力。一项对年幼的食米鸟（一种小型黑鸟）的研究表明，它们会不可抗拒地被研究员播放的年长且更有经验的鸟的声音吸引。事实上，这种吸引是如此强烈，以至于压倒了它们自己关于如何选择良好繁殖栖息地的本能判断。

在繁殖季节，所有将成为父母的鸟都承受着巨大的压力，它们嗷嗷待哺的幼鸟似乎"贪得无厌"。然而，觅食和寻找最佳觅食地点的技能需要时间才能完善，通常，只有最聪明、最有经验的父母才能成功地抚养幼鸟。这可能是许多海鸟在繁殖前有一个异常漫长的发育阶段的原因之一。例如塘鹅，它们的觅食能力会随着年龄的增长而逐渐增强。也许，明智的做法是等个5年再组建家庭。不过，塘鹅不需要凡事全靠自己，它们敏锐地关注着邻居的活动。一只成功觅食归来的塘鹅吸引了同伴的注意，它们纷纷出海，沿着前人成功之路来到一个充满希望的渔场。这是有道理的——海鸟，像许多群居筑巢的鸟一样，以成群结队的动物为食，比如鱼群。在数千米的空旷海域中，可能隐藏着一些密集的猎物群，如沙鳗群。而且，海洋的某些区域确实比其他区域更好，这就是经验的价值所在。一只经验丰富的鸟出海捕鱼时，它可能会吸引来一群鸟跟随它出行，这些鸟很擅长站在巨人的肩膀上。于是，这个群居之地成了鸟类的信息中心。通过关注那些成功的鸟，其他鸟类可以跟着捡便宜，在觅食过程中减少一些不确定的因素。

挤在一起的鸟

海鸟挤满了本普顿白垩悬崖的每一个角落和缝隙，栖息地似乎已经饱和。如果海鸟觉得已经摩肩接踵了，织巢鸟可以教它们如何再挤挤。织巢鸟是一种小型雀类。它们的名字来源于它们惊人的筑巢技艺。正如它们的名字所暗示的那样，雄性织巢鸟使用编织技巧将数百缕植物构筑成复杂的建筑杰作——精致无比的巢穴。它们的鸟巢通常是球形的，不同于常见的杯状结构，这种鸟巢让织巢鸟从上到下都能得到保护。有时，它们还会建造一个管道，像是用来限制不受欢迎的客人进入的门廊。建造这些鸟巢的努力不会白费，雌鸟会根据这些精美的编织品选择它们的繁殖伙伴。当雄性织巢鸟完成了球状爱巢的建造时，它并不会休息，而是马上开始建造下一个。在一个繁殖季节里，雄鸟最多可建造50个巢穴。有时候，那些不知出于什么原因没有打动任何雌性的鸟巢会被雄鸟撕开，然后，雄鸟会毅然地重新开始建造。

许多织巢鸟都是群居的，它们聚在一起筑巢，形成群落。在非洲南部，善于交际的织巢鸟会建造巨大的鸟巢，其内部空间可超过10立方米——大约是一辆大众露营车的大小。这种规模的建筑可以容纳数百只鸟，很像鸟类公寓，每对鸟都有单独的房间。这些壮观的鸟类建筑可以维持几十年，供后代居住。这种鸟巢不仅能保护鸟免受掠食者的伤害，还能缓冲外界的极端温度；这一点也能让一些邻居受益，一些小蜥蜴、甲虫、老鼠和其他鸟类，也会搬进来和织巢鸟一起生活。

鸟类公寓已经让人惊叹，但与现已灭绝的旅鸽的栖息地相比，织巢鸟的聚集地根本不值一提。旅鸽最大的栖息地可以容纳数十亿只鸟，分布在两百多平方千米的土地上。当时的记录描述，聚集的鸟的数量如此之多，以至于每一寸空间都被占用了。鸽子们觉得无所谓，干脆直接就一只叠着一只坐。这些鸟密密麻麻地站在树上，数量多到可以压断像你的腿那么粗的树枝。在树的下面，鸽子臭臭的粪便会像雪一样堆积到 30 厘米深。群居觅食的鸟总是栖息在一起，独居觅食的鸟则很少这样做。虽然旅鸽的栖息地是一种极端情况，但也有很多鸟类以数百或数千的数量聚集。不需要建造鸟巢，也不需要喂养雏鸟，在繁殖季节有些摩擦的鸟儿现在高高兴兴地待在一起。

一天中的大部分时间，树燕都在飞翔，或形单影只，或成群结队，追逐着空中的昆虫。但是，到了晚上，它们便会寻找同类一起休息，数量往往多得惊人。在夜幕降临前一小时左右，这些鸟群开始在沼泽地或林间聚集。就像那些寻找可筑巢的栖息地的鸟群一样，燕子也会被同类吸引，燕群可以把几千米之外的鸟儿吸引过来。由于每天晚上鸟儿都会回到同一个栖息地，因此，该地区拥有双重的强大吸引力。燕群在栖息地上掠过，直到收到某种未知的信号，它们才会下来休息。栖息地为数量众多的鸟儿提供了安全的庇护所。尽管一大群鸟聚在一起发生的喧闹可能会引来掠食者，但树燕会选择那些能提供一定保护以防伏击的栖息地，并在每天晚上安顿下来之前，仔细检查该区域是否有危险迹象。

协调是社会生活的重要组成部分。日常生活和日程安排离不开协调，从平日里的工作模式和用餐时间到每年的节日和假期都是如此。对鸟类来说，栖息地提供了一种节奏，帮助它们保持社会凝聚力。这种凝聚力始于夜晚，又在清晨消散（对像长耳鸮这样的夜行鸟类来说，情况则正好相反）。和本普顿悬崖聚居地一样，树燕的栖息地也扮演着信息中心的角色，为鸟类提供有关觅食地点的重要信息。在决定休息的地方时，传统也发挥了作用，因为鸟每晚都会在同一个地方休息，并通过社会性吸引力召集同类。有些鸟比其他鸟更具吸引力。就像在人类社会，人们花钱请名人代言产品，鸟也不免受到地位的吸引。一旦地位高的鸟决定了一个地方，年幼的鸟就可能会被吸引到那里。这是一种明智的思维方式，因为更年长、更有经验的鸟通常拥有关于栖息和觅食的地点的最佳信息；至于名人代言是否同样可靠，则另当别论。

对那些具有吸引力的地位较高的鸟来说，吸引群鸟可能是有好处的。通常，地位最高的鸟会出现在栖息地中最理想的位置，比如鸟群的中心或树顶。那些聚集在其周围或下方的鸟充当了抵御掠食者的缓冲层。下层的鸟还付出了被鸟屎砸到的代价。这不仅羞辱性十足，还会损害它们的羽毛，影响飞行效率和隔热的性能。它们还得进行一些繁重的理毛工作……

相当多的物种会在最冷的月份栖息。鸟类聚在一起取暖当然是有益的，不过，其实这不仅仅是为了舒适：在低温环境中鸟类会变得迟钝，这使它们更容易成为掠食者的目标。再次强调，占据最佳位置非常有用。除了能有挡箭牌来抵御投机的掠食者，在群体中间的鸟也拥有最佳的保温效果。夜晚，长尾山雀沿着树枝排成一排，领头的山雀站在中间，不太受欢迎的山雀则在队伍的末端，暴露在恶劣的环境中。在寒冷的冬天，为了保暖，鸟一个晚上可能会消耗掉十分之一的体重，而那些暴露在外围的鸟往往要承受更巨大的痛苦。

在最南端的高纬度地区，这样的社会性保温近乎成为一种艺术形式。没有比南极洲的帝企鹅聚居地更冷的了，那里的温度可能会达到-40摄氏度。为了生存，这些帝企鹅必须将核心体温保持在37摄氏度左右，它们显然需要保温。它们能成功保温在一定程度上得益于帝企鹅惊人的适应机制，比如血管中的热交换可以防止血液流经身体最冷部位时流失热量，以及它

帝企鹅

们外层羽毛下的超细绒毛。此外，辐射冷却的物理原理也可以帮助它们在
一定程度上实现保温，这指的是，帝企鹅身体最外层的部位实际上比周围
的空气还要冷，因此能吸收热量。它们甚至大部分时间都不会把脚整个平
贴在冰上，而是用相当于脚后跟的地方站着。

尽管这些适应机制很有用，但挤在一起抱团取暖的行为同样必不可
少。对帝企鹅来说，温度不是唯一的恶劣条件，能带走热量的冷风也算。
帝企鹅们紧紧贴在一起，以便在恶劣的天气中得到一些喘息的机会。事实
上，这种扎堆取暖的方式非常有效，以至于中间的帝企鹅可能会热过头儿。
因此，帝企鹅们频繁地变换位置，要是处于中心位置的帝企鹅热得心烦意
乱，就会移动到边缘，感到冷的帝企鹅则会移向中心。

鸟类社会

虽然许多鸟类会在觅食、飞行、睡觉或繁殖时相聚一堂，但有一些鸟
类则会更进一步，发展出真正作为社会基础的强大关系。许多鸟会结成持

久的伴侣，尽管它们一年中的大部分时间都在分居，但每当繁殖季节开始时它们就会重聚，并通过一系列复杂的仪式重申自己的誓言。很少有鸟能像丛鸦那样，对家庭生活如此投入。在自然栖息地的恶劣条件下，它们只能勉强度日，这意味着所有家庭成员都得出一份力。这也意味着，这些迷人的蓝灰相间的鸟需要生活在一个大家庭中。在人类社会里，我们对大家庭生活是如此熟悉，以至于我们往往将其视为常态，但其实，这在自然界十分罕见。年幼的丛鸦不仅由其父母抚养，还受到年长的哥哥姐姐们照料，它们成年后不会离开鸟巢，而是留在家人身边，帮忙"做家务"。一个领地内最多可以有8只成年鸟待在家里——父母和6个成年后代，这些后代都是"巢内助"。这些帮手扮演着至关重要的角色，它们为家庭中最年轻的成员收集稀缺的食物，并参与到保护它们的领地免受掠食者和邻居的侵扰这一永无止境的任务中。

我们可能认为这是一种非常文明且常见的情况，但对这些帮手来说，这可能只是一种必要的妥协。也许在我们的社会中也有类似情况，比如越来越多的年轻人因为助学贷款和天价房价被迫留在父母家里。帮手选择留在家里，是因为它们的选择有限——在丛鸦的住房市场上博得一席之地相当困难。如果从长计议，这些帮手或许有一天能继承房产。与此同时，它们还可以安慰自己，它们是在照顾自己的弟弟妹妹，即使这意味着推迟它们自己的繁殖机会。这从侧面说明，在所有表现出这种"啃老"行为的物种中，一旦有机会独立，帮手们通常不会放过这个机会。

鉴于帮手带来的好处，父母可能会要求它们继续留在家里，所以对帮手来说，待在家里与其说是一种选择，不如说是一种强迫。年轻的非洲白额食蜂鸟的父亲，就表现得像维多利亚时代的情节剧里的邪恶角色一样，企图破坏它们儿子自立门户的机会。它们用上各种巧妙又恶劣的方式，包括妨碍少年的求爱尝试。如果这一步失败了，它们就会阻止这对年轻夫妇进入巢穴，甚至还会跑到巢中打扰它们。面对这种持续不断的骚扰，年轻的雄鸟可能会就此放弃，重新回到家族中。帮手们自己有时也会采取不正当的手段。年轻的雄性矿吸蜜鸟会帮助父亲完成喂养孩子的任务，但偶尔，它们头顶的光环会变得有些黯淡。有时候，它们会先把食物带回巢穴，然后自己偷偷吃掉。之所以说是"偷偷吃掉"，是因为它们往往专挑没有第三只眼睛看着的时候这样做，唯有不知所措的雏鸟目睹了一切。

啄序

"啄序"一词指的是一种社会等级制度，这个词广为人知，以至于很少有人会好奇它的起源。我们经常用它来描述自己生活中的等级制度，尤其是在工作场所中，尽管我们几乎不会啄食。结果，在了解到它源自近百年前一位敬业的挪威人对鸡的研究后，人们常常会感到惊讶。这个挪威人的名字像是取自一部北欧传说，他叫索莱夫·谢尔德鲁普-埃贝（Thorleif Schjelderup-Ebbe）。童年时期，他对父母鸡舍里的居民的社会机制非常着迷，这最终促使他在攻读博士学位时，选择对鸡进行研究。

索莱夫注意到，某些鸡总能在最好的位置栖息并最先获得食物。他还注意到，如果其他的鸡试图通过啄它们或拉扯它们的羽毛强行挤进来，这些鸡就会激烈地捍卫自己的特权。通过观察这些攻击行为的模式，他意识到，鸡之间存在等级制度，即啄序。占统治地位的鸡会啄任何试图挑战其权威的鸡，而下一等级的鸡则会避免啄到占主导地位的鸡，但会啄其他地位较低的鸡——以此类推，直到处于最底层的不幸的鸡，它们将不得不接受最微薄的口粮和最简陋的住所。

尽管我们对人类社会的等级制度可能有复杂的感受（通常取决于我们在其中的位置），但动物的啄序有减少群体内攻击的效果，所以对大多数动物来说，这有直接的好处。例如，鸡的啄序一旦确立，就会趋于稳定，持续数月甚至数年。这并不意味着这些鸡一定会接受它们的位置，尤其是雏鸡，随着它们逐渐成长，它们会试图跻身更高等级。这里边也有一点"裙带关系"。在红原鸡（家鸡的野生祖先）群中，如果占统治地位的母鸡有一只雌性小鸡，那么这只小鸡通常会加入比它母亲低一级的等级中。这就把其他鸡向下推了一级；如果它们不情愿，就得想办法对付占统治地位的母鸡。

这种情况通常不会出现在家养的鸡群中，这是因为，家养的鸡群往往是由没有母亲喂养的小鸡组成的。在这种情况下，小鸡在3~6周大的时候就开始为争取社会特权展开斗争。这些弱小的毛球互相追逐、碰撞，并竖起羽毛来彰显自己的体型和力量，这些行为在我们眼里似乎很滑稽，但小鸡们对此非常认真。一旦每只鸡都知道了自己的位置，确定下啄序后，争端就会平息。

野生红原鸡群约有20位成员，有一只占统治地位的雄鸡和一大群母鸡与小鸡。在这种规模的群体中，啄序是稳定的，每只鸡都能认出彼此。家养的鸡也是如此，一旦等级制度建立起来后，这种规模的鸡群中的成员似乎相处得很好。然而，商业化养殖的鸡通常被饲养在更大的群体中。如果鸡搞不清楚自己的社会关系，就无法建立起啄序，这可能会导致混乱状态和持续的攻击行为。大规模地养鸡意味着要与其自然行为作斗争。这迫使家禽养殖户采取措施以限制攻击行为。一个已知的攻击诱因是红色——一只鸡身上的伤口会让其他鸡疯狂地去啄。对这个问题，一种创造性的解决方案是让所有的东西都变成红色。比如，给鸡戴红色隐形眼镜（是的，千真万确）；或者让它们一直处于红色的灯光下，从而限制鸡身上红色的可见度。另一种方案是，农民可以通过切断鸡啄的尖端来减轻攻击行为的影响。

渡鸦的社会关系

尽管"啄序"这一术语是从对鸡的研究而来的，但对包括许多鸟类在内的其他数千种动物来说，等级制度都是生活中的一个重要方面。渡鸦是一种体形庞大、魅力十足的生物；从阿拉斯加到东西伯利亚，整个北半球都有它的家。虽然在一些地区它们很常见，但每当我看到这些杰出的动物时，兴奋感丝毫没有减少。我最近造访了冰岛的辛格韦德利，在那里，欧亚大陆和北美大陆所处的构造板块被巨大的地质力量无情地分开了。这里的风景原始而复杂，但异常美丽。这里曾是古人执行死刑或召开会议的地方。我想地球上没有比这儿更适合渡鸦的地方了。果然，这里的渡鸦数量众多。我看着它们在这阴森的景观上空滑翔，从喉咙里发出低沉的咔嚓咔嚓声，它们甚至比我记忆中的还要大。在历史上，渡鸦一直被认为是不祥之物，是被诅咒了灵魂的鸟。当我正看得入神时，一只黑亮黑亮的渡鸦落在附近一块凸出的岩石上，我期待听到它浑厚的低音鸣叫。它对我的回应却像是一串手机铃声，除了音调有些高以外都很完美。要是我也能回应它就好了。

其实，渡鸦的词汇量很大，它们能根据环境使用至少30种不同的自然声音。显然，它们还可以通过一些巧妙模仿来使用更多的声音。而且，它们是聪明、好奇又顽皮的鸟，绝非民间传说中描绘的那样意味着凶兆和险恶。渡鸦有着复杂的社会结构和等级制度，它们通过互相呼唤来衡量彼此的地位高低。占统治地位的渡鸦会大声挑衅它们的下属，地位低的渡鸦通常会顺从地回应。这时一切都很好，日子照旧过。但如果被选中的目标中，有一只感到自己运气不错或非常狂妄，那么它可能会以挑衅的叫声来回应，这被称为"主导地位逆转鸣叫"。占统治地位的鸟无法忍受这种情况，因为失去面子可能会损害它的地位。于是，一场争斗将不可避免。其他渡鸦变得焦躁不安起来，它们知道这可能意味着动乱。不过，不同的角色造成的压力程度不同。雄性渡鸦听到另一只雄性的"主导地位逆转鸣叫"时，比听到雌性的这种叫声表现出更大的压力。这是因为在渡鸦社会中，雄性的地位比雌性高，所以，两只雌性之间的竞争不会对它们造成太大影响。雌性听到来自任何一种性别的"主导地位逆转鸣叫"都会表现出强烈的应激反应，原因很简单，它们在等级制度中的地位较低，所以"主导地位逆转鸣叫"对它们的影响更大。当渡鸦听到其他群体中传出这种叫声时，也会表现出压力，尽管这种压力比它们听到自己群体的叫声时要小得多。这意味着，它们不仅熟知自己群体的社会关系，而且对其他群体的社会关系也有所认知，并且对更广泛的社会环境有着惊人的详细了解。渡鸦可与最聪明的动物相媲美。

渡鸦是乌鸦大家族的成员之一，鸦科动物在全球大约有120个物种。乌鸦非常聪明，也非常忠诚。乌鸦的社会生活以繁殖对为基本单位；像许多鸟类一样，乌鸦采取一夫一妻制，它们对伴侣负责，直到死亡将双方分开。对乌鸦来说，这也不仅仅是一种季节性的安排。这对鸟儿一整年都在一起，它们互相理毛，用类似亲吻的方式咬住对方的喙，以此巩固感情。结伴生活意味着鸟儿们可以共同守卫领地，在与邻居争吵时也能有个帮手。伴侣一起抚养雏鸟要比独自抚养容易得多：这一方面是因为夫妻搭档可以给雏鸟带来更多的食物；另一方面，如果有意外情况发生，其中一方还可以留下来看护巢穴。

对刚刚羽翼丰满的渡鸦来说，找配偶并拥有自己的领地还需要一段时间。离开巢穴后，它们才迈出了独立的第一步。离开父母的领地之后，这些幼鸟生活得很艰难。为应对这一挑战，它们联合成青少年团体，互相寻求帮助，在某种程度上，这有些像我们社会中的青少年帮派。它们可能在这些群体中生活多年，时间长到足以与其他成员建立起牢固而重要的联系。

即使有时帮派内部会爆发不可避免的争吵，它们最终也会以感人的姿态和解——坐在一起，为对方理毛。当争斗威胁到它们的伙伴时，它们便会伸出援助之手；当伙伴不幸遭到攻击时，它们就会给予安慰。鸟儿最终都会离开帮派，作为一只成熟的鸟开启下一阶段的生活，并保卫属于自己的领地。不过，即使在数月或数年的分离之后，它们也不会忘记早期生活中建立的纽带。从这一点上，我们可以看到社会关系对渡鸦有多重要，以及它们识别群体成员、理解同类成员情绪的能力。

冬季的缅因州极度寒冷，气温可能会降到零下二三十摄氏度。渡鸦必须依靠自己的智慧觅食和求生。尽管在这种环境下，大型动物的尸体是最佳奖励，但这种死尸的数量很少，而且相隔甚远，渡鸦可能要寻找数百千米才能找到一具。不过，一旦找到，就意味着它们将迎来一线生机，一场冰雪荒漠中的盛宴。奇怪的是，当一只年轻的渡鸦发现这样的宝藏时，它要么会大声叫来其他渡鸦，要么记下它的位置后直接离开，稍后再带着其他渡鸦回来。不一会儿，这具尸体可能会招待几十只渡鸦，一周内就会被啄得精光。渡鸦为什么要这么做？毕竟，如果渡鸦决定不分享食物的话，一具尸体就够它撑过整个冬天。在与亲密的家庭成员合作的情况下，这样的事确实可能发生，根据进化论，拥有相同基因的个体倾向于这样互相帮助；但在如此大规模的鸟类群体中，它们不太可能是亲属。

带着这个问题，生物学家贝恩德·海因里希（Bernd Heinrich）连续数月在冬季的荒野中观察这些了不起的鸟类。随后，他在《冬天的渡鸦》（*Ravens in Winter*）这本令人回味无穷的书中描述了自己的经历。海因里希拖着大块的肉，甚至整只动物尸体，进入渡鸦的领地，对它们展开近距离研究。根据这些经验，他得出结论：渡鸦的分享行为不一定是无私的行为。一方面，这种尸体很可能被郊狼等食肉动物发现，这意味着渡鸦在很长一段时间内独占食物的可能性很小。通过共享信息，渡鸦可以在很大的范围内建立起一个对所有成员都有利的信息网络，这对最初的尸体发现者来说成本很低——毕竟它们无法吃掉所有的食物资源，也不可能在很长一段时间内独享资源。此外，一只年轻的渡鸦所发现的尸体若是在一对成年夫妇的领地范围内，年轻的渡鸦很快就会被它们赶走。但如果这只渡鸦召集了其他小渡鸦，作为一个群体前来，它们就有很大的机会从领地所有者手中保卫尸体。这些年轻渡鸦有特定的叫声，它们用这种叫声向周围的伙伴宣布自己的发现。面对一群聚集在尸体旁的年轻渡鸦，占有该领地的成年渡鸦也几乎不可能把它们全都赶走，所以它们也不得不放下自尊，干脆加入其中。

蓝头鸦的大家族

多年前，我走在拉斯维加斯附近的一条公园步道上，从高处眺望红石峡谷，正享受着片刻的宁静。这时，近百只蓝灰色的鸟降落在一片松树林附近，平静的峡谷一下子热闹起来。它们一边在地上翻找食物，一边大叫着，显然很高兴。尽管它们很吵闹，但这些蓝头鸦深深地吸引了我。蓝头鸦虽然体型小，但它们和渡鸦一样都是鸦科。蓝头鸦是松鸦的一种，它们以矮松命名，平日生活里离不开矮松或松子的收成。如今到了秋天，它们正忙着储备食物，也会吃一些，但它们把更多的食物储藏起来，好熬过这一年。它们就像杂货店里最挑剔的顾客，仔细掂量着每颗种子的质量。通过了测试的种子会被吞下，放入它们喉咙中的储存处。我看着这些鸟嘴里的种子越来越多，直到脖子肿了起来，看着就像吞下了一整个西红柿。经过几分钟精力充沛但有条不紊地收集，它们带着丰厚的松子收成飞走了。步道再次恢复平静。我发现，我想要对蓝头鸦了解得更多些。尽管它们一心一意地寻找松子，但它们组织的活动有一种合作性和社会性，这与鸽子觅

食时的那种吵闹不同。接下来的几天，我一
路寻觅，希望能再次见到这些迷人的鸟。

与此同时，我还翻阅了相关书籍。我
找到了一本极好的书，是约翰·马兹卢夫
（John Marzluff）和拉塞尔·巴尔达（Russel
Balda）合著的《蓝头鸦：关于一种群居且会
合作的乌鸦的行为生态学》（*The Pinyon Jay:
Behavioral Ecology of a Colonial and Cooperative
Corvid*）。事实证明，我认为这些鸟有特殊之
处的想法并没有错。它们具有高度的社会性，
更重要的是，鸟群的生活中充满了非凡的协
调合作。它们也沿袭了乌鸦的优良作风，蓝头鸦
会与它们的伴侣建立终生关系，一个鸟群中会有好
几对伴侣和它们的后代。事实上，一个鸟群中可能包
含同一个家庭单元的三代成员，鸟群整体上可以看作是

蓝头鸦

一种家庭和宗族的整合。虽然有些蓝头鸦（尤其是年轻的雌性）
可能会离开原族群加入另一个鸟群来扩大择偶范围，但鸟群中的大多数蓝
头鸦往往一生都待在一起。由此建立起来的亲密的社会关系，使鸟群成为
一个相当成熟的鸟类社会。

蓝头鸦真正打动我的是它们相互协调开展活动的方式。它们生活中的
每件事似乎都与某种节奏相协调，但似乎没有一个个体能够独自协调这种
关系。鸟群以大家庭为单位一起行动，寻找觅食的机会。一旦它们降落在
一个可能的地点，占主导地位的鸟通常会先吃东西，但吃完之后它们会礼
貌地等待，直到所有的鸟都吃完后，鸟群再一起离开。

在地面觅食很容易受到掠食者的攻击。因此，它们会在附近的高枝上

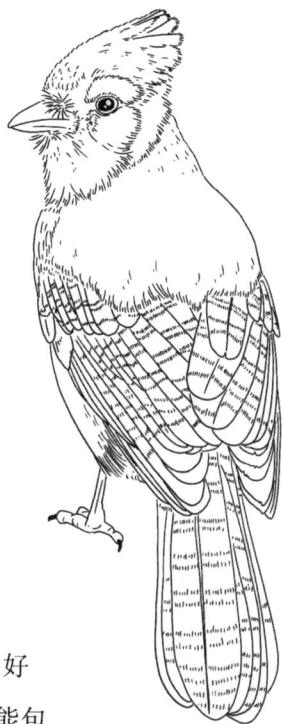

布下数个岗哨，以防危险。哨兵们需保持安静（对松鸦来说算是异常安静了），非常认真地站岗。一旦发现有什么不对劲，它们就会向下面的鸟儿发出警告声。危险的紧迫程度通过警告声的音调高低传达出来——像我们一样，哨兵越害怕，叫声越尖锐。事先得到警告的鸟群会躲进树林中，这样它们就更难受到攻击。这些勇猛的哨兵并不满足于仅仅发出警报，它们可能会振翅高飞，跟着掠食者并持续发出斥骂般的鸣叫，有时还会召集其他鸟来帮忙赶走这些不速之客。这是一种有效的防御策略，以至于其他鸟类有时也会加入蓝头鸦群，在其哨兵的保护下觅食。

尽管在需要保护鸟群时，蓝头鸦可能会表现出攻击性，但在彼此的日常互动中它们似乎相当随和。除了我第一次踏上这条步道碰见它们的那次，我又见到了它们两次。在这两次中，当鸟群来收集更多的松子时，它们欢快的叫声提醒我注意它们的存在。我在它们之后不久到达，看到它们在匆忙地四处觅食。其中一个哨兵一直在监视着我，但它显然认为我并不构成威胁。尽管它们不停地叽叽喳喳，但我没有看出它们有任何攻击性——这些鸟正忙着"收割庄稼"呢。

不过，这并不是一个平等的社会。蓝头鸦群中存在着社会规则和等级制度。成年雄性在啄序的顶端，其次是成年雌性，最后是雄性和雌性雏鸟。就像前面提到的鸡一样，雏鸟会互相争斗，以确定自己在鸟群中的地位。成年雄性之间也存在竞争。地位高的鸟在觅食时优先，但似乎不像它们的下属那样储存那么多种子，这可能意味着，在食物匮乏的月份里，它们会靠地位获取地位较低的鸟储存的食物。然而，每天以群体为单位进食，个体没有机会偷偷摸摸地进食，这意味着很难通过"作弊"获得什么好处。无论处于什么样的地位，成年鸟都不会和雏鸟打架。这像是一条潜规则，要对那些刚出生一年的孩子宽容一些。尽管蓝头鸦群中也有竞争，但它们的成功基于合作和协调，所以，最终能够团结在一起才是至关重要的。

在一年中的晚些时候，鸟群中既有新恋情的缔结，又有旧情重燃的戏码。像缔结婚约一般，一只被征服的雄性会悄悄地甚至害羞地把食物递给它的配偶。随着时间的推移，雌性不再忸怩作态，而是变得更具"强制性"，主动向雄性乞食或追逐它们。这种求爱式的喂食不再含情脉脉，要求也变得越来越高。孵蛋需要很多能量，所以，雌性的要求并非是不合理的。此外，雌性想要确保它们的伴侣能够胜任这项任务——雏鸟出生后，它们需要可靠的食物提供者。几周后，随着筑巢工作的开展，繁殖季节的准备工作快马加鞭地进行着。虽然鸟群仍然会在早晚一起进食，但在此期间，伴侣会专注于生育。它们的筑巢方式也被称为群栖式的，但这不同于那种成年鸟聚集在一起养育下一代的群体繁殖方式。相反，蓝头鸦们会彼此隔开，通常每棵树只有一个巢。称其为群栖，是因为它们繁殖行为的同步化到了令人难以置信的程度。虽然有些鸟会比其他鸟更早进入下蛋状态，但它们还是会等到所有鸟都准备好再下蛋；这也表明，蓝头鸦群的生活是多么紧密地相互联系和相互依赖。一旦下完蛋，雌鸟就会终日守在巢内，只有在伸展身体和打理自己的卫生时才会出来。雌鸟在巢里孵卵的时候，雄性就肩负起了收集食物的重任，不仅为自己，也为伴侣和孵化后的雏鸟。

尽管它们的巢穴没有聚在一起，不容易被发现，但分散分布的巢穴还是很脆弱的。为了减少引起注意的风险，雄性会成群结队地出去觅食，然后互相协调，一起带着食物回来。雄性大约每小时回巢一次，按照典型的反侦察策略，它们不会直接飞进来，而是先降落在离巢有一段距离的地方，检查周围是否安全——它们最不想做的事情，就是将掠食者引到自己的巢穴。确定没有威胁后，雄性就会冲进去，以一级方程式赛车维修站工作人员的效率和速度把补给交给雌性，然后再和其他雄性一起，出去收集更多的食物。随着雏鸟长大，雌性可能会协助喂养工作，但每种性别都有明确的任务：雄性负责喂养，雌性负责照顾雏鸟并清洁巢穴。孵化后三周，长出羽毛的雏鸟会被带到专属于松鸦的"托儿所"。接下来的一个月里，几十只幼鸟交由几只成年鸟照顾，而它们的父母报之以食物。在一群羽翼未丰的雏鸟中找到自己家的孩子并不容易，但父母们总能想办法做到。在照顾好自己的后代之后，父母们有时会把食物馈赠给其他幼鸟。看起来这似乎是一种不同寻常的慷慨行为，但实际上它也是为了让孩子们保持安静；一个满是饥饿雏鸟吵闹声的托儿所会引起掠食者的注意。

蓝头鸦惊人的社交能力贯穿了它们的一生。这种能力从它们还在鸟巢中时就开始了（比如，兄弟姐妹们互相理毛），一直到托儿所，在那里，雏鸟们第一次尝到在更广阔的群体中生活的滋味。等它们成年后进入鸟群，就像在人类社会中的人类一样，它们将继续在自己的群体中与同龄的蓝头鸦进行频繁的互动。鉴于鸟群内部的密切关系，蓝头鸦具有极强的识别能力，这一点也许并不令人惊讶。然而，识别能力只是复杂社会互动的必要能力之一。为了与所处的复杂社会世界进行谈判，蓝头鸦不仅要能够解释和理解它们直接参与的那些互动，还要能够理解周围发生的其他互动。对生活在大型群体、关系紧密的动物来说，这是一项宝贵的技能——每个个体都需要对自己如何融入其中有恰当的认识。观察、评估社会群体成员之间关系的能力，是最复杂的社会动物的标志。这种能力的正式名称是传递性推理。像其他许多高度社会化的鸟类一样，蓝头鸦在这方面表现出色。

然而，是什么让蓝头鸦如此具有集体意识呢？为什么它们宁可付出巨大的代价，仍要坚持在鸟群进食时放哨、参与围攻行为，或者同步进食和繁殖？一个可能的答案是，它们在帮助自己的亲属。但是，在蓝头鸦群中，任意两只随机挑选的鸟之间的平均亲缘关系实际上是相当疏远的。另一个答案是，通过这些公益行为，它们作为伴侣或潜在繁殖伙伴的地位得到了提高。这个答案可能有一定的道理。但鸟群的成功似乎建立在一种投桃报李的互惠关系上——你帮我挠背，我也帮你挠背。

我们知道，哺乳动物的社会行为受到荷尔蒙——催产素水平的影响。在催产素的作用下，人类会变得更慷慨大方，猴子和狗会变得更善于交际。鸟类的催产素——鸟催产素在蓝头鸦中似乎也起着类似的作用。虽然蓝头鸦偶尔会与它们的邻居分享食物，但如果它们的鸟催产素水平升高，这些蓝头鸦也会变得格外慷慨。蓝头鸦体内自然产生的高水平鸟催产素足以使它们倾向于群居生活，与其他蓝头鸦形成牢固的联系，甚至可能令它们更愿意合作。

另一件让任何观察蓝头鸦的人都感到惊讶的事是，它们似乎永远不会安静下来。在拉斯维加斯城外的那条小路上，我见识了它们进食时的喋喋不休。这些叫声听起来像是无缘无故的吵闹，但就像在人类群体中那样，沟通交流在群体中起着至关重要的作用。在养育后代的过程中成对的鸟儿通过交流协调活动，在更大的鸟群中，它们则通过交流与邻居保持联系、识别彼此、理解彼此的活动和动机，并对即将到来的危险发出警告。

直到现在，我们对动物语言的理解才刚刚开始。但我们已经知道，许多社会性乌鸦有几十种不同的叫声，而且每一种叫声都可以通过音调和音量来传递不同强调程度的信息。它们的"鸣叫词汇"在建立和管理自己的社会关系中起着至关重要的作用。这些高智商的鸟类除了能立即分辨声音信息外，还拥有出色的记忆力。例如，蓝头鸦就需要以这种能力来回收它们全年储存的数千颗松子。它们能回忆过去的事件，并利用这些经验来塑造未来的行为及与其他个体的互动方式。它们复杂的行为节目，使得这些鸟类能形成复杂的关系和社会，反过来，鸟类所形成的社会和复杂关系又推动它们演化出超级聪明的大脑，并且，也让它们越来越依赖这种认知能力。

第 **5** 章

来点恶作剧

Getting into Mischief

∶

最不受欢迎的哺乳动物向我们

传授的生存之道。

褐鼠

你这只脏老鼠

在悉尼大学生物系大楼外，有一片树木环绕的草坪，草坪上还有一个公共烧烤架，恰如一个很有澳大利亚特色的讲台。几个月前，我的实验组成员围坐在这个漂亮的烤架边，进入了微醺状态。那天是圣诞节，按照节日传统，我们酒足饭饱，玩得很开心。夜幕降临时，成群的蚊子出现，宣告欢乐时光的终结。悉尼的蚊子冷酷而善于探索，是嗅觉灵敏的小混蛋，它们似乎能在瞬间把人的胳膊或腿吸干，只剩松弛的、没有血色的皮囊。或许我有些夸大其词，但蚊子的到来为我们原本笨拙的收拾与整理工作增添了紧迫感。突然，一个刚装满的垃圾箱里传出的沙沙声引起了我们的注意。一个湿漉漉、抽动着胡须的鼻尖慢慢探出来，不断地嗅闻，如同垃圾潜艇上的潜望镜一般。接着，头的其余部分也小心翼翼地露了出来。一双浆果般的黑眼睛映着钠灯的橙色光点，正目不转睛地盯着我们。仿佛是一场对峙，双方都陷入了停滞，随后，这只嘴里叼着一大块香肠的老鼠，从垃圾箱里跳了出来，消失在阴影里。就在此时，草坪周围的灌木丛里也传出了响动。原来，这里不止一只老鼠，而是有一群！过了没一会儿，垃圾箱就"沸腾"了。难以置信的是，我们这群生物学家，居然没有注意到这场啮齿动物的入侵浪潮。

也许我们不必太苛责自己。在世界各地，人们常在不知不觉中和老鼠一起生活。曾有人说过，你离老鼠的距离不会超过1.8米。是吗？究竟世界上有多少只老鼠？它们往往隐秘地生活着，在夜间行动，并且隐藏在人类视线之外；我们无法获得准确的数字，只能依靠估计。不过这些估值无法为害怕老鼠的人带来丝毫安慰——即使是保守的猜测，世界各地老鼠数量的总和也达到了数十亿。除了南极洲和一些小岛屿外，它们无处不在。这并非巧合。我们为老鼠创造了茁壮成长所需的条件，它们自身的适应性则完成了剩下的工作。城市老鼠与城市一同演化，它们比乡下的同胞成长得更快，成熟得更早。城市老鼠已经熟悉了人类控制它们的方法，它们的数量与居住城市的人口一起迅速增长。尽管我们可能对老鼠感到厌恶，但老鼠的成功与人类自己的成功息息相关。我们把老鼠变成了现在的样子：它们站在我们生活的对立面，是人类文明中无可奈何的、不受欢迎的伙伴，而我们因此憎恶它们。

当我们谈论老鼠时，我们实际上谈论的可能是许多不同的种类。不过，其中最令人感兴趣的是褐鼠。它的拉丁学名是 *Rattus norvegicus*（直译为挪威鼠）——基于对其起源的一个古老误解。尽管有些人仍坚持称它为挪威鼠（Norway rat），但它与挪威的关系，就像挪威与椰子的关系一样不相干。这种褐鼠并不来自峡湾，它们的故乡大概在亚洲的草原和平原上，可能是在现在的中国北部。褐鼠最初靠食用种子和植物勉强维生，毫不起眼。不过，这一切在遇见人类之后就变了。褐鼠搬进了我们的家，并从中分得一杯羹，一点也没把自己当外人。一旦与人类建立了联系，它们就会沿着贸易路线散播开来，搭乘便车去往其他国家。我们无意中为其提供了食宿及车票。难怪褐鼠从此兴旺发达，不仅成为所有老鼠中最成功的一类，还成了地球上的主要物种之一。

老鼠的成功之路

在有利条件下，一只雌鼠就是一条幼鼠生产线。她的妊娠期大约持续3周，一胎通常产下8只幼崽。幼鼠可能在5~6个星期内就会发育成熟。因此，在一年的时间里，一只老鼠可以生出数百只老鼠。在无意中养育了老鼠之后，我们便将注意力转向如何消灭它们。然而，即使尽了最大的努力，老鼠还是不会消失。在一些加强了老鼠控制计划的城市里，或许能通过使用毒饵、毒气甚至干冰，设法将老鼠的数量暂时削减90%，但不出一年，它们的数量就能恢复到以往的水平。

"鼠帮"（rat pack）这个称呼源于对20世纪60年代的一群著名艺人的蔑称，此后，这个概念一直保留在了公众的意识里。然而，褐鼠并不成群结队地行动，相反，在寻找食物方面，它们往往独自进行摸索。不过，聚居地仍是它们生存的核心。一个典型的老鼠聚居地，包含大量的洞和腔室，还有被城市老鼠当作交通干线的地下通道，这些通道就像城市地铁或下水道的微缩版。每个洞穴由6只左右的雌鼠共用，它们都有各自的巢室，室内铺着从外界偷来的舒适材料。在这里，在它们工厂般的闺房中，雌鼠一窝接一窝地生育幼崽。幼崽刚出生时看不见，也没有毛发，看起来毫无抵抗力；然而，3个星期之后，它们就会变为发育完全、能够自理的幼鼠，准备好离开巢穴。即便如此，这些幼鼠也不会到太远的地方打洞——大多数仍生活在离出生地几米之内的地方。因此，后来的洞穴以第一个洞穴为中心向四周辐射，在我们自己城市的公园和街道之下，老鼠的城市也蔓延开来。

能生养并不是老鼠成功的唯一原因，它们还是能够适应环境的聪明动物。2015年，油管网上的一段视频捧红了一只胆大的老鼠——视频显示它把一块比萨带上了纽约地铁，这段视频在网上疯传。这只啮齿动物被人们极富想象力地戏称为"比萨鼠"，其实在争取一顿免费午餐方面，它并非唯一一只有如此出类拔萃的创新觅食能力的老鼠。世界各地的老鼠都会采取一些令人惊叹的生存策略。在意大利，人们曾看到老鼠潜入波河，从河床上采集淹没在水里的蛤蜊。在美国的某些地方，老鼠是鱼苗孵化场的祸害，它们会下水从饥饿的鳟鱼那里抢夺食物，有时候甚至会自己钓鳟鱼吃。在德国，人们认为老鼠能像幼狮一样行动，会跟踪肥麻雀，并在其落地时进行伏击。尽管老鼠最开始吃的是种子，但它们是聪明的机会主义者，不会错过任何拓宽食物选择范围的机会。

除此之外，老鼠还会利用自己的社交网络向其他老鼠学习。老鼠很早就开始学习了。甚至，在出生之前，它们就能通过母亲的血液传输获得关于食物的线索。出生后，母子之间就表现出相同的食物偏好，堪称"妈妈说的都对"的典型案例。哺乳期也是如此：雌鼠的母乳会因她的饮食习惯具有不同味道，并影响幼鼠日后的饮食选择。老鼠是最早被发现具有这种现象的物种之一，但它们并不是唯一会通过这种方式将饮食偏好传递给下一代的哺乳动物。类似的事情也发生在人类身上。我们知道，人类的母乳可以带上各种味道——香草、大蒜、薄荷、胡萝卜和奶酪的味道都很明显，甚至酒精和尼古丁也一样。这些物质被认为可以创造所谓的味觉记忆，并塑造我们今后的饮食偏好。

幼鼠离开母亲后，会继续向社区中的长者学习。它们会在成年老鼠附近觅食，这样幼鼠既能了解它们的食物来源，又能跟着它们学习。但它们不会满足于只做被动的旁观者，有时，为了知道到底什么东西好吃，幼鼠甚至会从容忍它们的成年鼠那里抢食物。虽然老鼠经常独自冒险外出觅食，但它们仍会设法传递信息。在洞穴和觅食地点之间穿行时，老鼠往往会沿着墙壁或边缘移动。这不仅有导航的作用，还减少了可能的攻击方向。沿着"鼠行道"跑动时，老鼠通常和墙面贴得很近，这样一来，它们的毛和胡须就会与墙壁摩擦，在墙壁上留下的微弱气味，标记路线，别的老鼠可以追踪这些气味并通过自身气味进一步增强。一只尝试了新的食物来源的老鼠回到洞穴后，呼吸中也携带着那种食物的特殊气味。老鼠生活在气味丰富的环境里，它们拥有性能卓越的鼻子，能理解各种气味。在回来的觅食者身上，新奇食物的气味激起了老鼠们的兴趣，这些味道宛如一则广告，促使它们自己去尝试一番。

老鼠是谨慎的动物。你可能会推测，在发现了一种新的令人兴奋的食物来源后，饥饿的老鼠会蜂拥而至、狼吞虎咽。尽管这种推测确实挺合理，但实际上它们并不会。相反，它们会仔细检查，在确定安全前，只会尝试着吃一点点。正是这种谨慎让老鼠如此难以控制。如果一只老鼠吃了一些毒饵，并且遭受了痛苦，它就会刻意避开那些食物。如果有持续的中毒事件发生，老鼠就会提高警惕，避开遇到的新奇食物，并密切注意其他老鼠吃了什么东西。它们是如此善于躲避捕鼠者的诱饵，以至于在19世纪，人们产生了这样一种想法：一旦发现毒药，老鼠就会冲回巢穴，像城镇公告员一样广播这则新闻，以此来警告它的伙伴。虽然这仅是关于信使鼠的一个形象的想法，但这一想法离真相倒也不远。从某种意义上说，老鼠确实从它们的邻居那里收获了大量关于当地食物的好处与缺点的信息。

我一直有一点点喜欢老鼠，我还曾养过宠物鼠。当家里的猫或狗跑出去迎接访客时，它们通常会得到不同程度的喜爱；但是，当你邀请你的客人来欣赏你养的啮齿动物时，情况就不一样了。人们往往很反感老鼠，哪怕访客们没有不由自主地呕吐出来，他们通常也会避开笼子，仿佛里面关着的是一条吐着信子的眼镜蛇。人们反感老鼠的部分原因是对老鼠外表的本能反应，特别是那光溜溜的、没有毛的尾巴。或许这尾巴不受人待见，但它却是老鼠的重要工具。尾巴帮助老鼠在跑动和跳跃时保持稳定，甚至还提供了抓地力，这是一条毛茸茸的尾巴永远无法比拟的。

或许，厌恶啮齿动物的更理性的原因，建立在野生啮齿动物啃噬建筑物、大闹食品店所造成的破坏，以及会传播一系列疾病等实际危害之上。老鼠的牙齿令人印象深刻，它们会不断生长，而且异常坚硬——比人类的牙齿硬很多，事实上比铁还要硬——这使得它们能够咬坏木头和塑料。它们不需要挖多大的洞就能钻进屋内，大多数老鼠都能挤进只有 2.5 厘米的缝隙中。有时候，它们甚至不需要挖洞，只要找到一条需要胆量的、臭烘烘的路线就能进入人类的家，比如从下水道到浴室，马桶更是它们进入天堂的大门。一旦入侵成功，老鼠就会带来疾病，比如沙门氏菌、出血热，甚至还有鼠疫。魏尔病就是一种因接触被老鼠尿液中的细菌污染的水源而感染的疾病。我在湖泊和池塘中找鱼的时候，经常担心会得这种疾病。我的一个学生告诉我，她的母亲是悉尼一所学校的老师，因为在室外水槽中清洗学生的画笔，感染了这种病。她陷入了昏迷，虽然之后醒了过来，但她必须重新学习走路和说话。幸运的是，她最终完全康复了，但是有些人就没那么幸运。随着越来越多的人涌入城市，人类和老鼠这两个物种之间的接触也随之增多，同时增加的，还有人类感染鼠传疾病的风险。

老鼠之城

尽管老鼠与我们共享城市，但对野生老鼠的研究仍格外难以展开。老鼠的活动迹象四处可寻——菱形的粪便、被咬碎的物品，甚至是它们惯用路线上的轻微压痕——但就是很少能看到它们。这很成问题，为有效地控

小鼠

制老鼠增加了障碍。虽然使用毒药或可暂时减少老鼠的数量，但这些毒药不是万能的。正是这一问题促成了20世纪最著名且最有影响力的动物行为研究之一。

约翰·卡尔霍恩（John Calhoun）在美国南部的田纳西州度过了他童年的大部分时光，他沉迷于研究动物。对卡尔霍恩来说，这是一个很自然的过程：从这里开始，到进入大学，并最终在巴尔的摩供职于约翰斯·霍普金斯大学的公共卫生学院。他那收集和鉴定动物的能力，不仅用于北美小型哺乳动物普查，还用于市政当局和约翰斯·霍普金斯大学之间合作的了解和控制老鼠项目。在1946年，卡尔霍恩刚来到巴尔的摩开始工作时，人们就已经明白，毒药只能做到暂时的控制，我们还需要对老鼠及其环境有更广泛的了解。有了学校的支持以及他个人可以适时主导调查的自由，卡尔霍恩得以释放他的想象力。1947年，他在自家房子背后建了一座围城，他称之为"老鼠之城"。这样做，既是为了近距离研究老鼠的行为，也是为了试图解开老鼠数量增长的秘密。他在老鼠之城里放入5对老鼠，向它们提供一切所需，然后，放任它们在里面待了两年多时间。这期间，他一直从城墙上的"瞭望塔"进行密切观察。

由于这些老鼠有了充足的食物和庇护所，也没有天敌的威胁，卡尔霍恩估计，老鼠数量可能会达到5000只。最初，这些动物正如同他预测的那样，它们繁衍生息，迅速填充着老鼠之城。一切看起来都按照计划进行着。然而，当数字达到150时，奇怪的事情开始接二连三地发生了。老鼠的行为发生了根本性的转变：它们从平和温顺变得极其好斗，许多老鼠因而受到严重的创伤，变得无法繁殖，甚至无法正常生活。老鼠之城里的老鼠并没有兴旺发达，在这两年内，它们的总数从来没有超过200只——远远低于估值。在好奇心的驱使下，卡尔霍恩在接下来的几年里，一次次地重复他的实验，实验对象既有小鼠，也有大鼠。基于第一次实验的结果，他开始从种群规模和密度对行为的影响这一角度来构建他的研究框架。他建造了许多围城，每次都为城内居民提供充足的食物和住房结构，这些住房结构类似于人类的城市，有不同的区域和高层住宅。他唯一没有提供的就是无限的空间。随着动物数量的增加，它们开始填满可用的空间，随后，它们的社会结构便开始瓦解。

一次又一次，这些啮齿动物的乌托邦最后都变成了某种生存地狱。邻居间正常的互动模式崩溃，取而代之的是噩梦般的混乱。暴力泛滥，好斗的雄性攻击着弱势群体。母亲们不再好好地照顾孩子，甚至抛弃它们。婴幼儿的死亡率高达96%。性行为变成了攻击的武器，雄性的交配行为也发生了扭曲，他们几乎会骑上所有碰见的动物。越来越多的老鼠——特别是那些底层的、受支配的阶级——表现出心理创伤的迹象，它们茫然聚在一起，虽然活着，但已心碎无痕。卡尔霍恩写道，有机体可能遭受两种死亡：一种是身体上的，一种是精神上的。在他过度拥挤的实验围城中，大鼠和小鼠都经历了第二种命运。即使从这种境况中解脱出来，它们也不会恢复到一个健康的精神状态。这种改变是不可逆转的：它们再也不能像正常的大鼠或小鼠那样生活。实验的最后阶段总是走上同一条道路——社会无法正常运作，种群崩溃并灭绝。

在叙述他的实验时，卡尔霍恩创造了"行为沉沦"这个术语，用来描述过度拥挤对行为的病理影响。这在公众的想象中扎了根，特别是，卡尔霍恩似乎有意将其与现代城市中人类社会的衰败和崩溃画上等号。谈到1972年的实验时，他写道："我主要谈论的是老鼠，但我想的却是人。"他在研究中大量使用老鼠作为模型，这构成了一个强有力的隐喻，尤其是在美国乃至整个西方社会发生了重大社会变革的背景下。20世纪60年代和70年代社会动荡、抗议运动、越南战争爆发，人们涌入城市，城市化进程不断加快。为了解决空间不足的问题，市政当局的方案是将人们塞进高密度的高层住宅中。卡尔霍恩的研究似乎预言了这种情况的可怕后果。他甚至提出，在不影响健康的情况下，个体能够处理的亲密社会交往的数量有一个上限，他把这个上限设定为12，并认为对老鼠和人类都是如此。超过这个标准，就有可能导致行为沉沦——人们会变得孤僻，甚至怀有敌意。

在一个巨大的城市中心，住着一群反常、意见不合、暴力的居民，这种由老鼠所预言的人类未来灾难激发了作家和编剧们的想象力。卡尔霍恩的研究巧妙地浓缩了这种不祥的预感，并与大众媒体和电影碰撞出了火花，比如电影《超世纪谍杀案》(Soylent Green)和《逃离地下天堂》(Logan's Run)，汤姆·沃尔夫(Tom Wolfe)、巴拉德(J. G. Ballard)和安东尼·伯吉斯(Anthony Burgess)的小说，还有漫画《特警判官》(2000 AD)中的人物爵德判官(Judge Dredd)。不仅仅是在人们广为关注的创作领域，社会评论家和政治家们也开始担心，人类正朝着什么样的方向发展。卡尔霍恩本人则更乐观一些。他的啮齿动物实验的结果并非在预言人类不可避免的、可怕的未来。换言之，他认为这些实验表明人类需要开发创造性的解决方案，从而避免老鼠遭受的命运。但他在态度上的细微差别被忽略了，毕竟，没有什么比坏消息更能吸引大众的注意力了。

老鼠的善意

约翰·卡尔霍恩的实验只是老鼠研究中的冰山一角。20世纪，老鼠一直是行为研究中最重要的动物之一。一代又一代心理学专业的学生，都是在"老鼠与统计学"的学术食粮中成长起来的。这些顺从的啮齿动物为我们提供了一种研究学习、发育、智力表现、游戏、性和攻击等行为的途径。尽管我们对老鼠的评价不高，但我们也欠老鼠很多。对老鼠的开创性研究，为更好地理解我们自己的行为铺平了道路。

　　你可能会问，为什么要通过研究老鼠来了解我们自己，这是个好问题。老鼠是我们称之为模式生物的一种：我们研究这类动物（或植物），主要是为了回答生物学问题，解开谜团。同人类一样，老鼠也是哺乳动物，这意味着我们和老鼠有许多共同点。我们在身体的构造和运作方式上相似；我们和它们在动机和对刺激的反应方面也有很多共同点。当然，正如约翰·卡尔霍恩付出的代价一样，你不能总是直接从老鼠的行为推断出人类的行为——两者之间存在一些相当重要的差异。不过，你可以建立一个理解的框架，这个框架可以作为研究人类主体的起点。比如，母亲传给后代的食物偏好就是一个例子，类似的例子还有很多。

　　约翰·卡尔霍恩的实验似乎表明老鼠是种争强好胜的动物，但其实验可能更多地说明了在拥挤影响下的老鼠社会崩溃，而不是正常环境下的老鼠。同人类和其他社会动物一样，老鼠生活的大部分时间都在与朋友、亲属和邻居在一起。长时间与固定个体交往会鼓励老鼠表现出好的行为，或者至少是一种"你帮我挠背，我也帮你挠背"的互惠行为。我们不应感到惊讶，老鼠可以是高度合作的，尽管这让它们看起来不像是老鼠。不过，它们在决定何时帮助谁方面所表现出来的复杂性确实很惊人。有时，它们的乐于帮助是基于一种自我的良好感觉，这是一种能够传递的善意，它源于最近自己得到过的帮助。在人类社会中也能经常看到同样的多米诺骨牌效应，例如，在交通高峰期，当有人让我们从交通繁忙的路口先行时，我们更有可能体谅下一个等着驶出路口的人。这不仅帮助了他人，也让我们感觉良好。这说明，我们和老鼠都不是笨蛋；我们每个人都会根据自己过去的相关经验，调整对待别人的善意。相对于那些最近欺负了自己的老鼠，它们会给那些最近帮助了自己的老鼠提供更多的帮助。

　　这种行为的正式名称是互惠利他主义，它促进了动物社会中没有亲缘关系的个体间的合作，尤其是在那些同一个群体一起生活的社会中。每一个动物都可能因曾经得到过帮助，或者期望在未来得到回报，而对邻居伸出援手。与此同时，自私的行为被过滤掉，因为在一个稳定的社会环境中，当坏蛋从长远来看是个糟糕的策略。尽管这个概念看起来非常完美，但是，互惠利他主义在动物身上并不常见。表面上看起来是合作的行为，实际上也可能是某个强大的、地位高的个体，在利用一个想取悦他人的弱势个体：一个善意的行为背后可能掩盖着不可告人的动机。最重要的是，"搭便车"的好处对某些个体来说似乎是不可抗拒的，尤其是对于互不相干的个体，因为它们不必为自己的反社会行为付出代价。在人类社会中，社会规范可以强化行为的道德准则——不赞成可以成为一种强有力的手段，让我们安分守己。你是否记得，当我们还是孩子时，听到父母说出"我没有生你的气，我只是感到失望"后所感到的自责与内疚？

动物是否会根据某些社会规则所要求的那样，理解或调整它们的行为？或许有些动物会这样。说实话，我们也不知道。不过，老鼠——尤其是雌鼠，它们比雄鼠更善于交际——似乎的确是高度合作的。有趣的是，老鼠会根据具体情况对合作进行调整。例如，它们更有可能向饥饿的邻居赠送食物，这似乎表明，它们会根据同伴的需求提供帮助。即便如此，饥饿的老鼠并不羞于乞讨食物——它们会伸出手呼唤，恳求潜在的捐助者为它们提供食物。我们不一定能听到饥饿老鼠的恳求，因为它们交流的大部分音频都太高了，超出人类的听觉范围。在某些情况下，饥饿的老鼠也更愿意合作，这表明，它们不仅明白自己的困境，还懂得老鼠交易体系中的经济学。

食物是交易中的重要通货，但并不是唯一的商品；在接受了一次梳毛护理后，老鼠会在对方需要的时候提供食物，或者同样用理毛来回报。在这一体系中，好老鼠的特征不只是愿意提供食物那么简单。在决定是否将食物赠送给接受者时，老鼠会考察该接受者最近是如何对待自己的。一只好斗的老鼠可能会被排除在合作网络之外，所以，当一个好公民是值得的。尽管老鼠成了不道德的代名词，但事实上，它们表现出了惊人的复杂合作，而这种合作又鼓励个体做出有益的行为。

老鼠的母子关系

虽然有来有往的合作网络是老鼠社会的重要组成部分，但最密切的关系还属母子关系。确实，母亲和婴儿之间的紧密联系在哺乳动物中非常普遍，人类也不例外。光给哭闹的新生儿提供母乳是不够的；在早期生活中，孩子与母亲在身体和情感上的亲密关系，是孩子健康成长的关键因素之一。我们早就知道，不幸的童年留下的烙印会伴随人的一生。悲哀的是，在我们的社会中，其焦虑症可以追溯到童年创伤的人比比皆是，而监狱中的囚犯也大多遭受过童年创伤。

不可思议的是，对老鼠的研究首次阐明了其中的原因。在老鼠中，有一些是优秀的母亲，它们悉心养育和照顾自己的幼崽，还会给它们理毛。还有一些老鼠，显然信奉严厉之爱，常常忽视自己的后代。这些不同经历对幼崽有着深远的影响。那些受益于慈母密切关注的幼鼠，长大后会变得冷静、适应性强，而经由粗心妈妈带大的幼鼠，则会成为焦虑的成年鼠。此外，这些焦虑的老鼠往往处于较低的地位，也更有可能患上严重疾病。对焦虑的老鼠来说，这也不全是坏消息——在一个充满危险的世界里，保持警惕和敏感是有用的，但这似乎算不上什么安慰。

我们习惯于认为，遗传特征是主导"成长发育乐团"的指挥家。基因由DNA组成，DNA有时又被称为构建身体的说明书。这暗示了一种观念，即遗传特征为成长中的有机体预设了一个严格的、不可改变的命运。虽然基因很重要，但它不是全能的。动物发育过程中所处的直接环境起着重要作用，它决定了基因是否表达以及何时表达。换句话说，成长中的个体能够灵活地适应它所生活的世界。这也是为什么老鼠妈妈的行为起着如此重要的作用。母亲的悉心照料会增加某个基因的表达，最终能帮助幼崽应对压力。

对于老鼠是这样，那对于我们呢？初步的证据表明，人类婴儿身上也会发生非常相似的情况——那些由母乳喂养并且常常被怀抱着的婴儿，其基因表达模式与受悉心照料的幼鼠相似。幸运的是，对那些现在可能正在担心他们的孩子或者宠物鼠在早期生活中是否得到了足够关爱的人来说，一个好消息是，任何早期缺陷的影响都有可能逆转。那些受到任性母亲忽视的啮齿动物，如果能在成长过程中处于一个舒适的环境，它们应对压力的反应就能逐渐改善。显然，幼鼠和人类儿童不一样，不过，一个受到关照和鼓励的孩子更有可能成长为一个快乐的成年人，这一点似乎没有多大争议。多亏了对老鼠的开创性研究，我们现在明白了其中的缘由。

幼鼠的童年

幼鼠离开母亲的巢穴后，便会进入更广阔的社区世界中，开始和同龄的伙伴交往，此时它们将面临一系列可怕的新体验。其他老鼠的存在对它们处理这些新情况的方式，产生了根本性的、十分有益的影响。一方面，和其他老鼠待在一起，让幼鼠有机会间接地了解生活中可能致命的危险，从而不必自己直接应对；另一方面，其他老鼠的陪伴本身就是一种镇静剂，可以缓解老鼠的紧张情绪。这些由群体带来的好处并非老鼠的专利，我们从鱼类和人类等各种社会动物身上都能看到，群体带来的好处对这些动物的成功起着至关重要的作用。正如前面关于良好养育的科学研究一样，老鼠为我们提供了关于这一过程的惊人且详细的见解。

对幼鼠来说，每天都是学习的日子。观察社区中其他成员的生活，为它们提供了收集好坏信息的绝佳机会。正如前文所说，它们学会了如何吃美味且安全的食物。它们还学会如何留意周围的危险和陷阱。老鼠看到某个同伴表现出恐惧或者遭遇不幸后，它们会内化这些信息，然后调整自己的行为以避免重蹈覆辙。老鼠不需要亲眼看见危险就可以进入警戒状态，因为一只受惊的老鼠会把它的恐惧传递给其他老鼠。这种传递不一定是直接沟通，它们不必说，"各位，你们知道那只抓走了雷吉的猫吗？它就在外面，而且它看起来一副准备捕猎的样子"。只要其中一只老鼠感到焦虑，其他的老鼠就都能很清楚这一点。老鼠的焦虑会通过行为的改变体现出来，同时，它还会散发出一种特殊的气味，这种代表了恐惧的气味能被附近的老鼠本能地识别出来。

老鼠间的情绪传递

这种恐惧感会像传染病一样传播开来，受到感染的老鼠心跳就会加快。它们变得更加谨慎，以免自己也陷入麻烦。反应最强烈的时候，就是它们能够将伙伴的恐惧与引发反应的事物联系起来的时候，也许是某种奇怪的掠食者，或者是咬了一根裸露的电线之后受到的电击。其他老鼠对原因和结果有了具体的理解，并学会避开这些造成痛苦的源头。顺带一提，人类在害怕的时候也会发出一种特殊的气味。我们之所以没能注意到这一点，是因为我们的嗅觉比其他动物要差。不过，我们在害怕时所产生的化学物质会体现在汗液中。狗和许多别的动物真的能嗅出我们的恐惧。有些人可以通过气味区分看过和没看过恐怖电影的人，或者通过汗味区分出跳伞新手和健身爱好者。女性在这方面尤其擅长，这表明，平均而言，女性的嗅觉比男性好。

对社会动物而言，情绪的传染有一定的价值，然而，如果不加以限制，就可能造成混乱，引发集体的歇斯底里。在中世纪，舞蹈瘟疫遍传整个欧洲，它使一群人疯狂地跳上数小时的舞蹈，有时数百人成群结队，一直跳到筋疲力尽，甚至死亡。在众多的爆发地点中，修女院最不寻常：在某些案例中，修女变得不像是修女，她们又是咒骂，又是性挑逗；在另一个案例中，修女们都开始像猫一样喵喵地叫。毕竟是在中世纪，人们理所当然地将罪魁祸首归咎于恶魔。对驱魔者和神职人员来说，这当然意味着不错的生意，可惜，他们在平息歇斯底里方面却有些力不从心。近年来，在世界各地的学校和工厂里，爆发过多次集体昏厥、歇斯底里的尖叫或无法控制的流行性大笑。这些事件通常可以归因于：联系紧密的人们聚集在一起，处于一种高度情绪化的状态——个人的情绪可以迅速传播开来，把一大群人推向歇斯底里的状态。动物也有类似的情绪爆发，但是出人意料地罕见。这里有一些例子：养殖大棚中的一群肉鸡陷入集体恐慌；2013年，荷兰一家动物园里的一大群狒狒，不再像平时那样忙活"猴事"，只是呆呆地围坐在一起。

同伴存在的意义

我们了解了失控的情感传染和集体歇斯底里，不过，同样清楚的是，街道上很少充斥着疯狂的舞者，自然界也不会被角马集体晕倒或任何类似的问题所困扰。除了我所列举的这些轶事外，类似的例子少之又少。尽管许多社会动物能感受到群体中其他成员的痛苦或恐惧，但不会升级到失控状态。

有趣的是，这表明有某种东西可以抑制恐惧情绪的传染。我们将这种东西称为社会缓冲（social buffering），它对社会动物非常重要。简单来说，社会动物受益于其他同类的安抚。在这种作用下，焦虑和压力有时会大大缓解，最初感到紧张的个体也能更快地恢复过来。对老鼠来说，近距离的接触从儿时起就是常态。出生时，没有毛发且毫无抵抗力的幼崽就会挤在妈妈的身边取暖。即使离开了巢穴，社区中其他老鼠的存在也能缓冲它们对这个世界的顾虑和担忧。虽然孤独的老鼠和陌生鼠待在一起也能获得一些好处，但是，这种好处在老朋友之间效果最为显著。与其说老鼠会找最亲密的伙伴使自己平静下来，毋宁说，它们是寻找那些最能够使自己平静下来的老鼠作为亲密的伙伴。这个差异很微妙，但可能十分重要；它很可能塑造了包括人类在内的所有社会动物的关系网络。除了在热闹的鼠群中，身边能够见到、听到和触摸到同类以外，即使是闻到无忧无虑的密友身上的气味，也能让一只躁动的啮齿动物平静下来。我们知道，在老鼠那里，这些社会刺激能抑制大脑中能触发恐惧反应的区域的活动，因此，我们谈论的社会缓冲并非一种玄乎的平静感和幸福感，而是一种对动物的生理机能和思维方式所产生的直接影响。

社会缓冲在人类社会中也发挥着重要作用。从婴儿到儿童的阶段，父母（尤其是母亲）的存在使他们大脑中的压力得到释放。有趣的是，尽管奶嘴或洋娃娃也能安抚婴儿，但这些东西并不能像妈妈的陪伴那样平息婴儿大脑中的焦虑。随着年龄的增长，我们的同伴越来越多地承担起这一工作。这并不能简单地理解为，朋友从父母那里接过了社会缓冲的任务。相反，孩子在早年形成的对父母的依恋，为他们建立亲密友谊的能力奠定了基础，因此当他们长大成人时，他们可以借助社会缓冲释放压力。

特里尔社会压力测试（Trier Social Stress Test）是心理学家最喜欢的焦虑测试之一。这个测试要求被试者为一位听众准备一个简短的演讲，然后再做一些心算。这些任务能够可靠并持续地制造压力（因为你不是一个人，有听众在），这正是该测试的长处。我们可以通过测量被试者唾液中的皮质醇水平以及心率来了解测试过程中被试者受到的影响，这两者都能显示焦虑的程度。接着，我们就可以在测试中看看父母、朋友或伴侣是如何缓冲压力的。测试表明，父母在场能缓解孩子的紧张，这种影响一直能延续到（有时能超出）青春期。朋友在场的情况会复杂些，它可以起到双向的作用，尤其是对青少年而言。密友可能会减少年轻人的压力，但对某些被试者而言，有朋友在场则会增加压力。青少年的日子着实不好过。成年人的情况要稳定些，不过，两性之间存在一些奇怪的差异，这些差异尚未得到充分的解释。异性恋男性在准备特里尔测试时，似乎能从他们的女性伴侣那里得到巨大的压力缓冲，远超异性恋女性从她们的男性伴侣那获得的。这可能是因为，女性通常会在这种情况下支持她们的男性伴侣，而一些男性则设法（即使不是故意的）削弱他们的女性伴侣的信心。这可能与两性在准备测试时的互动方式有关，尤其是在应对即将到来的任务时。在另一项对女性进行的不同测试中，当她们与伴侣牵着手或者只是被伴侣默默抚摸时，女性的焦虑程度都会显著下降。由此来看，也许对男性来说，要做的就是闭上嘴，在那儿待着就行。在我们将这些现象联系起来并获得真正的理解之前，这类研究还有很长的路要走，不过，对老鼠的研究再一次为理解社会动物的行为提供了基础。

　　如果焦虑和平静都可以相互传递，不难想象这两股力量之间会有一场拉锯战。红方阵营的老鼠，正在发出各种各样引起恐惧的信号。蓝方阵营的老鼠，则平静地散发着令人安心的气味。谁会赢？是平静的老鼠受惊害怕起来，还是受到惊吓的老鼠镇静下来？这是一个微妙的平衡。要知道，老鼠是复杂的生物，而非每次都能给出一致答案的小程序，世界上找不出两只相同的老鼠。比起形单影只的时候，有压力的老鼠在有同伴时会变得更冷静。反过来，尽管压力大的老鼠可能会发出焦虑的信号，但它的存在本身就是平静老鼠的社会缓冲器。即便如此，这只原本平静的老鼠也会有些焦虑：另一只老鼠的紧张告诉它要警惕起来。如果这只老鼠对同伴发出的危险信号无动于衷，那么，它早晚会因这冷静而丧命。最终，这条传播链中的恐惧情绪会逐渐被其他老鼠的存在所抑制和缓冲，但并不会完全消失。这也是为什么鼠群的警惕性会提高，却不会陷入大规模的恐慌。

老鼠受益于同类提供的社会支持，但我们与老鼠的互动却很难这样说。还记得在我十几岁的时候，我家的室外小屋爆发了一场鼠患。光天化日之下，有只老鼠静静地坐在屋顶上梳理自己。我爸抓起一把大锤，试图偷偷靠近它。对这只老鼠来说，唯一真正的危险是，如果它笑得太厉害有可能会窒息。随着这位伟大猎人的靠近，这位准受害者若无其事地完成了它的日常清理，然后溜达着去警告其他老鼠，说它看到了一个傻瓜。我爸当然不是傻瓜，我只是把这话代入老鼠口中。其实，他看到老鼠时的反应很常见。考虑到它们造成的损害和传播的疾病，人们对老鼠的强烈反应可以理解。然而，即使不情愿，我想我们也不得不佩服它们。它们聪明，富有创新精神，彼此合作。这些我早已经知道，但必须承认，最近的一些研究甚至让我对老鼠有了全新的认知。

老鼠能共情

想象一下，在一个凄凉的雨天，你坐在家里向窗外远眺。你看到外面有个人淋成了落汤鸡。你会怎么做？邀请他进屋烘干衣服顺便避雨？可能有些人会，而其他人只是拉上窗帘，开始看书、打游戏，或进行任何能在雨天消遣时间的娱乐项目。

研究证明，老鼠会"开门"。最近，在一项实验中，成对的老鼠被安置在相邻的房间里。一个房间干燥舒适，另一个则潮湿不适。虽然老鼠会游泳，但它们可不大愿意游泳。两个房间由一扇门连通，这扇门只有干燥房间里的老鼠才能打开。这样一来，如果一只老鼠浑身湿漉漉的，那么另一只干燥的老鼠需要做出决定——是否打开门让另一只进来？实验中的干燥老鼠确实会开门，而且，如果它们自己经历过这种痛苦，会更快地开门。这似乎表明，它们能够识别另一只老鼠的不适，并会很快伸出援手，帮助"落汤鼠"。在类似的实验设置下，如果两个房间都是干燥的，老鼠就不会开门。也就是说，它们让邻居进门的动机是基于对方的需要，而不是自己想要陪伴的愿望。

在另一个实验中，老鼠要面对的是另一只被捕获的老鼠。它们可以选择是否解救这只老鼠。结果表明，绝大多数的老鼠选择解救。为什么？如果捕鼠器上没有老鼠的话，它们就不会行动，所以，这并非无意摆弄设备造成的结果。相反，它们似乎意识到了这只被困老鼠的处境，并决定帮它一把。共情——这种识别他人情绪状态的能力——通常被认为是人类的特质，但老鼠也能共情？肮脏的、偷鸡摸狗的、愚蠢的老鼠？没错，它们确实具备这种能力。事实上，它们是如此坚决地要帮助这只受困的啮齿动物，以至于放弃了吃巧克力的机会，而巧克力可是老鼠的最爱。

这些研究引发许多争议和批评，特别是，将老鼠开门或解救被困的老鼠的动机，解释为看到了他者的痛苦这一点。对此，一个更简单的解释是，帮忙的动机是想和另一只老鼠玩耍，这种解释表明老鼠的动机完全是自私的。要深入动物的内心，解开它们究竟为何做某事的谜团，将是一个巨大的挑战。共情的问题很重要，因为它揭示了我们的进化起源。它可以告诉我们人性、社会的根基。这才是重点，此外，如果着眼于压力如何影响这种利他的行为，我们也能有所收获。

社会动物就是这样相互帮助并利用社会缓冲来对抗日常压力的。虽然我们已习惯于用负面的词来形容压力，但实际上，适量的压力也有益处。当我走进演讲厅，希望用令人眼花缭乱的生物奇观吸引学生时，少量的肾上腺素能帮我做得更好。但这肾上腺素要是太多了，或者压力要是太大了，我就会像几年前第一次讲课时那样，结结巴巴说不出话，思考也陷入死胡同；压力要是太小了，我会讲得索然无味，无法吸引听众。这就要求压力得恰到好处，使我发挥到最佳状态。从政客到运动员，无数的公众人物都讲过类似的道理。那么，这和动物社会的运作有什么关系呢？事实证明，适度的压力可以促使老鼠好好表现，这使它们表现友好、分享资源，并以此寻找伙伴，建立更稳固的关系，同时也变得更愿意提供帮助。相比之下，完全平静、没有压力的老鼠则不那么积极地投身到这样的社会生活中——它们不需要社会支持来缓冲焦虑。出于不同的原因，高度紧张的老鼠也不会积极投入社会生活之中。巨大的动荡或严重的威胁可能会导致它们缩回自己的内心世界。它们难以在老鼠网络中建立和维持社会关系，因而变得孤立，并表现出类似于人类的抑郁症，甚至创伤后应激障碍的症状。虽然我们必须谨慎地对待从老鼠推断到人类的跨物种推论，但是压力大的老鼠和压力大的人类在基本的生理层面上有许多重叠之处。虽然压力大对人类有害并不是什么新闻，但知道老鼠也易受其影响，倒可能会让人感到惊讶。要是试图用药物把压力从我们的生活中彻底清除，可能会对我们这些社会动物产生不利影响。在这个领域和许多其他领域的研究中，老鼠都提供了惊人的洞见。也许，有没有可能，当我们看到这些复杂又讨厌的生物时，我们不应该再不自觉地立刻拿起大锤。

脸庞光滑的老鼠

沐浴在大自然的光辉下，你我的所思所感，大概都能被查尔斯·达尔文的不朽名句完美捕捉："无尽的形式，何等美丽又何等奇异！"不过，虽然有无数的生物能够将人类的灵感升华为诗歌，但也有相当一部分生物并

裸鼹鼠

未使我们那样心动。其中，有一种动物脱颖而出，以其纯粹的恐怖而闻名。那就是裸鼹鼠，它们是褐鼠的远亲。有位研究员曾向我这样描述这种动物：像是长着牙齿的阴茎。当我在德国西部的一所大学里第一次亲眼见到这些老鼠时，倒没觉得像；然而，一旦有了这个想法……接着，我看着这些龇牙咧嘴的"小阴茎"在它们的栖息地里四处乱窜，同时又被它们奇异的外表所震惊和吸引。它们不仅外表丑陋，据说，体型大的裸鼹鼠还可能造成严重的破坏：那龅牙显然能一下子把胡萝卜咬成两半。不论真假，无须犹豫拒绝抚摸这样一种生物，这绝不是一种你想要抱在膝上逗弄的动物。

裸鼹鼠可能是生物学目录中最让人想"左滑忽略"的动物，不过，"情人眼里出西施"，对研究它们的科学家来说，裸鼹鼠也有很多值得钦佩的地方。比如，它们可以活到30多岁——相比之下，褐鼠体型虽大，但通常只能活一年左右。裸鼹鼠还可以在（低于人类生存水平的）低氧环境下生存，它们几乎对癌症完全免疫，而且皮肤不会有痛感。它们有许多非凡之处，一旦我们忽略掉那令人绝望的糟糕外表，就能从中学到无数的东西。尤其是裸鼹鼠体内可以抑制癌细胞的透明质酸，在人类医学领域很有潜力。说了这么多，让行为学家最感兴趣的地方，还是裸鼹鼠的生活方式。

在东非干燥的土壤下，遍布着精巧的洞穴，裸鼹鼠群以不同于哺乳动物的方式生活其中。裸鼹鼠借鉴了社会性昆虫的经验，采纳了它们的成功之道。和蚂蚁、蜜蜂及白蚁一样，鼹鼠是真社会性的（eusocial）——群体是社会组织的顶峰。它们的领地里只有一位母亲，那就是鼠后，只有她拥有生育的权力。鼠后有少数精挑细选而来的雄性配偶，除了这些"吃软饭"的以外，其余的鼹鼠（可能有上百只）都是不育的"打工仔"。鼠后是群体的统治者，不育是一种强加给工鼠的控制手段。如果让工鼠脱离鼠后的压迫，它们就能进行繁殖，不过，很少有工鼠能在她的封建统治下逃脱。体型较小的工鼠负责养家糊口，它们要在迷宫般的隧道中寻找树根和块茎，体型较大的工鼠则负责保卫家园。洞穴的中心是一个专供睡眠的穴室，所有的鼹鼠在经过一天或一夜（这在地下似乎没有区别）的辛苦劳作后，都会聚集在这里睡觉。所有的啮齿动物挤在这个公共卧室里，不分出身、等级和年龄。此外，它们还有一个食物储藏室和一个厕所。储藏室和厕所有相当多的重叠部分，因为鼹鼠是粪便爱好者。幼崽一旦断奶就会以粪便为食，工鼠也常大快朵颐。尽管这不是一种雅观的饮食方式，但这种吃了又吃的方法非常有效地确保了物尽其用。不仅如此，通过食用浸透了鼠后荷尔蒙的排泄物，工鼠会受到雌激素的刺激，这促使它们更好地扮演鼠后幼崽的代理父母。

尽管在同一个洞穴里与同一群动物生活几十年可能会让人感到安心，但还是有一小部分裸鼹鼠梦想着诗和远方。它们这样做也有益处，毕竟，无休止的近亲繁殖在遗传上可能造成极端的惩罚。尽管这些"离群者"很早就向往流浪，但它们仍然行事懒散地待在自己的出生地。它们不参与裸鼹鼠繁忙的事务，逃掉轮班，刻意偷懒、囤积脂肪，为日后的大逃亡做足准备。

然而，地面上的世界充满了危险，有许多食肉动物饥不择食，甚至会捕食鼹鼠。这些裸鼹鼠到达另一个聚居地并推翻原有政权，或者建立自己的聚居地自立为王的概率很小。尽管如此，仍有一些成功案例：一旦摆脱了鼠后的控制，它们便可以恢复生育能力，最终发育成熟。有时候，一小群裸鼹鼠会结伴离开；有些时候，则是独自踏上征程。它会挖一个小洞，在洞口周围撒上粪便——给下一位冒险者留下"来找我吧"的信息。通过这种非正统的方式，裸鼹鼠扩散到新的领地。

　　生活中的挑战往往有许多可能的答案。褐鼠把家安在我们身边，同时，这些弱小动物与其他同类保持紧密联系，以缓解每天要面临的压力。裸鼹鼠的社会性更进一步，它们牺牲了一些个性，将自己的命运与群体的命运紧密交织。虽然这两者都不太可能赢得人类的喜爱和认可，但它们都是不可思议的、成功的社会动物。

第 **6** 章

跟随兽群

Following the Herd

. . .

动物之间的亲密关系提供了移情的基础。

在农场

在我十几岁的时候，全家从城里搬到了乡下。这是个好消息，因为这意味着我能够观察到更多的生物。此外，由于四周被农田环绕，我也沉浸在一些不同于城市的复杂"香味"中。也许你会喜欢，但不管怎么说，因为住在农场旁边，其中的大部分味道其实都有些糟糕。其实，我也没有特别关注那些散发出糟糕味道的农场动物，因为很多时候我都处于沮丧的状态——当我和朋友们在田野上踢球时，不论我踢出的凌空抽射有多完美，那球要么陷在牛粪中，要么弹到羊粪上。动物们漠然地看着我那不堪造就的体育事业，事实上它们似乎对任何事情都漠不关心。即使对像我这样的动物爱好者来说，它们似乎也并不是什么令人感兴趣的研究对象。然而，随着时间的推移，我逐渐发现它们行为中的微妙之处。正是由于最初随意的评价，导致我忽视了这些细节。它们绝对不是只会移动但毫无感情的肉块，而是有着各自的个性与怪癖。事情总是这样——你了解得越多，就越会欣赏。

现在让我们从头开始。一切要从最后一个冰河时代过后讲起，那时的人类完成了从狩猎采集者到牧民和农民的转变。这场农业革命（又称新石器革命）非常关键。关于人类首次出现的时间，有相当多的争论，一个合理的估计是在30万年前。然而，直到大约1.2万年前，我们的祖先才开始利用自然，自己动手种植农作物，饲养动物。人类的生活方式也随之改变。人们逐渐放弃了游牧的生活方式，定居下来，建造固定的住所。人们播种、收割并放牧。之后，当人类开始在更大、更集中的聚居地生活时，我们的社会也发生了转变。

全世界大约有30种主要的家养哺乳动物，或者说畜禽。这些畜禽都是群居动物，它们都展现出了社会行为。这并非偶然。事实上，这是一个先决条件。达尔文在一个半世纪前就认识到了这一点："一般来说，完全的驯化取决于这种动物是否具有社会性，以及是否接受人类作为牧群或族群的首领。"生活在大族群中的动物容易被驯化，因为它们总是聚在一起行动，这也意味着它能被放牧。新石器革命的爆发中心在所谓的"新月沃土"（Fertile Crescent），这是一片形似弯月的区域：从尼罗河河岸延伸到地中海，再沿着地中海的海岸一直延伸到现在的土耳其，接着向南弯曲，沿着两河流域（底格里斯河与幼发拉底河）直至波斯湾。这片新月沃土是人类文明的摇篮，人类历史上最伟大的转变就发生在这里。肥沃的土壤与适宜的气候保证了农作物的丰收，牧草繁盛也利于驯养动物。

在10 000~12 000年前的"新月沃土"地区，人类首次完成了"四大家畜"的驯化。现代绵羊源自今伊拉克地区的亚洲摩弗伦羊。在同一地区，驯化的还有野山羊、野猪和原牛。令人震惊的是，有DNA证据表明，家牛起源于一个仅有80头的野生原牛的种群。其他种类的牛，如瘤牛（其牛峰和垂耳极具特色），则是由来自世界不同地区的原牛驯化而来。虽然牛经过了广泛传播和不断杂交，但是，世界上的数十亿头牛绝大多数都可以追溯到"新月沃土"上最初的80头野生原牛。早期的农民只能选择和附近的动物一起干活，若是当地的动物群有所不同，或者新石器革命发生在地球上的另一个地方，天晓得我们现在会有哪些牲畜？

家牛与原牛

早期农民慢慢从这个农业中心地带向外扩散，他们带着这些牲畜同行。通常，在我们的印象中，畜牧养殖就是用围栏或围墙把动物关起来，但那是现代以来才有的发明。从农业史的大部分时间来看，将牲畜养在一起一直是项挑战，不过，牧羊人和牧牛人也确实做到了。此外，没有围栏还意味着，当家畜和它们的野生同类相遇时，野生动物可能会被纳入畜群并杂交繁殖。在17世纪早期，野生原牛（所有家牛的祖先）就灭绝了，最后一头公原牛的角被用来制作波兰国王西吉斯蒙德三世的酒具，至此，高贵的猛兽沦为了新奇的餐具。不过，野生原牛以另一种方式继续存活——现代家牛一直延续着它们的基因。这一点在不列颠群岛尤其明显，对那里的牛群的DNA分析表明，直到中世纪，当地的野生原牛与其家养同类始终保持着特别友好的关系。有人因此受到鼓舞，希望通过野化家牛让原牛重现，从而恢复这一欧洲的生物遗产。更确切地说，他们是要培育一种类似于原牛的动物；但是，想把现存的DNA片段拼凑起来，创造出完全符合某种灭绝动物特征的复制品是不可能的。这背后的动机，一是恢复欧洲部分地区的自然生态，二是重建历史生态系统。原牛曾是其中的重要组成部分，它们的活动能够塑造地形地貌。在无人管理的栖息地中，大型食草动物能控制树木的生长；如果没有这些动物，这块区域最终只能是单一的林地。有了"原牛2.0"的加入，就有可能培育出一片真实自然且林草交错的野地。想法大概就是这样。荷兰、德国和匈牙利已展开这一项目，人们在废弃的农田上努力重建着欧洲的荒野。

在牛和其他动物被人类驯养之前，它们都被当作野生动物来猎杀，因此，它们很可能天然地反感人类。从猎杀到驯化，其中的细节与详细过程只能依靠推测。一个合理的假设是，从狩猎到农业的转变始于猎人策略的改变：为了维持供应，需要确保其他食肉动物难以抢走猎人看准的食物。随着时间的推移，人们逐渐开始控制动物的去向，直到最终把它们赶到了一起。这听起来很简单，但不论过去还是现在，野生动物都不太可能天真无邪地迎接猎人的到来。从一注意到猎人磨尖的长矛就受惊逃跑的敏感动物，到现代农场中顺从而随和的动物"居民"，这种转变绝非一朝一夕。此外，像原牛或野猪这样的动物，都不是好惹的小角色。原牛体型庞大，其高度足以直视高个子人类的眼睛，还长着超过一米的恐怖牛角。尤利乌斯·恺撒（Julius Caesar）在他关于高卢战争的描述中，曾对原牛赞叹不已："它们拥有非凡的力量和速度；它们不会放过任何一个进入视线的动物，不管是人类还是其他野兽。"不同野兽的温顺程度和被驯服的倾向各不相同，对其中最温顺的动物来说，如果一定要改变生活方式，驯养可能是最容易接受的。即使到了今天，碰到难以对付且好斗的动物，人类一般都会优先选择宰杀。基于对遗传学的现代理解，很容易看出顺从的行为是如何传递下来的，但对古代的人们来说，他们似乎并不清楚其中的玄机。尽管如此，在未经计划的前提下，早期农民对特定动物的偏爱或淘汰，逐渐造就了更顺从、更易于管理的牲畜。

　　尽管通过精心的品系选育来培育出特定品种的历史相当短暂，但数千年的驯化已经使家畜的行为发生了实质性的变化。与它们的野生祖先相比，如今的家畜更驯服，不那么活泼，也不那么好斗。它们的大脑体积也变得更小：实际上，大多数家畜的脑容量都比它们的祖先少了三分之一。与体型相当的其他哺乳动物相比，牛的脑容量只有它们的一半左右大小，猪的脑容量甚至还要更小些。这是否意味着，我们把它们培养成了愚蠢的动物？先别着急下结论。一方面，我们尽可能地将它们培育得肥肥壮壮，这改变了大脑和躯体的比例。山羊和绵羊没有经历这种激烈的肉质筛选（它们的肉不多），所以，它们的大脑与躯体的比例变化不大。另一方面，我们如今常在阴暗而缺乏刺激的工业化条件下饲养动物。以这种方式饲养的动物，其大脑在体积或复杂程度上，都比不上那些在丰富且复杂的环境中饲养的同类。然而，家畜并不愚蠢，尽管在享用它们时，我们总喜欢这样安慰自己。

能区分同伴面孔的牛

几年前，物理学家尼尔·德葛拉斯·泰森（Neil deGrasse Tyson）在社交媒体上写了一句话，说出了许多人对牛的看法："牛是人类发明的一种生物机器，它们可以把草变成牛排。"这是一个相当直白的表述，而且可以预见其引起的大量反对意见；然而，不得不承认的是，赞同的声音也有不少。问题是，他说得对吗？某种程度上，他说的确实是对的。这句话的逻辑没有问题，问题在于它所表达的还原论。通过这句话，他将一种有生命、有感知力的动物还原为一个机器。如果只是对牛漠不关心的话，尽管这样说显得有些冷漠，但也可以理解；然而，我们没有理由断言它们就是一种愚蠢的、无痛的机器。

举例来说，牛能够识别彼此。作为群体的一部分，它们需要发展和维持各种关系，这些都有赖于识别能力；因此，牛能够区分彼此也就不足为奇了。但令人惊讶的是，奶牛可以通过其他牛的面部肖像画（一个简单的二维图像）进行识别。虽然对我们来说，面部识别是一件很自然的事情，但这种能力并不简单。我们对人脸的感知会因环境（视角、光线、是否移动）和面部表情而变化，我们的大脑也不会存储静态不动的面部图像（这就是为什么如果试图在脑海中想象某人的脸，大多数人只会想出一些相当模糊的画面）。尽管如此，当你在人群中看到好朋友的脸时，你仍可以立即认出来。我们是如何做到的？人类大脑中有专门负责面部识别的区域。在这些区域中，脑细胞分工合作，致力于关注面部的不同属性。例如，一些细胞专注于鼻子的大小和相对位置，另一些细胞专注于嘴唇的形状，而更多的细胞则专注于眼距，等等。从本质上讲，你记住的并非一张完整的面部图像，而是脸的各个部分。对你看到的每一个人的脸，大脑的各部分都会分工协作，将其识别为由一系列面部特征组合而成的马赛克。更有趣的是，通过研究灵长类动物识别面孔时大脑细胞的详细的激活模式，科学家们现在能够构建它们所看到的人脸图像。

这一切都说明，面部识别是一项复杂的技术，但奶牛可以通过图片识别彼此。此外，它们还能区分不同的人，哪怕这些人穿着相同。它们爱恨分明，既能记认那些待它们不好的人，也不会混淆那些带着美味佳肴来"送礼"的人。不只是奶牛，绵羊也可以，甚至它们看起来比牛更加擅长这件事。绵羊可以通过面部识别认出羊群中至少50个同伴，甚至在分离两年后，依然能够很好地回忆起这些面孔。此外，当它们感到不安时（比如被单独隔离时），若看到一张熟悉的面孔，它们就能平静下来——心率减慢，血液中的应激激素水平降低。同奶牛一样，绵羊也可以通过我们的"大头照"区分不同的人。有趣的是，它们还能从一排"嫌疑人"中挑出自己的熟人。当然，比起识别人类，牛羊在识别同类方面更强（它们的大脑就是这样发育的），但上述事实无不表明，它们远非许多人认为的那样愚蠢。

牛的智力测试

图像识别的能力，让我们联想到了所谓的社会认知；对牛羊来说，社会认知在兽群中起到了确定自身位置的作用。智力也可以体现在个体与环境的联系中，以及识别周围道路的能力上。在野外，动物需要知道如何寻找食物和水源，以及在受到威胁时可以去哪里寻求庇护。你可能会说，田野里的牛不需要知道草在哪里，因为它就站在草地上，它也不需要知道哪里可以遮蔽，因为农民会把它带到那里。这么说是没错，只是，数百万年的演化成果并没有因为几千年的驯养而完全消失，尤其是考虑到现代牛在栅栏和田地里的生活方式只在最近几个世纪才出现。

我们可以用迷宫测试空间学习的能力。迷宫的制订有一系列标准方

奶牛

法，我们可以根据动物的体型大小来设置不同的任务，这样就能在不同物种之间进行比较。首先，动物们都明白，通关迷宫就能得到丰厚的奖励（比如一桶好吃的牛饲料）。困难的地方在于，它们需要学习的迷宫配置有12种之多。测试开始后，它们会被随机分配到其中一个；为了获得奖励，它们不仅要记住每个迷宫的通关方法，还必须在面对特定的迷宫时能够回想起来。结果表明，在应对这种需要"缜密心思"的任务上，奶牛相当能干；在某项测试中，它们甚至比老鼠和家猫做得还要好。所以说，这可比一台纯粹的生物机器要厉害多了。

或许，泰森的话并不是在影射奶牛的智力低下。他可能想说，这些牲畜总是面无表情，看起来很呆滞。乍看之下，牛的确不怎么展现情绪，这也使得我们难以识别它们的感受。其实，许多其他的动物在不断的威胁下都会进化出这一特征。以人类社会为例，有一种说法是，第一次进监狱的人不能表现出软弱，否则很容易成为攻击目标。即使过了这一时期，囚犯们通常也不会摘下这"面具"，他们会时刻注意隐藏内心的真实情感。这与被掠食者的伪装类似。痛苦或脆弱的表情就像是一个信号，为掠食者标记出那些容易得手的猎物。牲畜的祖先，比如原牛，总需要与一些食肉动物共享栖息地。任何大惊小怪的动作都会引来掠食者的注意。因而，这些动物通过一代代的努力，在基因上逐渐掩盖了这个弱点。牛在表达情感方面很"英式克制"，它们在面对苦难时表现得坚忍不拔。尽管如此，一个敏锐的观察者还是会注意到一些"小细节"：它们的耳朵和尾巴会露出马脚，眼睛也一样，眼白越多，意味着越痛苦。

牛犊和母牛

正如本书提到的其他动物一样，母亲与后代的关系对牛来说也是至关重要的。对野生的，或至少是半野生的小牛犊来说，它们大约在6个月（或更晚一些）的时候断奶。然而，至少在长到一岁大以前，母牛和牛犊都会保持亲密的关系。在乳制品产业中，通常的做法是在小牛出生的一天之内，就把它们从母亲身边带走，有时还会养在单独的围栏里。这并非没来由的残忍，若将牛犊和母牛养在一起，就会损失母牛的产奶量，所以必须将它们母子分离。由于牛奶价格低得离谱，奶农们被迫在各个环节尽量削减成本。当瓶装水的价格比牛奶还要高时，一定是哪里出了问题。

母牛和牛犊的分离对双方都会造成影响。如果分隔开之后它们仍能够听到彼此的声音，它们就会隔着围栏互相呼唤；这样一来，双方血液中的应激激素都会增加。失去了小牛犊，母牛似乎会通过摩擦物体来转移焦虑；与此同时，小牛的生长速度也会减缓。此外，隔离饲养的环境，使得小牛犊在以后的生活中也很难形成良好的社会关系：它们难以应对压力，往往变得更容易激动和好斗。这就是奶牛场的公牛比肉牛更加危险的一个原因。倘若将孤儿们养在一起，它们会表现得好一些。不过，同伴有时会被当作母亲的替代品，小牛之间会互相吮吸以获得些许安慰，但这反过来可能会导致糟糕的感染和脓肿。现代乳制品工业的集约化满足了农民的需求，但动物所付出的代价却是高昂的。

也有一些解决方案。在保持产奶量和动物福利之间的一个折中方案是让母牛和小牛每天都有一段时间能够接触。但这不是没有成本的，问题的关键就在于：作为消费者，你是否愿意以更高的价格购买牛奶？

牛群的生活

也许大多数人只是在开车路过田野时从车窗里远眺过成群的奶牛。仓促一瞥，你可能会觉得没什么特别之处。所见的不过是一群大型动物散布在田野上，专注于脚下无尽的草原，在迈步与咀嚼的单调循环中，只有放屁和排泄作为插曲稍显生动。农场上的牲畜都注重保存能量，若非必要，它们只是沉着漫步，不会打闹嬉戏。

长期的观察还揭示出一个更加微妙的事实。首先，牛本质上是社会动物。在自然状态下，牛会很自然地形成牛群，其结构在放牧动物中相当典型。牛群的核心是母牛和小牛，成年公牛要么独自生活，要么组成小型单身群体。在农场里，人们往往会根据性别划分牛群。在这些同性的群体中，也发展出了从属关系和等级制度。年幼的小牛和同龄伙伴一起玩耍，它们的妈妈通常会在一旁照看；不过，倘若母牛发现了味美多汁的苜蓿，看护的工作有时也会交给"临时保姆"或"看护牛"。

在出生后最初的几个月里，这群小牛就会彼此建立关系，并决出谁是老大。一旦完成排序，它们通常余生都会保持这一等级秩序。它们尊敬长辈——哪怕是瘦弱的成年奶牛，同时，它们也喜欢对小辈颐指气使。在更大的牛群中，这个小团体将发展为莫逆之交，作为彼此最坚强的后盾。它们不一定会走得太远，部分是因为它们总是被出生地——也就是母牛养育它们的栖息地吸引。因此，在大型养牛场里，由于地理和友谊的缘故，小团体始终会聚在一起。

牛是守旧的，上了年纪的牛不会喜欢惊喜。它们是循规蹈矩的生物，不喜欢新鲜事物，不论是环境中的新事物，还是牛群中的新生儿。如果让它们在老伙伴和新朋友之间做出选择，它们总会选择前者。在一个由成年奶牛组成的牛群中，要引入新成员可不是一件易事。年纪越大的牛就越固执。许多动物都有这个毛病，包括我们人类在内：年轻人总是勇于尝试新事物，年纪大了之后就变得不愿意改变。走上一片田野，你就能亲眼见证这一点。成年奶牛往往不会和你接触，但是年幼的小奶牛常常会围着你转；它们似乎在看你是否敢靠近，还会用舌头来试探你。

和其他社会动物一样，牛也会开展合作。它们对恐惧十分敏感。一头焦虑的奶牛甚至不需要在场，它留下的气味就足以让其他奶牛紧张不安。正如安慰老鼠的"软垫"那样，能够对付这种焦虑的正是社会缓冲。紧张不安的牛会找更平静的牛以获得安慰，尤其是那些与之关系密切的老伙计。它们会互相梳理毛发，互相用舌头在头部和颈部周围按摩；这会让它们的心率减慢，逐渐放松下来。与牛群密切相处的人也会成为这个社会环境的一部分，因而奶牛也能感受到他们的情绪。一般来说，心态平和的农民拥有温顺的牛群，而脾气暴躁的农民则会收获易受惊吓的牛群。

我想，大多数人对牲畜的印象，与我刚搬到农村时的印象差不多。他们会认同泰森写的话。对许多人来说，牲畜就像是农场上的一件家具，它们具备功能但缺乏趣味，拥有生命却没有感情。不像其他的家养动物，我们并没有与它们发展出亲密的关系；不过，这也使得我们在食用它们的时候，没有什么心理负担。我们很少会考虑它们的感受，（如果我们真的会考虑的话）我们也无法想象，一万年前的人类在还没有牛、羊或猪这些牲畜的时候过的是怎样的日子。人类的文明，不仅建立在人类自身的社会性之上，一路上驯养的这些社会动物也作出了不小的贡献。作为一个文明人，一旦认识到这些动物并不愚蠢，那么至少应该给予它们应得的尊重。

厚皮动物的游行

伟大的哲学家阿甘说过："生活就像一盒巧克力，你永远不知道下一颗是什么滋味。"当你行驶在非洲的灌木丛中，情况也是如此。找上一位当地向导，我们驾驶着一辆破卡车展开了冒险。卡车爬上山脊时，道路前方赫然出现一头公象。这头大象僵硬地转过身来，扇动着它的大耳朵向我们走来，简直像是一辆愤怒的灰色大卡车。显然，它不欢迎访客。走着走着，它又加快了步伐，迈开笨拙的腿奔来，我们之间的距离也迅速缩短。尽管大象经常会做出假装攻击的动作，但可从来没有假装碾压这回事，所以，司机费劲地把这老旧的变速箱压到了倒挡。伴随着引擎的尖叫声，我们以略微超过大象的速度向后退去。大象见状心满意足，它放慢速度并停了下来，开始在路中央洗起了尘浴。它丝毫没有表现出让我们通过的意愿，所以，在这被迫的等待中——司机称之为"非洲的交通堵塞"——我们干脆坐在远处静静观察这位"路霸"。

我们对大象并不陌生，大象是世界上许多地方的文化象征，常在银幕上出尽风头，也是动物园中的明星。但是，这和第一次在野外遇到大象是两码事。相比那些困在铁栏杆后的同胞，野外的公象在体型和其未表现出来的力量上都更加强大、更令人敬畏也更令人激动。这里是它的主场。我们只能按照它的要求等待，看着它在自己身上洒满赭色的尘土，同时发出

非洲大象

低沉的吼声，这声音仿佛在我的骨骼间回荡。我完全忘记了时间的流逝，惊讶于竟有此殊荣能够与这件大自然的杰作近距离接触。终于，它似乎是在微风中嗅到了什么，把头侧向一边，走开了。难以置信的是，像它这种体型，也会消失在金合欢灌木丛中。它看起来个头儿很大，但是从獠牙的长度和活泼的步伐来看，可能还是个年轻的小家伙。据说，古代巨型长牙象可以达到10吨之重，可能有刚才那头公象的两倍大；它们因为象牙需求的迅速增长而灭绝了。大象是如此非凡的生物，但任何人都可以抹杀这些活生生的奇迹，将其制作成毫无意义的小饰品，这又是多么地荒谬。在我看来，这无异于摧毁《蒙娜丽莎》来取得达·芬奇的签名。

当然，罪恶的根源在于金钱。遇到大象的几天后，我与非洲"五巨头"中的另一位有了一次更近距离的接触。非洲"五巨头"最初用来形容5种最有魅力的哺乳动物，它们也是最受猎人追捧的动物：大象、狮子、豹子、水牛和犀牛（此时我正瑟瑟发抖地站在它的身旁）。在陆地哺乳动物中，犀牛的体重仅次于大象。眼前的这头巨兽睡得正熟。在工作人员的怂恿下，我小心翼翼地轻摸了它一下。掌心传来的触感告诉我，这仿佛是一块花岗岩，而不是一个活生生的动物；它身侧的皮肤极其坚硬，这使它对我的触摸毫不在意。这头犀牛很温顺，它年轻的时候遭受过最无情的伤害，在一场打斗中失去了生殖器。经过精心护理，它终于恢复了健康，但人们认为它已经不适合再回到野外。现在，在肯尼亚人想出办法安置它前，这头巨兽将受到24小时的保护。

这头犀牛的围栏入口处有武装警卫在驻守。这说明有谋财害命者认为，这头犀牛死了远比活着有价值。其实，在这个地区，一头犀牛的价格相当于人们年收入的3倍多，而所有这一切都是基于一种荒唐的观念——将犀牛角磨碎入药，再配合其他一些药材，可以让软弱无力的老年男性"重振雄风"。事实上，犀牛角主要由角蛋白构成，与我们的脚趾甲成分一致。然而，有需求就会有市场。当时，犀牛角带来的巨额利润意味着，只要杀死一头犀牛，偷猎者就可以为家人买到保障———一张摆脱农村贫困的通行证。在谴责这种行为的同时，我们或许也能理解其中的动机。由于对犀牛的需求无止境，全球范围内的犀牛数量骤减90%以上，许多曾生活着犀牛的栖息地都已宣告犀牛的灭绝。这种悲惨的遭遇也发生在其他动物身上，比如大象。

走投无路的大象

虽然人们捕猎大象是为了一种不同的商品——象牙，但背后的逻辑是相同的。贪婪、无知和视而不见的致命组合共同把大象推到了枪口之下。

在象牙市场的鼎盛时期，一头大象的原始象牙可能价值10万美金。有钱能使鬼推磨，金钱的力量驱动着杀戮：在20世纪末，平均每天有200头大象被非法猎杀。近年来这个数字有所下降，但这绝不是因为愚蠢的古董爱好者有所醒悟，而是因为在那些防卫最薄弱的偷猎热点地区，已经没有那么多大象了。

这不是小规模的投机行为，而是工业化的大规模杀戮。各个国家的偷猎者携带着大口径武器，在有组织的犯罪网络的支持下，沿着供应链运送血腥的象牙。在遏制令人作呕的象牙贸易方面，进展还十分缓慢，但在过去5年里，象牙的价格已经大幅下跌。随着回报的减少，大象面临的威胁也逐渐减小，但并没有完全消失。要杜绝偷猎活动，人们必须意识到，象牙的价值远不是货币能够衡量的，偷猎是对这一地球上最了不起的动物的迫害和毁灭。

遗憾的是，除了象牙买卖，大象还面临其他威胁。随着人类的扩张，自然土地越来越少，动物的栖息地也随之受到挤压。体型越大的动物越是如此，所以，大象处在这场冲突的前线也就不足为奇了。直觉上，大象的强大是显而易见的。然而，只有当亲眼见证了大象如何扯开一棵大树时，你才真正了解它的力量。人腿粗细的树干被撞得七零八落，大象从树上扯下树枝如同掰花椰菜一般，对它们来说，树枝上的倒刺不过是装饰。食草动物确实没有象群那样大的破坏性，但以我当时所在的肯尼亚中部为例，当象群瞄准农田时，可能也会导致灾难性的后果。农民几乎能在一夜之间失去生计，他们的庄稼或是被践踏，或是被吃光。而一头大象一天就可以吃掉四分之一吨粮食，相当于一公顷田地玉米的产量。面对这种情况，一些农民对大象产生了强烈的厌恶情绪，他们不惜一切保护自己的利益，不论对动物造成什么样的伤害。对一个西方的城市居民来说，谴责这种伤害动物的行为是轻巧的，但你必须站在农民的立场上想想。这是一个至关重要的问题，因为任何保护工作的开展都离不开当地人的支持。这意味着人们必须想办法应对世界上体型最大的"盗贼"。

如果不选择枪击，农民如何才能劝阻一头对玉米有着强烈嗜好的大型动物呢？传统的做法是鼓励大黄蜂和蜜蜂在田边筑巢；这在某种程度上是可行的，因为大象不喜欢这些昆虫。电栅栏也是一种解决方案。可惜，某些地区的大象已经学会如何应对这个麻烦：它们把粗大的树枝扔到篱笆上，踩扁树枝的同时也切断了电路。甚至有一头聪明的大象沿着外围的电线找到了源头，彻底捣毁了电力基站。最近，人们开始利用大象厌恶辣椒的特点想出了一个新方案：将象粪和辣椒混合制成煤球，再用火烤，由此产生的熏臭、辛辣的气味使大象放弃前进，调头离开。这种新方案已取得了一些成果，也不会对大象造成持续的伤害。更有趣的方案是将辣椒粉和鞭炮一起装进避孕套里，然后点燃鞭炮，避孕套爆炸时伴随着辣椒素所带来的炽热感会赶走大象。这种别出心裁的方法对大象产生了一种新的威慑。

最近，我了解到一种利用社会行为来对付大象的新方法。大多数时候，破坏者往往是那些刚开始自立门户的年轻公象，它们需要想尽办法谋生。这些年轻公象很容易受到"盗贼"前辈的影响。不过，任何喜好沃德豪斯（P. G. Wodehouse）著作的人，都不会对下面的场景感到陌生：这些年轻气盛的男士，会因姑妈或者任何一位专横的女家长的斥责而胆怯。同样，一只成年母象的吼声，或许也会让一位勇猛的小"强盗"心生畏惧。我不知道这种做法的效果究竟如何，但这的确是一种非常有趣的化解冲突的方法。如果不能解决大象与农民之间的矛盾，保护大象的努力终将付诸东流。

大象的超级器官

现代大象可被简单地划分为非洲种和亚洲种，但遗传学的发现为我们提供了更丰富的理解。非洲象包含两个不同物种：热带草原象和体型更小的、较不为人所知的森林象。亚洲象的体型与其非洲表亲相比，属于中等身材，而且包含许多亚种。虽然是表亲，但亚洲象和非洲象早在数百万年前就已经有所区别——相比现存的非洲象，亚洲象与已经灭绝的猛犸象的亲缘关系更近。除了巨大的体型，大象还有一个最显著的特征——象鼻，这是由鼻子和上唇连接形成的一种灵巧且多功能的超级器官。象鼻对轻重力量的把控十分精细，它既可以举起重达300千克的小象或树干，也能捡起一块又小又脆的玉米片，还不会将它弄碎。

拥有这样一只大鼻子，大象的嗅觉好也许并不令人吃惊。不过，大象的嗅觉可不仅仅是"好"可以形容的，应该说，大象拥有顶级、一流的嗅觉。它们比其他任何动物都拥有更多的专门负责嗅觉的基因，由这些基因编码的一系列嗅觉传感器使大象能够对所处的化学世界"明察秋毫"。借助嗅觉，大象能够探测到数十千里之外的积水，并且能够对食物来源进行精细到令人难以置信的划分。最近的一项测试证明，大象仅凭气味就能够从两个装葵花子的容器中选出装得更多些的那个。它们也能靠鼻子辨别不同人群。通过识别衣服的气味，大象能够分辨马赛人和坎巴人。这背后的原因是，马赛的青年有时会将猎杀大象作为成年仪式；因此，闻到马赛人的气味后，大象会变得恐惧和好斗。正因大象对气味如此敏感，辣椒粉才成为一种有力的手段，不过，这也暗示了其他阻止大象与农民发生冲突的方法。例如，尽管在农场边界放置蜂箱是一种驱赶动物的普遍做法，但换作蜜蜂的信息素（愤怒的蜜蜂身上的微量化学信号）效果可能更好。

大象也生活在一个关系亲密而持久的社会中，与其他群居动物相比，大象与鲸鱼及类人猿有更多共同之处。大象社会的核心是家族，这个家族通常包含2~20个有血缘关系的母象以及它们的后代。整个族群会一起迁徙，合作寻找食物和水源。这种亲密的社会关系能为那些处在青年时期和老年时期的大象提供帮助。此外，初为人母的大象在抚养小象方面往往有很多东西要学，这时，经验丰富的母象通常会给予指导。虽然象群成员大部分时间都待在一起，但有时候，特别是在旱季，由于缺乏足够的食物，族群会暂时地分散为一个个小群体觅食。当这些大象再次团聚时，它们会举行一场盛况空前、热情洋溢的欢迎仪式：它们会朝对方奔去，发出热情的呼喊，并兴奋地扇动自己的耳朵。作为对动物王国亲密关系的一种印证，这种欢迎仪式无出其右，生动地展示了大象对其社会关系的高度重视。

在各种动物的叫声中，大象的叫声极富表现力。尽管我们对大象的长啸声、吼叫声和低沉的隆隆声已经有了些许的了解，但对于大象的交流过程，还有许多不为人知的谜题直到现在都没有解开。有经验的观察者注意到，即使象群分散在广阔的地区，它们似乎仍能对彼此作出异常敏锐的反应。有时，象群中的一小部分会在途中停下脚步，在沉默中驻足一会儿。到底发生了什么？莫非，它们能通过心灵感应进行交流？在20世纪80年代，由康奈尔大学的凯瑟琳·佩恩（Katharine Payne）领导的研究小组发现，大象是在用次声波交流，这种声音音调非常低，不在人类的听觉范围内。所以，我们眼中沉默的大象实际上在进行着密谈。使用次声波是一种进行远距离沟通的好方法。低频声波的波长足够帮助大象在大范围内传播信号，为分离的大象提供一种奇妙的长途联系方式。在适当的条件下，即使相距10千米，大象也能够相互探测到对方，并在2~3千米的距离内交换更详细的信息。大象发出的次声波不仅能通过空气传播，还能以地震波的形式，穿越地底抵达接收者脚下的土壤。为了聆听这些地震波，大象会安静地站着，用宽大的脚掌，有时还会用敏感的鼻子抵着尘土飞扬的地表，接收来自大地的"呼唤"。这些声波从地面传到它们的身体里，再通过骨骼到达耳朵。就这样，大象接收和传递着信息，不论对方是否为自己最亲近的同伴。这些信息涉及的内容广泛，包括其他大象的行踪与动向，乃至呼叫者的具体身份等。仅通过呼叫声，大象就可以识别多达100头大象。难以想象，大象间的对话在我们还未意识到的时候就这样发生了。

象族女族长

象群由女族长领导建立，能够胜任这一职位的，往往是某只阅历丰富的年长母象。爬升到如此地位，并不是依靠竞争或自荐，而是由家族内其他成员推举。大象是长寿的动物，它们的生命年限与人类相当。在多数情况下，雌性拥有相对稳定的朋友圈，而这种关系固定且亲密。族群中的其他成员对女族长往往十分熟悉，这也正是推举的关键：象群之所以决定追随她，是因为它们明白，在她的领导下，女族长所积累下的知识及良好的判断力有利于整个族群。若是碰上旱季，寻找新鲜的食物和可靠的水源都将事关生死，尤其是对小象来说。象群中所有的成年大象都会出一份力，但主要的负担还是落在女族长的身上。她拥有丰厚的知识储备，包括多年来学习和积累下的知识，以及前几代象的思想遗产，这些知识代代相传形成了一种独特的大象文化。在女族长的引导下，整个象群在能够作为栖息地的几个地区之间长途跋涉，不断造访那些有着干净水源的空地。这么做，既承袭了祖先的传统，又再次将这些线路刻入下一代的记忆之中。

同样地，当小象遭遇危险时，经验丰富的母象总能察觉。比如，相比雌狮，体型庞大而强壮的雄狮更能威胁到小象的安危。女族长对这种风险十分敏感。一旦感觉到雄狮的存在，她就会将"族人"组织成紧密的队形，让小象躲在由成年大象组成的保护带之后，并将象群引到安全的地方。就大象的生命年限而言，一位长寿的女族长可能见证两代象在她的领导下茁壮成长。有无年长母象坐镇，会对小象产生惊人的影响——相比没有"祖母"的家族中的小象，有"祖母"的小象活到成年的可能性要高出8倍。

作为象群的领导，女族长还决定了象群迁移的地点和时间。她会朝着选定的方向发出一阵深沉的吼声，这样一句"我们朝这儿走"的指示，就能发起一次集体行动。如果有没跟上的，她就会停下来等待，还会不断回头查看，并不断发出低沉的声音，鼓励落后者赶上，不要落单。大象社会不是专制社会，承担这一职责的也不会只是女族长，其他大象也会帮着招呼，但她在引导工作方面最为积极。女族长是稳定象群的核心，是将象群凝聚在一起的黏合剂。

然而，我们都知道，即使是女族长也无法避免死亡。随着年龄的增长，个体具备的领导能力却不会自动传递给下一代。这时，象群必须做出选择，只有备受尊敬的大象才能成功继任女族长的职位，再次团结整个象群。这并不总是一帆风顺，失去了女族长后，象群有时会分裂成不同的派系，然后各走各的路。尤其令人遗憾的是，女族长的巨大身形常常使她成为偷猎者的目标。数十年积累的智慧可能会因猎枪瞬间灰飞烟灭，让幸存的象群陷入慌乱与迷茫的荒野。

成百上千的草原大象聚集在一起的壮观景象变得十分罕见，但是，每个家族总会定期聚集在一起，这时，亲缘关系较远的大象就有机会重新建立关系。这是社会裂变和聚合的一个环节，一个种群中的动物聚在一起后，再分裂成大群和子群。虽然家族是大象社会的日常活动单位，但整个宗族都享有共同的基因与文化。

因此，象群之间的关系网远远超出了家族的范围。随着超级象群的解散，象群以家族为单位分开，大象偶尔会更换到别的群体中。比如，一头即将独立的年轻公象可能会离开母亲的陪伴，转而追随新的同伴。又或者，一头母象可能会决定与其他家族的表兄妹取得联系，特别是在她与象群中其他母象的关系逐渐疏远的时候。倘若象群与象群分散到距离很远的地方，它们就无法用次声波进行交流，并可能因此长时间失去联系。尽管大象们分离了，但它们绝不会彼此忘记——大象拥有惊人的记忆力。长期分离后，即使距离上次见面已经过了几十年，久未谋面的大象仍会对彼此的叫声和气味产生剧烈而动人的回应。在一个案例中，通过录音回放一头已离家十二载的母象的叫声，从前的伙伴会展开热闹的问候。在另一个案例中，母亲的气味引发了动物园中已成年大象的激动而明确的回应，而这时它们与母亲分开已经将近30年了。

公象的生活日常

年幼的公象会在母亲和女族长的保护下，与姐妹们生活在一起。然而，随着青少年时期的到来，它们离开家的时间越来越长，直到最终完全离开，独自开启青年生活。刚开始，离开了家庭的支撑，公象会经历一段艰难的时期。年轻的公象虽然体型庞大，但它们需要独自面对的世界危机四伏。在博茨瓦纳的乔贝国家公园就有至少一群狮子专门针对这些庞大的猎物，它们会齐心协力冲向目标。狮子同样面临巨大的风险，但如果成功，回报也会异常丰厚。

人们有时会将成年的公象描述为独行者，社交活动则由母象负责。其实，倘若仔细观察就能发现，公象也会寻找同伴，而且，同雌性一样，它们倾向于与同性亲属建立密切的关系，尤其是那些年龄与自己相仿的亲属。年轻的雄性彼此争斗，这不仅方便据量自身的力量，对于日后争夺统治地位也是至关重要的。比拼结束后，它们又肩并肩联合在一起，共同抵御外来者的威胁。在这些单身汉俱乐部中，年长的雄性在某些方面起到了关键作用，就像族群中的女族长一样。这些有着巨大象鼻的公象出人意料地调皮——甚至，大公象会跪下来用象鼻与年轻公象互搔。不过，公象群并不总是充满活力。尤其到了旱季，在这种环境最恶劣的时候，它们将执行严格的等级制度，在年轻公象们排队取水的情景里，这种制度就显而易见了。它们用大象式敬礼迎接首领：把鼻尖放到它的嘴里，以示顺从。不过，即使有着这种等级制度，但当雄性到达水坑并完成了这套流程之后，它们又变得其乐融融，一边把鼻子搭在彼此的背上，一边拍打巨大的耳朵，就像击掌一样。由雌性领导的象群，在水坑边的行为与之明显不同。这也许是因为有小象的象群需要时刻保持警惕，以免有危险威胁到幼崽；总之，雌性在喝水时要克制得多。

尽管年轻公象之间的互动轻松随意，但随着年龄的增长，慢慢成熟的公象会进入周期性的"双重人格"转换的阶段。即使是最温顺的公象，当它进入发情期的狂暴状态时（体内的睾丸激素猛增），也会变成一头疯狂而危险的野兽。任何妨碍它的事物都可能成为暴怒下的牺牲品。比如，曾有一头处于该状态下的公象肆意屠杀了数十头犀牛。荷尔蒙是攻击性激增的主要原因，不过也有人推测，这一时期公象太阳穴腺体的肿胀压迫到面部神经，造成了强烈的疼痛，以至于受到过度刺激的雄性陷入疯狂。

发情期的公象极易辨认。通常，一种黏稠的物质从其眼角渗出，把它的脸颊染得黑乎乎，并散发出特有的恶臭——相比之下，青少年的卧室都像香水沙龙。倘若附近的动物还需要进一步的证据来确认这里有一头需要避开的处于发情期的公象，公象在走路时滴下的同样臭气熏天的尿液便是警示。在发情期骚动的状态下，公象们甚至准备去挑战那些之前一直服从的首领，破坏原本和谐的生活。

成年公象之间的蛮力搏斗是一场可怕的奇观。这种斗争往往是为了争夺配偶。雌性进入发情期后会产生一种诱人的气味，伴随一阵卖弄风情的

"爱的呼唤"，附近的公象会兴奋地采取行动。当候选对象们聚集在一起时，麻烦也随之而来。到达现场后，公象发现还有另一头也在场，在双方都迫切想要制造小象的欲望下，暴力一触即发。进入对峙后，双方都试图通过将灰尘踢向空中以恐吓对方，它们发起咆哮挑战，又竖起耳朵来彰显自己的体型与力量。如果它们的体型相当，那么这两头巨兽就会在一场浩大的推搡比赛中正面交锋，它们双方加起共计12吨的肌肉和攻击力都集中在它们肢体接触的位置上。每头公象都试图站稳脚跟，进而取得优势；它们的象牙碰撞着发出雷鸣般的轰响。势均力敌的情况可能会持续良久，把双方逼到筋疲力尽的边缘。终于，某位斗士的决心动摇了：它显示出顺从的姿态，然后转过身去。通常情况下，故事到这儿也就结束了。但是，当胜利者处于失控状态时，它便已经彻底丧失了理智，它可能拒绝接受投降，带着杀意追击对手，用獠牙重创对方，有时甚至带来致命的伤害。

温情的互动

相比暴力而言，这些群居动物在哺育和保护方面的行为同样引人注目。虽然大象体型大，但缺乏经验的小象仍很脆弱，在应对生活中的挑战时总是需要帮助。这时候，家族内部的经验就有了用武之地。虽然母亲是小象世界中最重要的，但其他家庭成员，尤其是久为人母者——也许是小象的姑姑或者姑婆——都会小心谨慎地帮助它，并且它们也确实能给予帮助。抚养小象是一项合作任务，也是家庭生活的核心。母象们照顾小象，偶尔允许最年幼的吮吸它们的乳汁，还会寻回离群太远的小象。大象妈妈们还会直接介入吵闹的小象之间，以防打闹升级。有趣的是，这些聪明异常的动物不仅会对小象的求救声做出反应，还能在麻烦发生之前就有所察觉。它们似乎了解什么可能对小家伙构成危险，它们会根据小象能力上的差异，改变迁徙路线以避开沼泽地或深水。如果小象不幸陷入泥泞中，或者被困在陡峭的河岸脚下，它们会用鼻子把它吊到安全的地方，或者用象牙重新整理河岸，造出小象的短腿能够攀爬的较浅的坡度。

得到帮助的不仅是年轻小象，成年大象也会互相支持。我们经常能在与它们的互动中看到这一点。在某些种群中，如何有效地给大象注射镇静剂可能是个难题，因为，如果大象看到一支飞镖嵌在它同伴身上，它很可能会把飞镖给拔出来。可悲的是，如今像这样的射击行为对管理大象种群过程来说是必要的。大象在保护区的活动和迁徙受到限制，这意味着有时我们不得不进行干预，将这些动物转移，以保护种群的遗传多样性。

然而，大象紧密的社会关系使得这种保护种群的行动困难重重。有英荷双重国籍的野生动物兽医托尼·哈特霍恩（Toni Harthoorn）曾描述过一头大象遭受袭击时，象群中其他大象的反应。这个故事相当经典。他用麻醉枪远距离击中目标，麻醉剂把这只动物放倒在地。大多数动物都会因枪手的出现和同伴的倒地受到惊吓，慌忙逃窜，但是大象不会。哈特霍恩写道，大象们以"难以形容的混乱的尖叫"来回应他的做法，并试图把这头受伤的亲友扶起来。这种麻醉剂药力强大，其药力比杀死一个人所需的药力还强几百倍，可以让大象昏迷整整两个小时；在此期间，它的家人一直试图抬起它。终于，当它能够摇摇晃晃地支撑起自己的身体时，它们又将它护送到附近一片安全的林地。大象的联合战线使得接近单个动物成为巨大的难题；它们拥有坚定地保护族群的本能。

为受伤或处于危险中的同伴采取的干预措施，清楚地表明了大象之间密切的亲缘关系。甚至有报道称，它们会以同样的方式帮助无血缘关系的大象。大象的援助也不仅限于同类。有这样一个故事：一头工作的大象拒绝把一根沉重的木柱放进系泊处，因为洞底正躺着一只睡觉的小狗。即便我们与大象的关系远非完美，它们甚至也会出面帮助人类。5年前，在西孟加拉邦，一头大象闯入一个村庄，也许是因为愤怒，也可能是因为困惑，总之，它毁掉了一座房子。里面的人没有受伤，但是有一个婴儿被困在婴儿床中，而这个婴儿床则位于屋内破坏得最严重的地方。正在撤退中的大象听到婴儿的哭声后，又返回到这栋房屋，它小心翼翼地清理了瓦砾，帮助这家人找回了毫发无损的小孩。大象显然能够识别出痛苦的哭声，而且哭泣本身并非人类独有——在大象的故事中也不乏这种行为。

最感人的故事发生在2013年，在中国的一个公园里，一个小象新生儿被母象遗弃。事实上，她不仅抛弃了它，似乎还想伤害它。作为保护措施，饲养员介入并分开了这对母子。尽管没有受到持续的伤害，但是这次经历的创伤影响了小象，它不停地哭了五个小时。它盖着毯子，眼泪滚滚而出，一副可怜的样子。

我们能从这些故事中学到什么呢？看到小象的反应与我们自己的经历这样相似，进而推断大象会情绪化地哭泣，或者莽撞的大象会同情它所威胁到的人类婴儿，这些都是符合常理的反应。不过，关于大象是否与我们有着类似的情感反应，这是一个哲学问题，而不是科学问题。科学的评估需要在精心控制的条件下搜集证据，而这些逸事显然缺乏证据。无论如何，我们都无法肯定地说这些行为背后是一系列类似于人类的情感。同样，我们也不能明确地说，大象不具备这些复杂的情感。只能说，和大象一样，越来越多的动物研究表明，它们在认知能力和情感生活方面有着一种以前未被充分认识的深度。

大象的葬礼

大象会以一种难以置信的庄严姿态面对死亡，这是它们最不同寻常的一面。虽然象冢只是一个传说，但是大象显然对同类的骨头有反应。甚至有报道称，大象对象牙制品表现出令人不安的好奇心——它们会用象鼻检查这些用死去大象的象牙制作的小饰品。它们最令人心酸的情感表达则发生在亲人去世的时候。大象的葬礼最清晰地展现了这种我们能感同身受的失落感，一位塞伦盖蒂的护林员向我描述了这样一个仪式。他回忆说，在持续了数周的干旱后，一位年迈的女族长终于没能撑住。植被每天都在枯萎，在干旱的大地上，风不断卷走尘土，显然，对这位虚弱憔悴、步履蹒跚的族长来说，这将是她生命中的最后一个旱季。在她生命最后的日子里，有4头成年母象——很可能是她的女儿们，一直在她身边徘徊。到了最后一天，她几乎动弹不得；接着，在晚上的某个时候，她最后一次倒下，与世长辞。

黎明时分，她的家人围在她身边，出奇地安静和忧郁。它们轻抚着她的遗体，似乎在进行一种在大象中很普遍的仪式。默默地守候了几个小时后，它们开始用树枝、树叶和泥土覆盖她的身体。随着影子拉长，又一个夜晚即将来临，而它们一直待在那里，几乎一动不动，除了有一次为了驱赶走一只好奇的豺狼。第二天晚上，象群不得不继续前进，这毫无疑问是为了寻找在照料奄奄一息的母族长而放弃的食物和水源。然而，几个星期后，它们又回到了那个地方，尽管那时尸骨已所剩无几，它们仍然表现出了同样的沉默与敬重。虽然我们无法知道其他动物的内心世界，但大象似乎表现出了悲伤的特征，而且我们可以立即辨认出来。这表明，这些非凡的动物不仅能够意识到"死亡"的存在，或许还对"活着"的意义有着某种程度的理解。

不久之前，大象还漫步在地球上一个极其广阔的区域里。这片区域覆盖非洲和亚洲的大部分地区，从伊拉克到中国，再到印度尼西亚和加里曼丹岛。就在200年前，人们估计仍有2000万到3000万头大象。而现在，最多还剩下50万头。与此同时，人类的数量正迅速增长。例如，今天非洲的人口是 40 年前的两倍多。不断增长的还有人类对空间的需求，这些空间不仅用于农业，还用于建设基础设施，比如将土地一分为二的道路。随着大象数量的减少，它们的活动范围也从整个大陆萎缩为一座座散落的孤岛。这些栖息地被人类发展的浪潮分割，大象曾经可以漫游很远的路程，现在却被"海浪"包围着，只能留守"孤岛"。这是全人类需要面对的问题，而不仅仅是那些与大象生活在同一地区的人才需要考虑的问题。大象的未来需要国际社会的共同努力。如果我们刚刚揭示了大象的复杂性，就又将它们从地球表面抹去，那么，我们面临的将是一项骇人的指控。

第 **7** 章

血浓于水

Blood Is Thicker than Water

:

亲属之间的合作通常是食肉动物家族
成功的秘诀。

迷人的生物

在非洲的第一晚，我有些失眠。躺在一间传统的圆形茅屋内，我默默倾听着那些同样还未入睡的动物发出的响动。我正处于高度戒备状态。小屋里的另外两位研究员比我先到，他们明智地选择了远离窗户的床位，而我的头正对着窗口。窗上没有玻璃，只有几根栅栏。这栅栏起到的安慰作用甚微，因为光靠这栅栏，既无法阻止一只爱冒险的狒狒伸手弄乱我的头发，也不能阻挡一只想要伸爪进来为我整容的豹子。到了夜晚，发电机关闭后，四周便陷入一片漆黑，所有的响动都从窗口飘进来。在肯尼亚中部地区，这些声音均来自灌木丛中的动物。伴随着沙沙作响的植物和树枝折断的声音，有咕咕声、咯咯声、低哼声和吠叫声。对我来说，这些声音新奇又陌生。我断定，其中的咯咯声应该是鬣狗发出的；这让我很兴奋，因为我迫切想要见见这些被误解的迷人生物。接着，我又听到另一种声音——这种声音无须介绍，它总能唤起人类内心深处最原始的情感。尽管离得很远，狮子在暗夜的吼叫仍是如此惊人、独特以及恐怖。这让我立刻回想起读过的一本书，书中提到了察沃河食人狮，而那起狮子吃人事件就发生在我所在的地方不远处。在1898年，有几个月察沃河上建造桥梁的工人的营地一直笼罩在对两只狮子的恐惧中。狮子在夜色的掩护下会偷偷溜进营地，将尖叫着的受害者从帐篷里掳走。一共约有30名工人被掳走，直到负责铁路项目的英国军官约翰·帕特森（John Patterson）每晚都在营地附近的一个平台上守夜，这场狮子的恐怖统治才宣告结束。不过，这对狮

非洲狮子

子也不会轻易屈服，其中一只被击中了6枪才终于倒下。一想到这里，我决定我今晚绝不会再去屋外的厕所了。

人们很容易把对狮子的本能反应归咎于祖先的记忆。曾几何时，狮子不仅遍布非洲，欧洲南部和亚洲（从中东一直到印度）也都有它们的身影。其已经灭绝的近亲——穴狮——一度遍及整个欧洲；20世纪50年代在挖掘特拉法加广场的过程中还发现了它们的遗骸。往上多数几代，我的祖先就和这些动物生活在一片土地上，他们的窗户上可是连栏杆都没有。虽然鲜有动物把人类当作猎物，但狮子却很可能认为人类可作猎物。由此看来，我对狮子吼叫的反应，尽管强烈但也许并不奇怪。然而，我还是不禁感到悲伤，因为狮子的数量已经大大减少，如今只分布在撒哈拉以南的小块区域，在印度还有一些残存种群。狮子无疑是自然界强大的掠食者，但它们无力应对现代人类猎杀野生动物的武器装备。

尽管狮子的吼叫使我肾上腺素激增，睡意还是使我平静下来，第二天我安然醒来，既没有受到当地野生动物的骚扰，也没有破相。我和同屋的另外两个伙伴一起，准备趁黎明驱车前往莱基皮亚丛林，乘着卡车搜寻动物。大约一小时后，我们停在了某个高地上。我兴奋极了，脑海中充斥着在过去一小时里看到的极其丰富多样的生物种类——这种经历前所未有。一只母狷羚在哺育刚出世的幼崽，正轻轻推它站起来。几只长尾黑颚猴在树上跳来跳去，宛如好动的儿童。还有3只长颈鹿奔跑的画面——明明跨越了很远的距离，看上去却像是一组慢镜头。这一切是那么新奇，令人眼花缭乱。就凭非洲拥有的这么多的巨型哺乳动物，地球上任何地方都无法与之相比。不过，从卡车上看是一回事，亲身探入丛林又是另一回事。走进灌木丛意味着失去卡车提供的保护，且不论这种保护是否管用。不过，我们还有经验丰富的当地导游，他们自然会带枪防身，不是吗？保险起见，我决定问问。结果，他们并没有携带枪支，而且只有其中一人带了一支矛。这让我想起动物园里张贴的标语"禁止投喂动物"，在这儿，这句话有了不同的含义。

是时候做出抉择了：要么待在卡车上，确保不会成为动物的美餐；要么冒险进入灌木丛。最终，我内心属于生物学家的部分占了上风——我想体验一下，尽管这种风险完全不同于我在封闭的现代生活中所面临的那种风险。此外，导游们看起来没有丝毫担忧，他们生在这里，长在这里；他们的眼睛在察看丛林地貌时就像我阅读书本上的文字一般轻松。打消顾虑后，我便挺身踏入灌木丛。当我到达一片茂密的植被时，前方突然爆发一阵动乱，3只巨型动物冲出植被，向我奔过来。我没有蹲下来保护自己，也没有跳到一边寻找掩护；哪怕它们与我擦身疾驰而过，我也只是惊恐万状地僵立在那里，这就是我仅有的防御本能。如果这是3头狮子，就不必劳烦它们施展著名的合作捕猎技巧了。作为猎物，我的捕捉难度同猪肉馅饼一样。所幸，这些动物对我或猪肉馅饼都不感兴趣；这是 3 头南非林羚，一种中等大小的羚羊，是素食主义者。尽管如此，我还是决定再也不要一个人到处乱跑了。

历练数天之后，我逐渐成为一个经验丰富的丛林行者；虽然无法与当地导游媲美，但至少不那么容易做傻事了。此外，与导游交谈后，我对不同动物所具有的危险进行了新的评估。尽管存在大量具有潜在危险的动物，但人们一致认为，这些危险都是可控的。事实上，在肯尼亚的这个地区，只有两种哺乳动物会引起严重的恐慌——美洲豹，它们是夜间捕食的非凡猎手；以及水牛，它们会伏击并刺穿那些粗心大意的人。当地人当然非常尊敬狮子，但这种尊敬并没有化为恐惧。根据导游的丰富经验，只要对它们敬而远之，人在白天就不会有什么危险。

地球上最可怕的猎手

说到狮子，人类并不总是那么开明。对那些爱以猎物为纪念品的猎人来说，狮子就等同于最高的"奖赏"。有些人千里迢迢来到这里，花费数万美元，就为了能在很远的地方，用高性能步枪"勇猛"地射杀它们，这可真厉害。一些当地的民族，还有猎杀狮子来完成某种仪式的文化传统。另外，由于老虎数量的减少，人们转而捕杀狮子，以满足人们对于大型猫科动物所谓的"神奇"药用价值的幻想。

不过，狮子衰退的最大原因还是非洲本身的发展。在过去的 100 年里，肯尼亚和邻国坦桑尼亚的人口增长了 10 倍。人口的增加加剧了土地资源的压力，导致狮子栖息地的丧失和猎物数量的减少。越来越多的人开始搬到狮子附近生活，两个物种之间的关系紧张起来，有时还会以一种意想不到的方式发生冲突。1994 年，家犬传染的犬瘟热杀死了塞伦盖蒂国家公园

30%的狮子。曾经供养野生哺乳动物的草原，如今已被犁为耕地。随着天然猎物越来越少，为了养活自己，狮子对牲畜和人类的攻击就变得越来越频繁。对此，农民又以毒药回敬狮子。

狮子数量减少的速度非常快。在20世纪中叶，大约有50万头野生狮子，现在则只剩下约2万头。数量骤减的同时，种群栖息地还被围墙和道路等建筑物割裂。狮子和许多哺乳动物一样，会四处寻找配偶。如果行动范围受限，就可能会导致近亲繁殖和遗传多样性的减少，而这反过来又使动物更易感染疾病，生育能力降低。在狮子的悲惨故事中，最终结局只剩下失败与毁灭。有许多人接受了挑战，决心帮助狮子走出困境，不过，对于这个野生动物中最具代表性的物种，人类的努力能否使其免于灭绝，还有待观察。

在人类文化中，狮子象征着力量、勇气和骑士精神。尽管（或者说恰恰是因为）它们偶尔会捉弄人，几乎所有对狮子的表述都是正面的，特别是在非洲、亚洲和欧洲这些狮子的原始栖息地。辛格（Singh，印度姓氏，源自梵语中的"狮子"）是世界上第六常用的姓氏。有13位教皇的名字都叫"来昂"（Lion，"狮子"的英文）。新加坡（Singapore，直译"狮城"）也是以它们的名字来命名。类似的例子不胜枚举。在一定程度上，这与一些令人印象深刻的统计数据有关。作为强壮的猛兽，成年雄狮总是一副威风凛凛的姿态——体重200千克，肩高约1.2米。虽然雌性的体型相对较小，但作为狮子，它们同样比其他动物更灵活、更强壮。其巨大的头部和下颚所产生的咬合力大约是我们人类的5倍。4颗尖利的犬齿有你的手指那么长，刺穿厚实的外皮根本不在话下。在口腔后部，纵裂的牙齿又像断头台一般，能轻易切开坚硬的皮肤、肌腱和骨头。盘子大小的足掌搭配锋利的爪子，便是狮子的终极武器装备。最后，再加上令人难以置信的加速能力和两倍于人类顶尖短跑运动员的最高速度。考虑到这些，难怪说狮子是地球上最可怕的猎手之一。

社会性的猫科动物

除了上述统计数据显示的因素，狮子的成功还有另一个主要因素——群体合作。这同样也是它们首次从南非传播到希腊，从塞内加尔传播到印度的原因：它们是唯一且真正的社会性猫科动物。

为什么在所有的大型猫科动物中，只有狮子具有社会性？人们罗列了很多原因，但最主要的因素其实还是在于其他狮子。在狮群间的地盘争夺战中，数量多的一方会占优势。对狮子来说，最好的栖息地段是临水地区，在这些地方生长着茂盛的植被，狮群能同时获得水源和阴凉。对能够控制这片区域的狮子来说，同样关键的是，猎物也必须来此处喝水。面对这样一个黄金地段，一头独行的狮子显然难以对抗一群狮子。狮群打败落单的狮子，大狮群战胜小狮群。只有联合起来，狮子才拥有争夺最佳领地的议价能力。

然而，争得一块领土只是第一步，更重要的是捍卫它。狮群中的雄性通过气味标记和咆哮声来宣示主权。这种咆哮声震撼人心，极其响亮，令人痛苦；114分贝的噪声大致与紧急出车的警笛声相当，在开阔的乡野地区能够传到10千米开外。它们的气味标记也同样富有戏剧性。雄狮沿着环绕领地的灌木丛、树木和岩石喷洒上大量刺鼻的尿液与信息素的混合物。气味的新鲜程度（说"新旧程度"或许更合适），与咆哮所发出的警告相匹配。这似乎还不够，狮子还会通过在醒目的植被上抓挠和挖出痕迹来标记领地。为宣示主权做出的努力，是为了确保任何路过的狮子都能得到这样的信息：请勿擅闯领地，入侵者非死即伤。这个地区的其他狮子可能会被说服而离开，也可能不会。作为竞争对手的狮群会通过这些吼声和信号来判断土地领主的群体规模。这告诉它们，如果要挑战这块领地的狮群，成功率大约有几成。

狮子的社会行为和合作行为，远远不止保护领地。进一步了解这些行为，需要我们深入研究狮群的精彩世界。

哺乳动物社群与前几章中所描述的鸟类和鱼类社群不同，也许，其中的主要区别在于，哺乳动物社群通常围绕成年雌性组成。狮群也不例外。狮群的核心是数头雌狮，通常这些雌性间有着密切的血缘关系。同一个狮群中可以找到几代狮子——女儿、母亲、祖母，在一些罕见的情况下甚至还有曾祖母。成年雌狮会激烈地排斥其他雌狮加入，因此，狮群的事务仍然属于家族事务。它们之间的亲密关系偶尔会延伸到哺育彼此的幼崽，有的甚至会收养那些母亲在狩猎或与另一个狮群的冲突中丧命的孤儿。

对这样致命而无情的掠食者来说，拥有强大的母性本能似乎有些自相矛盾。在极少数情况下，雌狮还会收养猎物的幼崽。羚羊、跳羚和瞪羚的幼崽都曾被目睹过与某只雌狮待在一起，雌狮将它们视如己出，悉心照顾。收养通常发生在雌狮自己的幼崽死后，这或许为解释这种行为提供了线索。行为学先驱康拉德·洛伦茨（Konrad Lorenz）多年前就已指出，幼崽的某些特征往往会引起哺育反应，比如，与身体不成比例的大脑袋、小鼻子和大眼睛——这就是泰迪熊被设计成现在这副模样的原因。如果看看维多利亚时代的泰迪熊的图片，你会发现，它们更像真正的熊而不是像现代版本那么可爱。也许在过去，让孩子抱着这样一个顶级掠食者的模型上床睡觉，是让他们在白天变得更加坚强的一种方式。随着时间的推移，玩具制造商们意识到，孩子们更容易对外表像婴儿一样的可爱玩具产生依恋，也更有可能缠着父母购买这些玩具。于是，泰迪熊逐渐变成了现在这个毫无威胁的模样。我们先天就无法抗拒动物幼崽，这也许能解释为什么狮子偶尔会收养猎物的宝宝。尽管如此，狮群也并不一定会为瞪羚宝宝提供最好的成长环境。当狮群中的其他成员感到饥饿时，一只雌狮的护崽本能也就到此为止了。

看起来是位全能型选手的狮子，实际上却整日游手好闲。你能看到它们每天大约有20个小时趴在树荫下休息。在这些热门午休点，可能充满了交谈声。狮子是依靠大量的发声来交流的动物，它们有一系列不同的叫声：咕哝声、呻吟声、呜咽声、鼻息声、嗥叫声、悲叹声，甚至是喵喵声，这些声音用来表示发声者在不同情境中的感受。伴随这些声音，狮子还同时进行着社交活动，这些活动加强了狮群之间的联系，比如互相用鼻子蹭来蹭去，或舔舐对方的头。这些相互理毛的过程大多发生在同性个体之间，所以雌性只帮雌性梳理毛发，而雄性梳理雄性的。这个行为模式看似简单，却向我们揭示了狮群的真相。虽然狮群可以被看作一个融洽的、相互紧密关联的组织，但事实上，它更像是由两个紧密联系的群体组成的松散联盟：其中一个群体是彼此关系密切的雌性；另一个较小的群体是雄性，它们与雌性没有血缘关系，但彼此关联。雄狮会来往于不同的狮群，雌狮才是一个狮群不变的核心。与其他哺乳动物社群相比，不同寻常的是，这些雌狮之间几乎没有等级序列，它们地位平等，所产的幼崽数量也差不多。相反，雄狮间并不是完全平等的，通常会有一头雄狮会拥有最多的子嗣。

流浪的单身汉

狮群成员包括成年雌狮及其幼崽，再加上占主导地位的雄狮，通常总数约有十几头。随着雌性幼崽长大成熟，它们会在狮群中拥有自己的位置，而雄性幼崽则要面对一个完全不同的未来。它们两岁左右快要成年时，就会离开狮群——或者被驱逐。鬃毛开始生长是雄狮成年的标志，有人认为，这可能是驱赶它们使其离开的诱因之一。面对这个全新的、充满不确定性的世界，被驱逐者——兄弟、堂兄弟和其他同龄雄性——会联合起来彼此支撑。有时可能只有两只，也可能多达7头，但无论如何，在接下来的几年里（也许是往后余生），它们都会成为彼此的支柱。等它们长大后，鬃毛会变得浓密而有光泽，宛如参孙一般，这也是雄狮力量的象征。在很长一段时间里，人们都认为鬃毛的作用是保护脖子和肩膀在战斗中免受伤害，但几乎没有证据支持这一观点。相反，鬃毛似乎是给其他狮子的一个信号。越是浓密而富有光泽的鬃毛，意味着越有威力与活力。这个信号告诉其他雄性，这是一位相当危险的竞争对手，同时，也向雌性传达出它那迷人又危险的性感。

这个年轻雄性组成的联盟，在荒野中过着流浪汉般的单身生活。随着时间的推移，等它们积累了足够的技能和力量，就能通过驱逐当地的雄性，拥有自己的狮群。为此，这些流浪狮必须保持最佳状态。时机至关重要。如果太年轻，就没有能力驱逐本地的雄性；但若拖的时间太长，它们自己就将面临新一代的挑战。这些流浪汉会侦察附近的狮群，等待时机，盘算着自己的胜算。这确实值得谨慎。选择目标狮群是它们一生中最大、最重要的决定，如果选对了，它们就有机会保住自己的血统；但它们如果犯了错，低估了对手，就可能付出生命的代价。

跨越狮群的领地边界时，这些流浪汉们紧密地团结在一起。它们非常谨慎，但个个年富力强，还怀揣着可怕的意图。它们正前往狮群领地的中心地带。入侵者的出现刺激着狮群中的雄性原住民，它们必须采取行动——在正式碰面前，先以震耳欲聋的吼声迎接这些入侵者。咆哮声警告来者，它们的行为不可容忍，也休想得到狮群。这是流浪汉们撤军的最后机会；否则接下来，局势极有可能升级为致命的暴力冲突。随着一声令人惊颤的刺耳嘶吼，第一次小规模的冲突爆发。竞争双方纷纷靠后腿站立起来，痛击对手。皮肤上被划开一道道血痕，撕裂的伤口很深，鲜血直流。在激烈的战斗中，双方都试图给对方造成致命的重伤。后来，流浪汉们开始占上风。随着战斗愈演愈烈，而原住民逐渐陷入劣势，战意消退，雄性原住民需要面对一个新的问题——如何逃出领地。胜利者保持优势一直穷追不舍，这场冲突最终演变成了溃逃。被"罢免"的雄狮必须迅速撤离，否则它们很可能会被杀死。如果能活着逃出来，它们将来或许可以重新部署以备来日再战。这些成年雄狮身上还留有以前遭遇的痕迹，脸上和侧腹都有深色的抓痕。事关生死存亡，夺取狮群首领之位自然少不了血腥味。然而，暴力并未就此结束。

据估计，雄性的巅峰状态只有两到三年的时间，在此期间它们有能力统领狮群。拳击场上的情况与之类似，男子重量级冠军的平均统治时间约为两年半。这意味着，身体力量达到极值后，只能维持一段短暂的时期。对雄狮来说，它们比拳击手下了更高的赌注，因为它们只能在拥有狮群期间进行繁殖。也许，这群流浪汉才刚刚拥有自己的狮群，但考虑到新一代的青年，时间已经开始倒数。像许多哺乳动物一样，雌狮在哺乳期不会排卵。时间宝贵，雄狮不能就这样干等着，它们必须强行终止雌性的哺乳期。令人震惊的是，雄狮会通过杀死幼崽来达到这个目的。

这种杀婴行为倒不是一种无来由的残忍，它只是反映了雄狮所面对的残酷现实。尽管雌性会竭力保护自己的幼崽，但雄性的体型越大，她们的能力就越有限。大一点的幼崽或许能逃离这场屠杀，而对那些还处在哺乳期的幼崽来说则希望渺茫。在我们看来，雌狮与杀死自己幼崽的雄狮结合似乎不可思议，但这只是狮子社会中的寻常小事。失去幼崽不久，雌性就会进入发情期，开始抚养新一代。

如果新来的雄狮能够维持对狮群的控制，新一代的幼崽就有机会长大成年。然而，即使狮群内部稳定，幼崽们也随时面临着危险。野狗、鬣狗和豹子都会抓住各种机会猎杀没有陪护的幼崽。母狮的任务之一就是经常带着幼狮辗转在不同的巢穴之间，她会叼着幼崽的颈背，以避免留下太多气味，给掠食者留下找上门的线索。尽管狮子被誉为"万兽之王"，但只有约五分之一的幼崽能活到成年。

狮群狩猎

在塞伦盖蒂这片开阔的草原上，瞪羚、黑斑羚、角马和斑马即使在吃草时，也时刻保持着警惕，因为狮子时刻虎视眈眈，已准备好随时出击。尽管如此，它们也并非唾手可得的猎物。兽群中有许多双眼睛盯着四面八方，因此，它们能很快发现正在接近的危险，这些长腿食草动物逃跑的速度也是快得惊人。对狮子来说，在夜间狩猎可以让它们这种防御手段的效果大打折扣。黑暗使发现狮子变得困难，寒冷的环境也会使猎物的行动变得迟缓。即便如此，结果也远非板上钉钉。根据季节和猎物的不同，捕杀成功的概率不会超过三分之一。狮子不仅可能无法击倒猎物，猎物的角或蹄子还可能反过来伤到自己。在这个无情的自然界，一条断腿、严重的刺伤或头骨骨折都意味着掠食者将面临漫长的痛苦与无法避免的死亡。不过，在掠食者和猎物间永无休止的斗争中，狮子还有一张王牌：合作狩猎。

一有机会，狮子就会单独行动，它们也有能力单独作战；但若能齐心协力，它们的狩猎能力将是最强的。猎杀的成功率与雌狮的数量成正比，特别是当这个团队由经验丰富的老猎手组成时。在博茨瓦纳，狮子通过这种团队合作达到了惊人的效果，它们联合捕杀了比自己重15倍的大象。尽管狮子生来就具备跟踪和捕猎的本能，但它们仍需学习猎杀的技巧，高超的技巧才是成功的关键。为此，母狮有时会为幼崽寻来一个较为容易的目标，比如一头小牛犊，幼狮可以拿它练习追逐、扑杀猎物的技巧。如果幼狮对猎物不够专注，让小牛犊钻空逃跑了，母狮会再次把猎物抓回来。受害者会被反复玩弄很长一段时间，这虽让人于心不忍，但幼狮必须从中学习。最后，这些年轻的狮子还须学会真正的捕猎，并参与真正的狩猎活动。年轻的猎手难免犯错，尽管这会让狮群丢掉猎物，但培养年轻猎手所付出的代价，很快会在未来有所回报。

狩猎成功的关键在于团队行动的部署及其协调程度。在纳米比亚的埃托沙国家公园，雌狮捕猎的策略堪称艺术。在接近一群猎物时，狮群成员会利用植被进行掩护。一两头狮子悄悄地移动到目标的两侧，它们的腹部贴近地面，注意力完全集中在猎物身上。当这些先遣队员在猎物周围形成一个钳状的包围圈时，其余的雌性仍然守在中间，随时准备进攻。每只狮子都有自己最喜欢的位置，要么是中间，要么是两翼。当每只狮子都拥有自己的专属位置时，狩猎效率最高，因为每只狮子都能够最大效率地发挥自己的专长。两翼的狮子小心地向猎物逼近，在被发现或者失去掩护之前，包围圈缩小得越小越好。终于，所有的狮子都就位了，陷阱也设好了。突然间，攻击开始了。两侧的狮子扑向猎物，猎物受到惊吓，慌忙择路而逃。一些猎物被推向狮群埋伏的中心，在那里等待着的是一组欢迎它们的狮子。如果幸运女神站在狮子这边，受惊吓的猎物跑进了埋伏圈，它们就能采取伏击。一只经验丰富的狮子可以迅速地杀死猎物，果断咬碎这位不幸者的气管，如果是体型较大的猎物，它们则用嘴咬住它们的口鼻，使其窒息而亡。

在捕获的猎物面前，狮群的关系可能变得高度紧张。仗着自己的体型和在狮群中的地位，雄性总会要求优先进食，不管它们是否参与猎杀。占主导地位的雄性可能还会落井下石，垄断猎物的尸体长达数小时，以威胁和野蛮的攻击将雌性和幼崽拒之门外。在狮子的等级制度中，幼狮处于较低的地位，碰上艰难时期，常会处在饥饿之中。让雄狮霸占着猎物对狮群其他成员来说，倒确实有一个好处——当鬣狗被骚动吸引而来时，雄狮不太可能把自己的战利品输给这种竞争对手。

有时，人们会认为只有雌狮肩负着狩猎的重任，但这种说法有些离谱。雄性的确也会狩猎，只是方式不同。事实上，每个性别都发挥了自己的优势。在狮子身上，两性之间的差异比其他任何陆地食肉哺乳动物的都要明显。雄狮块头大，对争夺狮群贡献巨大，但碰到狩猎这种需要的敏捷与隐蔽的事情时，雌狮显然更胜一筹。此外，雄狮的鬃毛在草原的背景下非常显眼，容易暴露。然而，如果认为雄狮完全依靠雌狮来养活它们，那就错了。这种观念多是由于雌狮狩猎的情形更加可见，因为它们总是在开阔的草原上进行狩猎。不过，雄狮采取的隐秘的狩猎策略，最近已有所发现。

在单身时期，雄性没有能养活自己的狮群，所以它们只剩下两个选择——要么偷小型食肉动物的猎物，要么自己捕猎。事实上，它们两个选择都会做。一旦进入狮群，雄狮就可以并且确实也利用了雌狮所带来的好处，但它们自己独自狩猎的效率确实要低得多，以至于雄狮加入狮群后的合作捕猎反而成了雌狮的负担。雄性的用武之处发挥在另一种栖息地。出于必要，它们会避开那些雌性的目标猎物，专攻栖息在林地的动物，尤其是那些体型更大、更重、更危险的动物，比如水牛。在这种环境中，雄性可以更有效地隐藏自己，使用爆发力而非速度来完成猎杀。

尽管在性别方面存在差异，但雄狮在狩猎方面的成功率大致与雌狮相当。水牛是棘手的猎物，它们肩高1.7米，体重可达1吨；它们不会被轻易吓倒，还会采取合作的策略，用其致命的牛角形成防御屏障，抵御逼近的狮子。为了取得胜利，雄狮们必须让水牛群恐慌起来、四处逃散，这需要狮子佯攻水牛的两侧，引其改变牛角的朝向，破坏防线。不过，千万不能靠得太近——水牛可以轻易把狮子顶死，其力量更是大到足以把这位掠食者整个抛到空中。这是一场致命的游戏，也正是雄狮专长的领域。它们的奖品会是一场盛宴，足以配得上百兽之王的称号。通过遵循不同的狩猎策略，专门捕猎不同种类的猎物，狮群内部的两性竞争减少，这对双方都有好处。

暴躁的食腐者

　　在与我们共享地球的大型哺乳动物中，没有比鬣狗更遭人唾弃的。在东非的民间传说中，鬣狗是女巫（大概是小女巫）的座驾，而在西非关于这些动物的神话中，它们则与不道德和异常联系在一起。这种负面的形象往往出自作家和电影制作者之手。在《非洲的青山》（*Green Hills of Africa*）中，欧内斯特·海明威（Ernest Hemingway）把它们描述为"雌雄同体、蚕食同类的食腐者"。在电影《狮子王》中，鬣狗懦弱、恶毒、不值得信任。即使在自然纪录片中，它们也经常被描绘成小偷与寄生虫，盗取高贵野兽来之不易的战利品。因此，鬣狗与老鼠、蟑螂一道，处于最不受欢迎的行列。然而，与其他二位不同的是，鬣狗不会妨碍我们的家务事。事实上，如果有的选，它们更愿意完全避开人类。

鬣狗

为何鬣狗的名声这么差？一部分原因可能是它们那深色的恶魔之眼、笨拙的外表，以及如同疯子般的喋喋不休的"笑声"。另一部分原因可能是我们需要这样一个角色。当狮子代表了我们所向往的美好品质，作为狮子最大的敌人（除了狮子自己的同类），鬣狗需要被视为恶棍。

我得承认，我觉得鬣狗很有魅力，它们也是我在非洲最想看到的动物。鬣狗的社会生活独具特色，表现出一些令人惊异的行为。不过，我并不是要帮鬣狗洗白。和狮子一样，鬣狗也会袭击和杀害人类。在20世纪下半叶肆虐非洲部分地区的战争中，鬣狗欣然吞食了阵亡士兵的尸体。在某些部落的传统中，比如马赛族，人们会将死者的尸体留给鬣狗处理，还在尸体上洒满牛血来引诱它们。这是因为，在马赛人看来，若自己所爱之人的尸体被鬣狗拒绝，这将是一种耻辱。也许是对人肉越来越熟悉，也可能是由于其他猎物的减少，近年来鬣狗对活人的攻击也增加了。在一年中最热的月份里，不论人们是在户外过夜还是在夜间偷猎，都有可能会被这些投机者袭击。在一些罕见的情况下，鬣狗甚至会在白天攻击人类。纳纽基当地的一个牧民就被袭击过，而这个城镇就在我当时住的地方附近。鬣狗牢牢咬住了他的胳膊，在试图用另一只手驱赶但毫无效果后，这个人立刻咬住了鬣狗的耳朵。咬人的鬣狗被咬后松开了它咬住的胳膊，带着新奇又不情愿的敬意撤退了。

鬣狗包含4个种类。斑鬣狗，又称"笑鬣狗"，就是会发出"笑声"的鬣狗。它们的体型最大，体重可达80千克。除了斑鬣狗之外，还有另外3个物种——冠鬣狗、条纹鬣狗和棕鬣狗。斑鬣狗的社会性最强，对我来说也最有趣，所以我主要关注它们。斑鬣狗可以在撒哈拉以南的非洲大部分地区找到。从外形来看它们似乎和狗有亲缘关系，但令人惊讶的是，它们其实和猫科动物关系更近，与狐獴和獴是近亲。鬣狗特有的倾斜的背部使它们看起来鬼鬼祟祟的，人们显然将其看作生性狡诈的特征，但这似乎是一种演化上的权衡。强有力的前腿、肩膀和脖子为鬣狗提供了攻击和搬运大块肉的力量——这是鬣狗的特长。

它们的另一个特长是强有力的撕咬——斑鬣狗被称为"碎骨者"是有原因的。它们能咬碎比你的大腿骨还要厚3倍的骨头，这意味着，每一次捕杀到的猎物几乎不会有什么浪费。食肉动物永远不知道下一顿饭什么时候到来，所以只要一有机会，它们就会尽可能多塞些食物。研究表明，一只鬣狗一顿可以吃掉15千克的食物（大致相当于一个正常饮食的人一周的饭量），这些食物由味美诱人的肉与皮混合而成，辅之以足量的骨头和蹄子，如果鬣狗很饿，那么它们会连角和牙齿都不会放过。有趣的是，乌龟是它们吃过的最酥脆的零食。

鬣狗部落的社交活动

在塞伦盖蒂的白天，斑鬣狗的巢穴相对平静。光秃秃的地面尘土飞扬，沿着几条隧道走，能够到达年幼鬣狗休息的卧房。不过，我今天看到了不同的景象。大约有10只成年鬣狗舒展着身体或者坐着晒太阳，一些小鬣狗在一旁玩耍，它们相互打闹，偶尔还会逗弄成年鬣狗。总而言之，此刻的鬣狗社会给人一种和平、随和的印象。这种印象不会持续太久。随着黄昏的降临，巢穴周围的活动越来越频繁，鬣狗们站起身来，发出奇怪且令人不安的叫声——鬣狗部落准备出动。这些鬣狗部落就像前面描述的狮群一样，是斑鬣狗的社会单位。部落成员众多，通常约有30只，有时甚至可能多达90只。因此，鬣狗部落是陆生食肉动物中最大的社群，也是哺乳动物中最大的社群之一。

斑鬣狗社会的有趣之处不是它们庞大的部落规模，而是其内部发生的独特而复杂的关系。雌性鬣狗通常比雄性稍大一些。在哺乳动物中，雌性较大的物种不多，但若放眼整个动物王国，这则是很普遍的现象。在鬣狗社会中，雌性是最具攻击性的一方，并且完全占据统治地位——地位最低的雌性几乎也总是高于地位最高的雄性。

雌性鬣狗不仅占据统治地位，还被描述为"雄性化"。具体来说，雌性鬣狗长着看起来非常像阴茎的东西。实际上这并非阴茎，而是一个"假阴茎"——一个巨大的、可勃起的阴蒂；相应地，阴唇则融合成了假阴囊。所以，鬣狗两性在两腿之间有着外观相似的器官。这使得分辨鬣狗的雌雄有些困难，也引发了人们关于鬣狗是雌雄同体或"性变态"的想法——这是对鬣狗的又一个诽谤。还有一则趣闻，讲的是某个动物园多年来一直试图让一对鬣狗繁殖，但最终发现它们其实是两只雄性。虽然人们还不太清楚这种特征是如何演变出来的，但是雄性的阴茎和雌性的假阴茎在鬣狗的社交生活中都非常重要。两种性别的鬣狗都能够产生一种相当不寻常的信号，这种信号被称为社会性勃起。社会性勃起的表现似乎与性没有什么关系，相反，它表示屈服。

虽然雌性的体型较大，但鬣狗的社会地位并不是由体型大小或战斗能力决定的；相反，鬣狗部落是一个联盟网络，它建立在社会关系和血缘纽带之上。从某些方面来讲，这有点像一个封建王国——贵族阶级的后代，如占统治地位的雌性所生的雌性幼崽，自动地承袭比母亲低一级的位置，同时又高于所有地位低于其母亲的雌性。在鬣狗部落中，社交活动始于幼年。幼崽陪伴着它们的母亲，密切关注她与其他部落成员互动的方式。当两只鬣狗互相打招呼时，它们会遵循一套精心设计的社交礼仪，其中，级别较低的鬣狗会表明自己的顺从。尽管鬣狗部落偶尔会爆发冲突，但这种社交礼仪能够尽量降低鬣狗的攻击性。毕竟，把所有的时间都花在内斗上是毫无意义的。鬣狗以各种各样的方式表明自己的地位。它们的叫声，包括大家熟知的笑声，都传递了鬣狗的身份和地位信息，它们的肢体语言佐证了这一点。在有关鬣狗的很多事情上，我们的理解与事实似乎是颠倒的——例如，鬣狗的笑声实际上是恐惧和紧张的信号。处于从属地位的动物在遇到首领时会表现出恐惧，它们会把尾巴卷到身体下面，然后低下头，上下摆动头部。在一些特殊情况下，从属动物甚至会跪着接近首领。不过，这与所谓的问候仪式相比，根本算不了什么。问候仪式是指，部落成员在分开一段时间后重聚时举行的仪式。一对鬣狗碰面后，互相用自己的鼻子朝向对方的尾巴，嗅嗅对方的屁股（很像狗狗们相遇时的做法）。作为下属的一只会首先抬起腿，允许上级闻它的生殖器，此时我们能看到下属鬣狗在这个场合所产生的明显的社会性勃起。尽管这会使它们暴露脆弱，但下属如果不遵守这套规矩行事，就会引来恶毒的报复。

通过观察母亲的社交过程，年轻的雌性幼崽找到了自己在社交场合的地位。尽管她身材矮小，但没关系，她有妈妈撑场子。雄性鬣狗服从于她，雌性也会听从她的安排，只要母亲在她身边。在塞伦盖蒂的鬣狗群中，母亲有时可能不得不离开几个小时甚至几天，去搜寻迁徙中的猎物群。这种时候，年幼的动物被留在洞穴里。没了母亲做后盾，部落中的其他鬣狗不一定会如此迁就她，还可能会借机报复。

占统治地位的雌性鬣狗让她的女儿们确信，它们在部落中处于领导地位，这个同族的雌性群体就像是一个统治王朝。在它们之下，是第二个最具统治力的雌性和她的女儿，以此类推，在一个个雌性亲族之下，在最底层的是可怜的、被欺负的雄性。在这种社会结构中，占统治地位的雌性鬣狗能获得很多好处。她和女儿们会拥有最好的进食机会、最理想的休息地点和巢穴中最好的位置。更多的食物会转化为更多的后代，母亲也有更多的乳汁哺育幼崽。这些幼崽更健康，成长得更快，最终会在更年轻的时候就育有自己的后代，它们甚至会变得更长寿——这种优势地位的影响竟是如此强大。在这个过程中，王朝也不断发展壮大。同时，占统治地位的雌性鬣狗所生的儿子也能通过血统获益，虽然受益程度远不如其姐妹。这个王朝的儿子们在等级排名中很靠后，不过它们在争夺食物的时候也能得到母亲的保护，而且它们的姐妹们对它们的攻击性也比对其他雄性鬣狗要弱。此外，尽管雄性鬣狗在照顾孩子方面没有发挥任何重要作用，但地位尊贵的"王室千金们"往往对她们的父亲也很宽容。

和大多数哺乳动物一样，年轻的雄性鬣狗一旦成年，就会离家出走。通常它们会加入一个邻近的部落，在那里，它们不得不从最底层开始奋斗。这样做主要是受到想要繁殖后代的欲望的驱使。在它们的出生部落里，机会非常有限，所以，如果有一天它们想要幼崽了，就必须走出去。部落中的新成员也有机会慢慢往上爬，但它必须要有耐心，只有在等级位于他之上的雄性鬣狗死亡或离开时，它才能够晋升。由于出生时地位高的雄性鬣狗在幼年时期营养充足，受到宠爱，所以它们在新部落中，会比那些土生土长的出生时地位低的雄性鬣狗表现得更好。即便如此，在鬣狗的世界里，身为雄性还会充满艰辛。

鬣狗联盟

鬣狗部落是一个由阴谋和联盟组成的社会网络，每个成员都要为地位和权力而挣扎。为了成功地驾驭这个复杂的社会环境，鬣狗拥有高度发达的识别不同个体的能力。此外，它们还有一种复杂的能力，用于理解部落中其他成员之间的关系。从统治阶级中血缘和亲缘关系极具重要性这一点不难看出，鬣狗特别善于认出自己的亲属（兄弟姐妹和父母），哪怕更远的亲属也不在话下，比如堂表兄弟姐妹。

它们是怎么做到的？和人类一样，实际上也和几乎所有的脊椎动物一样，鬣狗拥有一组统称为"主要组织相容性复合体"（major histocompatibility complex）的基因。这组基因之所以重要，是因为它决定了抗病性，此外，它还有一个副作用——影响体味。每个人都有自己独特的化学特征，这些化学特征有些是由饮食和生活方式决定的，有些则是由基因决定的。由于有着共同的家族史，亲属之间共享了一部分基因，所以他们的气味往往比两个没有血缘关系的人更相似。尽管我们的鼻子通常不足以区分这些细微的差别，但是鬣狗拥有极好的嗅觉。它们能利用这种化学特征来判断谁是自己的亲戚，并以此来判断它是否值得帮助。一旦确认了自己的亲属，这些信息就会划入它们所掌握的有关其他鬣狗的详细信息档案中——不仅包括其身份，还包括其他鬣狗在整个部落中所处的地位。

所有这些都有助于鬣狗争夺地位和特权。它们会通过与部落的其他成员建立联盟，来维持或提高自己的社会地位。拥有最多盟友的鬣狗是最强大的。当鬣狗决定与谁结盟时，它们会非常明智地试图讨好部落中更具统治地位的成员。年幼的鬣狗最初从母亲那里获得地位，为了巩固自己的地位，它们与母亲以及其他亲属保持着密切的关系。这种联盟的支持是双向的——母亲支持她的女儿们，当麻烦来临时，女儿们又反过来支持她。问候仪式是其中的重要组成部分，它加强了联盟内部的联系，不给篡位者介入的空隙。

前面提到，当雄性鬣狗加入一个新的部落时，它们处在社会阶梯的最底层，也没有盟友。对这个新来的小子而言，想要攀上阶梯，就必须建立社会关系。如果雄性鬣狗希望有一天能有机会繁殖幼崽，那么与当地雌性鬣狗的结合是必不可少的，但这需要时间。与许多其他动物不同的是，雌性鬣狗完全掌控着选择繁殖伙伴的权利。它们更喜欢那些已经认识了很长时间——通常是几年——并且与之建立了牢固关系的雄性鬣狗。对雄性鬣狗来说，这意味着保持忠诚：追随着渴望与之交配的对象，一直追随好几个星期，直到对方同意交配。不过，这并不是一对一的关系——雄性鬣狗如果想和某只雌性鬣狗长长久久，就必须一直努力维持它俩的关系。

尽管部落是鬣狗社会的主要单位，但当在领地上穿梭时，它们并不倾向于作为一个整体行动。相反，它们会独自旅行，或组成小队，最后再和其他成员团聚。不断地分离再重聚，这种社会的正式名称为离聚型社会（fission-fussion society）。这样的生活方式意味着，鬣狗不得不经常在独自游荡和集体狩猎之间转换。这需要大量的社交技巧。部落内部的竞争，尤其是它们在争夺猎物的时候，是观察鬣狗的从属关系模式的好机会。每个联盟就像部落世界中的一个帮派，当时局艰难时，这些关系尤其重要。在结盟时，鬣狗通常喜欢招自己的亲属入伙。它们会合作以获得最好的进食机会，甚至能让其他部落成员通通靠边站。所以，在鬣狗社会，你认识谁至关重要，你知道些什么反而次之。年幼的鬣狗通常只能得到很少的食物，因为它们必须等到成年鬣狗吃饱了才能进食，不过，处于统治地位的雌性鬣狗，她的幼崽有时能借助母亲的地位，分到一大块肉。

斗争与联合

地位和亲缘关系带来的巨大优势解释了为什么鬣狗会如此热衷于进行问候仪式以及打击潜在的竞争对手。它们也能敏锐地意识到部落中的其他成员之间的关系有哪些细微的变化。即便如此，鬣狗和我们一样，似乎并不热衷于改变。当看到两只鬣狗打斗时，它们最有可能加入地位高的那一方，即使这一边看起来处于劣势。不过，它们对于干预持谨慎态度，因为这不是没有风险的，还可能会损害社会声望。在做决定时，它们会权衡自己与要帮助的对象之间关系有多密切。近亲能得到帮助，那关系远的呢？这就不一定了。

是什么使得鬣狗如此好斗？答案似乎是荷尔蒙，更确切地说是雄性激素（即调节雄性特征发育的激素），而睾酮就是其中之一。在整个发育过程中，鬣狗持续受到雄性激素的影响，它们生来脾气暴躁。从出生的第一天起，鬣狗幼崽就能够睁开眼睛，拥有锋利的牙齿，有的还会在出生后不久就攻击自己的兄弟姐妹（对怀孕雌性鬣狗的扫描显示，鬣狗幼崽甚至在出生前就可能在子宫里打斗过）。如果生不逢时，恰好撞上食物短缺的话，一对新生儿中往往只有一只能够存活。手足相残对这种在后半生如此依赖亲属结盟的动物来说似乎很矛盾，不过，这位幸存者可能收获双倍的乳汁。

从小就浸淫在大量引发攻击性的雄性激素中，可能是导致它们在往后的生活中始终好战的原因。而且，处于支配地位的雌性鬣狗，其后代在发育过程中相比地位较低的后代能分泌更多的雄性激素，这也可能是出生时地位高的幼崽维持地位的一个因素。然而，随着它们的发育，雄性鬣狗和雌性鬣狗的荷尔蒙模式会发生改变。同其他哺乳动物一样，成年雄性鬣狗体内的睾酮比雌性要多得多，按照这一点，雄性鬣狗应该比雌性鬣狗更具攻击性，但事实上，雄性鬣狗还是屈从于雌性鬣狗。如果睾酮并不是让雌性鬣狗更具攻击性的原因，那什么才是？最有可能的解释是，攻击性是由几个不同的因素共同作用的结果：另一种高水平的雄性激素（雄烯二酮），与一种奇特的鬣狗生物化学机制相结合，放大了雄性激素的影响；再加上雌性鬣狗大脑中调节攻击性的部分被放大，最终的结果就是雌性鬣狗霸权。尽管鬣狗有极强的攻击倾向，但在部落竞争和内部纠纷时，这很少会导致严重的伤害。对于这样一种强大的动物来说，鬣狗在施加惩罚时表现出了惊人的控制力，甚至能在捕猎时不计前嫌并肩作战。

遇到紧要关头，尤其是部落受到威胁时，这些内部争斗就退居其次。在恩戈罗恩戈罗火山口的鬣狗部落有着非常明确的领地范围，它们决不能容忍其他鬣狗的入侵。理由很充分——这片土地蕴藏着它们赖以生存的资源，尤其是食物。如果失去领地，生活会变得困难，甚至可能闹饥荒，因此，鬣狗们会联合起来保卫部落。正常情况下，当鬣狗在自己的领地内四处游荡时，它们要么独自行动，要么结成小队，但当面临入侵威胁时，你可以看到由十几二十只，甚至更多的鬣狗组成的一个统一战线。防御是一种数字游戏——防御者越多，获胜的可能性就越大，因此，部落内部的各个联盟会团结一致，合作守卫它们的领地。

鬣狗黄油

部落之间的界限是公认的，并且有明确的标志。鬣狗将一种神奇的蜡状分泌物(有时被称为"鬣狗黄油")粘到植物上，比如长草茎上。这不是那种你想抹在烤面饼上的黄油，这种黄油分泌自鬣狗的肛门腺。这种分泌物就像一张鬣狗名片，包含了个体的性别、支配地位和繁殖状态等信息。最重要的是，它还包含了一种部落特有的气味，总体而言这种黄油就像一张"嗅觉会员卡"。其他的鬣狗非常注意这些气味，它们还会在自己的腺体上涂抹部落成员的糊状物。这种糊状物混合了多种细菌，这便是特殊的臭味的来源。通过在身上涂抹这种糊状物，鬣狗为自己接种了疫苗，并且，随着时间的推移，特定的细菌菌株会传递给部落内的所有成员，形成一种共有的部落气味。领土内到处都有这种糊状物，巢穴附近尤甚。鬣狗在领土边界上乱粘乱抹，与人类帮派用涂鸦标记地盘没什么不同。

这些领土宣言对两个部族之间的边界可能产生巨大的影响。20世纪，塞伦盖蒂和恩戈罗恩戈罗火山口最伟大的野外生物学家之一，汉斯·克鲁克（Hans Kruuk）观察到，一群鬣狗正紧追着一只角马，当到达领土边界时它们立即停了下来，宁愿放走猎物也不愿冒险闯入隔壁部落挑起争斗。离开原生部落的雄性鬣狗如果想进入别的部落，就必须接受这项考验。本地鬣狗对孤身闯入的外来者充满怀疑和敌意，然而，这些地区的面积如此之大，以至于一只独行的雄性鬣狗有时会在被发现之前就已深入敌方领地。一旦被发现，本地鬣狗就会慢慢逼近它，带着明显的威胁态度。这位独行者如何从这种处境中脱身取决于它的肢体语言。它几乎总是一副顺从的样子，尾巴和头都放得很低。即便如此，它还是有可能被追赶和咬伤。它如果想被接纳，就必须保持坚定，挺过这一关。

部落中的一小支鬣狗部队在部落的领地边界巡逻。如果它们遇到来自其他部落的边境巡逻队，两支队伍就会进行一系列的问候，让每位成员互相完成评估。当边境巡逻队碰上来自相邻部落的狩猎队伍时，情势就紧张起来。冲突可能走向极端，尤其是在边界附近捕杀到猎物的时候。雌性鬣狗和地位较低的雄性鬣狗会联合起来，共同攻击来自外部的入侵者。令人惊奇的是，在这种情况下，常常会有迁移出部落的雄性与原生部落的亲属处在对立面的情况。这些血缘关系似乎并没有限制雄性鬣狗的攻击，它们的后代也同样不会"考虑"血缘关系，这些后代可能会与自己的姨妈或堂兄妹争斗。总之，一旦被某个部落接受，雄性鬣狗的效忠对象就会改变。换句话说，部落利益胜过亲属。

当时局艰难时，出于绝望，部落可能会冒险跨越领土边界。鬣狗非常清楚这些地盘争夺战所涉及的风险。如果在敌人的领地上打到猎物，却被当地的鬣狗撞见，它们通常会放弃自己的战利品，即使它们在数量上占优势。似乎仅仅是站在理亏的一方，就能让它们感到紧张。入侵者在捕猎成功后会迅速进食，将肢解后的动物尸体尽快运回自己的领地。但这些都需要时间，如果本地居民发现了它们，事情就会变得血腥至极。鬣狗可能会在部族间的战斗中致残或死亡。令人不安的是（至少对人类来说），这些伤亡的"结果"不会被白白浪费——如果迫不得已，鬣狗会吃掉同类。

谁是小偷

鬣狗经常被描绘成食腐动物。这符合我们对鬣狗的刻板印象；长期以来，这种描绘对于塑造鬣狗道德败坏又奸诈狡猾的形象起到了一定作用。鬣狗当然不会对腐肉嗤之以鼻，它们很乐意帮豺狼、野狗和猎豹等消化掉它们来之不易但吃不完的猎物。它们甚至会在狮子身上碰运气。我们都熟悉自然纪录片中的一个场景：狮子正对着一具尸体进食，它周围是一群叽叽喳喳的鬣狗，它们在骚扰帝王级的大型猫科动物享受美餐。如果可以往前倒录像带，通常情况下，我们可以看到狮子把鬣狗赶出了猎杀现场。在非洲大草原上，有一种东西叫作免费午餐，狮子深谙此道，它们会聚集在打猎的鬣狗身边，希望坐收渔翁之利。如果鬣狗和狮子都出现在了猎杀现场，有经验的人一下就能知道到底是谁杀死了猎物。因为这两种动物杀死猎物的方式很不一样。狮子通过咬住猎物的喉咙来猎杀，它们常常还会在猎物的肩膀和侧腹部留下明显的爪痕，这些爪痕是在追捕的最后阶段留下的。相比之下，鬣狗在猎物逃跑时会咬动物后半部分的躯体。此外，如果鬣狗脸上有新鲜血液，那么它们很可能就是真正的猎手。

狮子的体型要大得多，这意味着在一对一的情况下，鬣狗将毫无疑问处于劣势。鬣狗要想占据优势，就不能单打独斗。与狮子一战的黄金比例似乎是鬣狗的数量约为狮子的4倍，此时鬣狗才有机会保留或抢到一具猎物。大多数时候，狮子会连续数小时阻止鬣狗群靠近猎物，同时，美美享用鬣狗的战利品。狮子会咆哮着发发脾气，有时还会追逐这些饥饿的观众取乐。鬣狗则非常明智地与狮子保持一定距离，不过，它们偶尔也会趁狮子不注意的时候冲上去咬上一口肉。众所周知，狮子会杀鬣狗，但很少吃它们。汉斯·克鲁克曾发现，有一只鬣狗很晚才发现狮子已慢慢靠近它的猎物，但此时它的逃生路线已被切断，它无处可逃，只剩下一个办法——

它躲进了猎物的尸体中，等狮子吃饱离开后，才小心翼翼地逃出这个可怕的藏身之处。

狮子和鬣狗的食谱高度重叠，因此，它们常常为了食物竞争。狮子是猎手，鬣狗是食腐动物——这种公认的观点大错特错：狮子从鬣狗那里偷东西的频率，几乎两倍于鬣狗从狮子那里偷东西的频率。鬣狗首先是一名猎手，其次才是食腐动物。然而，捕猎是一件动静不小的事情，而鬣狗进食时癫狂的笑声更是吸引了周围数千米内竞争者的注意。为什么鬣狗会制造这种可能违背自身利益的骚动？对此我们只能猜测。值得注意的是，对鬣狗这种贪吃的动物来说，它们很少为了食物发生严重的争斗，那著名的声乐秀可能发挥了相互安慰的作用。鬣狗在尸体旁的交谈声也可能有招揽其他身在附近的部落成员的作用，当同伴数量增加之后，狮子也更难抢夺猎物。

无论何时，鬣狗的进食速度都非常快。一群鬣狗可以在不到半小时内肢解并吃掉一头大型猎物如角马或斑马，结束后地上只会留下一小块血迹。也许是考虑到战利品可能会被偷走，鬣狗会把没吃完的大块尸体带走，或者带到远离猎物聚集地的地方再进食，或者留到以后再吃。有时鬣狗还会将食物暂时储存在水中，那里温度较低，既能保鲜，又能让其他的掠食者不容易发现。

无情的追击

对鬣狗来说，狩猎靠的是"人海战术"，但它们并不像狮子那样以一种相互协作的方式接近猎物。角马是鬣狗的最爱，当成年鬣狗捕猎时，它们的策略似乎是找出目标的弱点。白天，觅食中的角马分散在平原上。鬣狗穿梭其间，审视和权衡它们的选择。奇怪的是，对于这个致命的敌人的

角马

近距离接触，角马一般不会感到太过不安，它们似乎能够判断出鬣狗什么时候是认真的。通常情况下，鬣狗可以移动到距离角马几米之内的地方，而仅仅遭到角马恶意的瞪视。

但是，当需要筛选出一位受害者时，微妙的平衡就会被打破。一只鬣狗会冲向一群角马，角马开始小跑着逃开，它们把腿绷直，保持警惕，但并没有使出全力奔跑。鬣狗会停下来评估刚才角马们的表现，在确定目标之前，它会进行几次这样的快攻。鬣狗似乎能敏锐地意识到角马之间的差异。就像顶级的扑克玩家分析对手一样，鬣狗仔细观察着角马的行为，寻找弱者的蛛丝马迹。如果在某次冲击中，鬣狗确定了目标，并能将其与兽群中的其他角马分辨开来，真正的狩猎也就随之开始。其他鬣狗见状也加入追逐。这只被孤立的角马现在深陷困境。鬣狗跑得很快，它们还有惊人的耐力。按心脏和体型的比例计算，它们的心脏几乎是狮子的两倍大，如此一来它们就能跑个不停。对角马来说，最好是能躲到聚集了大量同类的角马群中。如果做不到，它可能会被无情地追击长达5千米。追逐的时间越长，鬣狗的机会就越大。鬣狗紧跟着猎物，一边跑一边猛咬它的后腿。最终，筋疲力尽的角马慢了下来。一旦鬣狗追上它，接下来的事情就会按照大自然最原始的方式发展。鬣狗强有力的下颚撕扯着动物的后腿，扯掉脆弱的乳房或睾丸，攻击柔软的腹部和腿部肌肉。角马倒下了，被淹没在一群鬣狗之中，它的命运是被一块一块地生吞活剥。克鲁克描述说，在这个阶段，角马很少会做出任何反击，哪怕是象征性的尝试也没有。无论情况如何，反击成功的可能性都微乎其微。大多数时候，受害者倒下并屈服时，似乎仍处于震惊之中。

虽然猎杀角马通常是从一只鬣狗或一小群鬣狗开始的，但当鬣狗追逐斑马时，它们的策略就不同了。队伍规模会达到10只或更多，鬣狗们会集中更强的火力出击。斑马重达400千克，对鬣狗来说，这比体型较小的100~150千克的角马更具挑战性。此外，斑马（特别是雄性斑马）还会激烈还击。猎杀斑马的准备工作需要互相协调，这种协调工作甚至在离开巢穴的那一刻就开始了。这表明，鬣狗在出发前已经有了一些捕食特定猎物的计划。为了猎取斑马，它们可以长途跋涉数10千米，显然是为了一心一意地寻找斑马群。狩猎的形式与捕猎角马时相似，先孤立一匹斑马，然后追到它，将其击倒。有趣的是，部落中的一些成员似乎专门从事狩猎，而其他成员则紧随其后。猎手率先得到食物，年长的部落成员和幼崽，因为跑不了那么快，会在猎杀完成后再加入进来。有时，尤其是在角马产犊的季节，或是面对像汤姆森瞪羚这样的小型猎物时，鬣狗猎手会大开杀戒。它们杀死猎物，但不会直接吃掉猎物。在攻击鸡舍的狐狸和家猫身上，人们都能发现类似的行为。这种杀戮的本能与进食需求无关。在鬣狗这里，过多的杀戮则会让整个部落收获大量的食物。

如果所有这一切都表明鬣狗极具攻击性、嗜杀成性，是残食同类的怪物，那么，这确实有一些道理。然而，仅仅从这个角度来考虑问题是对它们极大的不公。虽然它们是非常高效的掠食者，但它们还有另外一面，这一面很少被人提及。在少数几个驯服了鬣狗，或者至少鬣狗习惯了人类的地方，它们与人类之间的互动常常是温暖而友善的。汉斯·克鲁克在野外工作时曾养了一只名叫所罗门的驯化鬣狗，它和他一起旅行，睡一个帐篷。最终，克鲁克不得不将所罗门捐给爱丁堡动物园，因为这只鬣狗在狩猎小屋里尝到了奶酪和培根的味道后就变得贪得无厌，门再也关不住它；它甚至会撞破门去自助餐台觅食，这吓坏了那些正在用餐的游客。在一些研究机构中，为了方便持续性的行为观察，鬣狗会被留在机构内，这使它们与研究人员建立了很强的联系，它们常常会亲切地迎接研究人员。和我们一样，鬣狗也是高度社会化的动物，而且非常善于建立人际关系。像许多群居动物一样，鬣狗也很聪明——事实上，是非常聪明。它们复杂的社会结构与互动关系表明，就智力而言，它们与灵长类动物处于同一水平。

在某些情况下，它们甚至比黑猩猩的表现还要好些。比如，在某项任务中，为了得到奖励，鬣狗需要进行合作。这项任务要求两只鬣狗各拉一根绳子。为了获得奖励，它们必须协调行动，同时拉动绳索。尽管许多猴子和猿类具有高度的社会性，但它们中的大多数并不像鬣狗那样以同等水平合作觅食，这让它们很难完成这类任务。但鬣狗不同，它们不用事先训练就能迅速解决这个问题。这显然打破鬣狗那愚蠢而狡猾的刻板印象；事实上，没有什么比这种刻板印象更偏离事实的了。最后，为了再次驳斥这种根深蒂固的负面名声，我借用汉斯·克鲁克观察一群鬣狗玩耍时所写下的文字来表述：它们跳入河中、游水嬉戏，尽情享受着欢乐时光。如果我们只听信关于鬣狗品格的陈词滥调，那会给它们带来极大的伤害。

冬天里的四足恶魔

现在是加拿大北部的早春。在小溪的冰层之下，已能听到涓涓细流声——又到了冰雪消融、万物复苏的时节。不过，要想完全摆脱冬季的掌控，还需再等几个星期。破晓时分，一个樵夫走出他那粗糙的小木屋。他裹紧外套，检查了枪，然后便出发去挨个查看昨天设下的陷阱。靴子踩在冰雪覆盖的大地上，发出嘎吱嘎吱的响声，这是樵夫穿过荒凉的村庄时四周唯一的声音。他用敏锐的眼睛在树林中寻找熟悉的地标。第一个陷阱一无所获，第二个亦是如此。他继续前进着，突然，一点动静引起了他的注意。郊狼？或是灰狼？他将步枪从肩上滑下，停在原地，屏住呼吸，凝视着眼前的一片桦树林。一切似乎都静止了。手中步枪的重量让他沉下心来，继续前进。没走几步，又有一点动静，这再次吸引了他的注意。树丛中出现一只狼，在他左前方大约200米的位置。狼看见他后并不惊慌害怕，但樵夫还是放慢了脚步。他能逐渐拉近距离，轻松命中吗？

灰狼

　　这匹狼并非独自到此，她和她的狼群都快被饥饿逼疯了。这是一个绝望的冬天。另一只狼，她的儿子，也从树丛里走了出来，站在她身边。它们非常谨慎，与人类打交道的经验告诉它们必须如此，然而，这种谨慎被饿到隐隐作痛的肚子消减了不少。母狼回头望向树林，狼群的其他成员正聚集过来。她开始行动，沿着树丛边缘小跑，打算从侧面发起进攻。突然，一声枪响，几分之一秒后，一颗了弹与她擦身而过，打中她身后的那棵树。

　　没击中！樵夫一边咒骂着，一边熟练地重新装弹。当他再次抬起头时，他惊奇地发现那匹狼，不，应该是整个狼群，并没有像往常那样逃走。相反，越来越多的狼出现在视野中。4只，6只，12只了？还有更多。当樵夫再次举起步枪瞄准时，他开始感到不安。

　　听到枪声后，狼群停了下来，但没有一只狼转身逃跑。母狼朝樵夫迈了一步，接着，另一头狼也跟着朝樵夫迈了一步。既是受她的勇气鼓舞，也受到对食物的强烈渴望的驱使，狼群开始向樵夫移动。它们逐渐加快步伐，与这个男人之间的距离越来越近。

　　樵夫又开了一枪。这一枪正中目标，一只狼在空中翻了个跟头，在落地之前就已经死了。但狼群没有犹豫。它们冲了上去。又是一枪，再一枪，又一枪。每一枪都命中了。已经有4只狼倒下，但它们并没有停下脚步。在狼群追上他前，他又开了3枪。其中一只狼咬住他的大腿，他用步枪枪托猛击，砰的一声，它的头骨碎裂，但猎人已无暇分辨那声音。现在另外两只狼在撕咬他的双腿。他拼命地用那柄沉重的枪托砸向这两只狼，然后用力扫向扑来的第三只狼，重重地打在它的下颚上。但狼实在太多了。一只巨大的狼向他的胸部发起攻击，将他扑倒在地；其他狼则抓住了他的胳膊和腿。虽然他拳打脚踢，用力挣扎着，但是终究寡不敌众。他能感受到对手的强壮和狼牙撕咬带来的撕扯感，但他没有痛感，只有震惊。对狼来说，人类的肉实在太少，但付出的代价却十分高昂。几天后，有人发现了这个现场。这是一幅令人毛骨悚然的画面：11头狼的尸体围在樵夫的残骸周围，其中7头被射杀，4头被打死。

这个故事发生在不到100年前，主人公的原型是在曼尼托巴省的温尼伯湖附近的一名樵夫，最初，这具尸体被认为是本·科克伦（Ben Cochrane）。几个星期后，真正的科克伦出现了，他精神矍铄，精力充沛，身上也没缺斤少两，并为自己卷入的风波感到震惊。直到现在，受害者的真实身份仍未查明。尽管这起事件的种种细节想来令人胆战，但狼对人的攻击其实十分罕见。如果狼发动了攻击，要么是由于它们已经极度饥饿，要么是由于狂犬病引起的某种疯狂，从而抑制了躲避人类的本能。除此之外，则可能是狼长时间生活在人类居住地附近，这使它们对人类习以为常，不再恐惧。现在狼袭击人类的事件越来越少，部分是因为它们已经被赶出了自然栖息地，部分是因为它们已经学会了避开人类及其携带的枪支。尽管如此，狼作为"冬天里的四足恶魔"这种印象深深印刻在我们祖先的记忆中，尤其是北方的民间文化中。相反，它们的近亲，也就是家犬，却受到人们的亲切对待，并因忠诚和陪伴而赢得了好名声。狗和主人之间的关系与狼的社会生活都基于相同的社交性：这些动物和我们一样，在群体生活中建立了紧密的联系。在这些相同的纽带作用下，我们与熟悉的犬类朋友和谐相处。

论及狼时，人们总是习惯用一种谈论单一物种的方式。然而，即使现在生物学家能使用分子工具来识别和区分物种，但关于哪些是独立的物种、哪些是亚物种以及每个物种之间如何相互联系的争论仍然很激烈。所有的狼都属于犬科，且可归于犬属，该属动物包括豺、澳洲野狗、家犬和狼等。狼包含3个不同的种类：红狼、埃塞俄比亚狼，以及数量最庞大、分布最广泛的灰狼。到此为止，没有异议。但接着，灰狼又被分成了许多亚种（有些专家甚至将其视为不同物种）。不同亚种之间可以杂交，亚种也可以与家犬杂交，这就模糊了所有亚种之间的区别。不仅如此，如果你认为灰狼就是灰色的，那就错了。灰狼并非一定是灰色的——还可以是白色、黑色、棕色，甚至是红色的。灰狼也有各种不同的名称——普通狼、大灰狼、平原狼、苔原狼等。现在你就能明白，为什么会有这么多争议了吧。

灰狼，以其各种形态，曾广泛分布于北半球，从北美到格陵兰岛，从欧洲到亚洲，南到印度，东至日本——横跨整个北半球。通过几个世纪的"努力"，人类已经把狼从它们之前所在的大部分区域中赶了出去。坚持留了下来的狼主要分布在地球上较寒冷且偏远的地方。只有在这些地区，这种可怕的动物——对某些人来说是——仍算是近在咫尺。但想要亲眼见到狼也不容易，尤其是在欧洲大陆。在20世纪初，人们认为德国已经消灭了狼，后来有人发现某个狼群从波兰越过边界到了德国，并在这片地方建立起基地。我曾前往这个地区，希望能亲眼看到狼群。然而，我的努力并没有得到回报。在那里，我确实发现了狼的活动迹象，包括一些脚印和粪便，但我始终没能看到它们。不过，我有一种感觉，它们其实看到了我，而且应该就在附近。我的一位朋友曾在波兰与狼有过一次邂逅。他当时正在研究另一种历经几个世纪的狩猎而绝迹但如今终于逐渐恢复的欧洲哺乳动物——原牛，并在波兰最古老的比亚沃维耶扎原始森林中度过了几个月。当时，他小心翼翼地穿过茂密的林地，突然前面出现一片空地，然后他与一只狼四目相对——这或许正是前几代人的生活日常。他们静静地看了对方一会儿，直到狼转身慢慢退到灌木丛中。

阿尔法、贝塔和欧米茄狼

在我们的内心深处，狼似乎是冷酷而危险的杀手，但如同上述遭遇那样，以狼的撤退告终要远比遭受其攻击常见得多——至少如今是这样的。狼的攻击事件大都记录在案。记录显示，从15世纪到20世纪初，在法国有超过5000起狼对人的袭击事件，也正是在这个时期，人类几乎将狼消灭殆尽。然而，在狼的其他据点，即从北美到北欧和俄罗斯这片区域，在20世纪后半叶只有11人伤亡。当然，现在狼的数量已经大大减少，但我们生活方式的改变——城镇和城市人口增加，加上对狼的了解——无疑有助于减少此类事件的发生。在动物研究中，狼算得上被研究得最透彻的动物之一，这不免增加了人们对狼的好感，尤其是在社会行为方面。

狼群通常也由单个家庭组成，父母和孩子一起生活，极少数情况下才会有几个家庭一起组成一个更大的狼群的情况。狼群有一套严格的等级制度。有一对狼被称为阿尔法狼，它们统治着其他的狼，也是唯一一对能够繁殖的狼。虽然它们并不总是狼群中体型最大的，但通常是体格最强壮的，因为它们必须能经得住对其权威的挑战。占统治地位的动物会通过肢体语言来表现自身的优越性。如果一头狼高昂着头，竖着耳朵，伸着尾巴，这表明它的地位很高。其他的狼群成员则采取顺从的姿势，跟随着这位高傲的同类：它们将尾巴蜷缩起来，俯身靠近，然后以恳求的姿态，舔舐头狼的口鼻。当这种情况发生时，阿尔法狼冷酷而威严，一边接受这些讨好行为，一边保持双眼直视前方。在其他时候，地位较低的狼可能会翻身露出肚皮，以表现屈从和脆弱。如果某个下属不愿做出这些表示敬意的举动，战斗就会爆发。斗争双方咆哮着，露出各自的尖牙，发出明确的威胁信号。为了尽可能避免打斗，双方试图通过一系列激烈的仪式性表演来解决问题，比如龇牙咧嘴、互相猛扑但不实际接触。只有当这些都不能解决问题的时候，斗争才会真正爆发，而到了这时候，它们就会变得非常凶残。如果挑战者战胜了阿尔法狼，狼群的其他成员可能转而抛弃它们曾经的首领，围攻它们并将它们赶走。被废黜的阿尔法狼能活着逃出来已算走运。

虽然狼群中的所有狼都知道自己在群体中的地位，但这并不意味着它们不会破坏规则。低级别的雌性可能会试图引诱领头的雄性，同样，低级别的雄性可能会试图与领头的雌性交配。为了避免这两种情况发生，每种性别的首领都必须密切关注同性成员的行为。尽管有危险，但繁殖的欲望是强烈的。偷偷私交也意味着，在更大的狼群中，有一定比例的年轻狼并不是这对阿尔法狼的后代。在大多数情况下，这些狼都是所谓的贝塔狼的后代；贝塔狼的地位仅次于阿尔法狼，也是最有可能挑战头领的狼。处于狼群等级底层的狼被称为欧米茄狼。这些狼会受到可怕的欺凌，如果碰到食物短缺或阿尔法狼恶意十足的时候，欧米茄狼甚至可能无法从狩猎成果中分到一杯羹。奇怪的是，欧米茄狼似乎在凝聚狼群方面发挥了重要作用，因为有了这样一个发泄攻击性的出口，狼群反而更能和平共处。狼的玩耍行为同样发挥了社会黏合剂的作用。模拟格斗和追逐是狼群日常生活中的一部分。它们邀请同伴嬉戏时，会用一种类似于人类鞠躬的方式：抬高后躯，翘起尾巴摇摆，并将前腿和头贴到地面。在玩耍时，地位似乎不那么重要，欧米茄狼也可以追逐阿尔法狼，因为任何狼都难以拒绝玩耍带来的乐趣。

狼崽在生命的早期阶段会得到狼群和其父母阿尔法狼的帮助。当狼崽断奶后，在狩猎后，阿尔法狼有时会放弃它们的优先权，让小狼最先进食。然而，多数时候，对食物的争夺都非常激烈；多了一张嘴要喂养，更是使资源的需求量达到了极限。此外，除了与狼群成员建立起亲密关系，小狼最终还是必须寻找自己的配偶。出于这些原因，刚成年的狼可能会自行离开或被扫地出门。它们这时的选择有限。独行者很少会去加入一个既有的狼群，事实上，如果不小心踏入其他狼的领地，它们很可能会付出生命的代价。失去了亲族的保护后，它们变得十分脆弱，挣扎着忙于生计。即使能幸存活下来，它们的迁徙也可能长达数周或数月，在此期间，它们可能会离开出生地数百千米。它们要寻找的配偶通常是另一只独狼，它们还需寻找一块它们可以拥有的土地。在狼群数量众多的地区，年轻的独行者必须在密密麻麻的领地间，小心翼翼地行走，避免与当地"居民"发生冲突。不过话又说回来，危险之中也可能蕴藏着机遇。在这些领地内的年轻的狼可能会被引诱与这头独狼交配，或者独狼在旅途中可能会遇到另一个流浪者。一旦独行者找到了自己的配偶，它们就可以建立自己的族群。

狼群生存的关键在于保卫自己的领土主权，以及猎食其领地内猎物的权利。同狮子和鬣狗一样，狼也会通过气味标记来宣示主权，尤其是在领地边缘的小路上。这些标志因狼的嚎叫声而得到加强，狼也因此而闻名，这种嚎叫声可以让邻近的狼群知道此地已被占领。然而，领土主张可能会引发争议，领土安全也时常受到威胁。保卫领土，或争夺领地，对于狼群的生存和繁衍都至关重要。数量越多，力量越大——从边境的小规模冲突到相邻狼群间的全面战争，一般而言，总是更大的狼群具备更强的战斗力。众狼的嚎叫能告诉其他狼群这块领土上的业主规模的大小。"狼丁"兴旺的狼群热衷于嚎叫，而聪明的独狼就很少会嚎叫。

狼群之间的争斗激烈异常，伤亡惨重。在许多地区，狼最大的杀手是其他的狼。然而，即使狼群内部存在攻击行为，狼群之间也存在敌对关系，狼也会表现出强烈的情感联结——我们可能称之为友谊，在人类社会中不难识别这种亲和关系。经验丰富的狼观察家们曾经描述过，当狼群中的一位成员死去时，狼群内部会有一种哀悼的氛围，甚至到了可能会暂停狩猎的地步。作为一名科学家，我在试图理解动物的情绪状态时必须小心谨慎，但我们可以通过激素来测量压力。当动物感到压力时，某些激素的浓度就会上升。对失去一个成员后的狼群进行的测量显示，它们的皮质醇水平达到了峰值，这是一种关键的应激激素。也许狼会哀悼的故事有些道理。

人类的四足朋友

在涩谷火车站外，矗立着一座狗的雕像。这座雕像是为了纪念一段发生在人类和我们的犬类朋友之间的感人故事。上野英三郎（Hidesaburō Ueno）每天从东京大学下班回家时，他的小狗"小八"都会去涩谷火车站接他。不幸的是，收养小八仅一年后，上野就去世了。然而，在接下来的10年里（一直到小八自己去世），小八每天晚上都会忠实地来到车站外，在它过去与主人碰面的地方等待。尽管小八的忠诚程度非比寻常，但全世界的爱狗人士都有一手经验表明狗的爱与无私。因此，狼悼念逝去的成员这件事对狗主人来说或许并不新奇，毕竟，狗也算是狼群的一员。狗和狼一样，本质上都是群居动物。

家犬和野狼的行为有多相似？为了回答这个问题，我们需要回到过去，揭开现代狗的起源之谜。狗和人之间的伙伴关系有着悠久的历史，事实上，这也是我们与动物之间最长久的伙伴关系。考古证据表明，狗和人类一起生活了至少14 000年，甚至更长时间（可能有这两倍多）。在我们对古代人类墓葬遗址的挖掘中，发现了与主人葬在一起的狗的遗骸，表明这只狗是主人的动物伙伴。在我们的祖先和狗的祖先最初建立伙伴关系的时候，人类文明还处于起步阶段。在成为农民或牧民之前，大多数人以狩猎采集为生。乍一看，这似乎是一个不太可能的联盟——两个高度发达的掠食者，对彼此构成重大威胁，双方处于相互恐惧和侵略的状态中。人类是如何克服这一点，进而使狗和人的世界如此深地交织在一起的？有人认为，掠食者才是早期人类驯化的最佳选择，因为它们天生不怕其他物种，且有群居的习性，更适合群居生活。这两个条件狼都符合。狗与人类之间的伙伴关系既古老又神秘。考虑到证据十分有限这一点，我们目前只能尽可能构建出可信的解释。

一种观点认为，生活在人类居住区边缘的狼，逐渐学会了以人们丢弃的食物为食。狼和许多动物一样，不同的个体有着截然不同的个性。有些狼极具攻击性，有些则不然。那些性情较为温顺的狼更容易获得当地人类的容忍，而那些凶残的狼则会被赶跑。于是，狼与人的故事就这样发生了：狼花费越来越多的时间在人类的地盘附近徘徊，逐渐消除了对人类的恐惧，变得驯服。这些狼从稳定的食物供应中获益，再经过几代的繁殖，培育出驯服的幼崽。种群中最友好的狼通过与人类合作而获得了优势。相应地，我们的祖先则得到了现成的守卫和有力的狩猎伙伴。随着时间的推移，两个物种之间的联系越来越紧密，这些狼也越来越远离它们野生的近亲。虽然我们可能会认为是人类驯化了狼，但更准确的说法可能是它们驯化了自己。

虽然许多人支持这个版本的驯化故事，但也不乏反对意见。反对者认为，那个时代的人类对于丢弃食物这件事非常谨慎，因为这样做可能会引起狼或熊的注意。即使他们真的这样做了，"多余的"食物也不太可能满足像狼这样的大型动物。最后，纵观历史，人类对拾荒者的态度并不友好——我们的祖先会愿意与翻垃圾的窃贼建立关系吗？

另一种假说认为，狼和人类之间的联系是通过共存而建立起来的。从本质上讲，这个解释指出了人类和狼如何生活在同一片土地上，共享资源，并随着时间的推移相互学习。虽然太过熟悉常常会滋生轻视，但也有可能促进相互尊重，最终能够接纳对方，共同协作。此假说的部分证据来自对原住民的态度的研究。在美洲原住民和欧亚北部的狩猎文化中，人们尊敬甚至崇拜狼。由于狼和人在狩猎或用餐时频繁相遇，了解彼此的需求也在逐渐增加。起初，这只是为了避免来自危险的竞争对手的伤害，但随着时间的推移，这可能演变为两个高度社会化的物种之间的合作。合作策略高效实用，可以使双方都有所获。

狼最初是如何被驯化的，我们可能永远无法知道真相，这是一个有许多缺失部分的考古拼图游戏。不过，20世纪后半叶在苏联进行的一项卓越的实验项目，让我们对驯化过程有了更深入的了解。从1959年开始，德米特里·别利亚耶夫（Dmitry Belyaev）在狐狸身上实施了一项人工选育计划。为了实验的目的，别利亚耶夫仅以温顺这一个行为特征作为依据，挑选狐狸进行繁殖。判断的方法是依据狐狸对人类的反应。那些最愿意接近实验者，并且当靠近人群时，表现出最少的恐惧和攻击性的狐狸，就能被留下繁殖下一代。他对人工选育出来的每一代狐狸都进行了测试，并且只让它们与那些在驯服测试中表现良好的狐狸进行繁殖。好的实验需要一个对照组来提供公平的比较。因此，别利亚耶夫还会在排除在人工选育之外的狐狸里随机挑选狐狸进行繁殖。除表现驯服这一特征之外，两组狐狸的其他条件都相同。在驯服测试期间，别利亚耶夫还尽可能地避免与狐狸进行过多的互动——避免它们被训练得习惯与人打交道。仅仅过了3代，别利亚耶夫就看到了可靠的结果——人工选育组的狐狸变得越来越温顺。驯化狐狸的比例逐代递增：20代后有三分之一的狐狸在经过被驯化，30代后数量则高达一半。到21世纪初，所有参与培育计划的狐狸都被驯化了。相比之下，对照组的狐狸与最初的时候没有什么不同。

当然，这本身并不令人惊讶——我们知道，培育某种特定性状，意味着我们会增加动物表现出这种性状的比例。但有趣的是，除了温顺，别利亚耶夫还发现狐狸在其他方面也发生了变化。他的狐狸们不仅准备好了接纳人类，还有些更为根本的转变。他的驯化狐狸就像家犬那样行事——它们更加顽皮，摇着尾巴，舔着前爪，争相吸引训练者的注意。它们的外表也发生了转变：不同颜色的皮毛、较短的口鼻、较小的牙齿和松软的耳朵。令人难以置信的是，所有这些变化仅仅是培育出对人类友好的狐狸的副产品。根据与家犬相处的经验，这些特征我们都非常熟悉，它们是相互关联的——根据温顺进行筛选，其他的特征就会打包附赠。我们可以合理地想象，几千年前狼也经历过类似的过程，这个过程最终造就了今日的狗。

随着别利亚耶夫的狐狸变得更加友好，另一个变化也逐渐显现：它们变得越来越习惯于理解人类的手势。再次强调，这并不是育种计划预期达到的目标，也不是通过熟悉人类而培养起来的。相反，它是随着"温顺"这一特征发展出的一系列变化。事实上，狐狸和家犬一样善解人意。狗的善解人意尤其令人印象深刻，因为它们不仅比狼要擅长，甚至比黑猩猩——人类超级聪明的猿类表亲——做得还要好。作为狗主人，我们常常理所当然地认为，狗能理解我们指出的扔球方向，或者察觉到我们情绪或行为中难以察觉的微妙变化。狗是如此熟悉我们，以至于当我们打哈欠时，它们也会打哈欠，尤其是当狗与我们的关系非常亲密的时候。这些动物发展出的技能，不仅帮助它们在与同类的互动中找到方向，适用对象也已经扩展到包括我们人类在内。我们已经成为狗的社会世界的一部分，就像它们已经成为我们社会的一部分那样。

第 8 章

咔嗒声与文化

Codas and Cultures

∶

在所有社会动物中，鲸鱼和海豚最神秘
也最擅长合作。

一次邂逅

手紧抓着船体侧面，双腿垂在水中，我迫不及待地想下水。船攀上一个浪头后，船长关闭了引擎，他发现远处似乎有什么东西："快，快，快，下水！"

我和好友从船侧跃入大西洋，这里距离海底有好几千米。不一会儿，船从视野中消失，海面上似乎只剩下了我俩。海水清澈得如同头顶的蓝天，漂浮在这深渊之上，我有种眩晕感。在平息了一些不理智的想法后，我再次将视线集中在海平线上。现在能做的唯有期待。随后，一个巨大的身影出现在海蓝色的边缘之上，这些身影一个接一个地冒出海面；渐渐地，轮廓变得更加清晰，它们正径直向我游来。我浮在水面上，为眼前的景象所震撼，3头地球上最大的掠食者正冲过来，它们是最著名的航海小说《白鲸记》（*Moby-Dick*）中的可怕主角。我邂逅了一群抹香鲸。

那会儿，我在亚速尔群岛研究鲸鱼的社会行为。我多少是带着些恐惧去了那里。这些岛屿位于大西洋中部，附近居住着大量的抹香鲸。虽然这里是世界上最适合生物学家研究这些雄伟动物的地方之一，但亚速尔人与鲸之间并不总是那么和谐。作为当地文化的重要组成部分，捕鲸活动一直持续到1984年。抹香鲸和它们的许多亲戚一样，是长寿的动物，寿命与人类相当。尽管亚速尔群岛的捕鲸活动已经结束了27年，但该地区的成年抹香鲸很可能还有被人类捕猎的记忆。我琢磨着，它们在水中遇到我们时，这些聪明的野兽有足够的理由保持谨慎，甚至具有攻击性。

抹香鲸群

　　尽管如此，在其栖息地遇到最大齿鲸的机会仍不容错过。由于获得与鲸鱼接触的许可并不容易，现在这种情况就更为难得。谁知道还会不会有下一次机会？不过，当我们的四人团队第一次从马达莱纳港出发时，格雷戈里·佩克（Gregory Peck）猛击插着鱼叉的海中巨兽的场景①，仍不断在我脑海中闪现。在那次特别的旅途，以及接下来的几天里，我们只看到鲸鱼

————————————

① 1956 年，梅尔维尔的小说《白鲸记》被翻拍成电影，格雷戈里·佩克饰演亚哈船长；这里描述的场景正是电影的高潮部分。——译注

最终消失在蓝色海面那最诱人的一瞥。我们的小船虽具备一定的机动性，但不能很好地应对大浪，所以，在波涛汹涌的海面上寻找鲸鱼算是一项挑战。不过这倒给我们上了一堂实实在在的应对晕船的速成课。为了避免晕船，我服用了大量的药物。我的一个同伴罗曼（Romain）拒绝服用化学药物，结果，他大部分时间都趴在船侧，生不如死。起初，每一天都像是前一天的翻版。我们在大西洋上来来回回，眼睛盯着地平线，唯一的配乐是罗曼不时发出的呕吐声。一个又一个小时的搜寻毫无结果，但这是寻找动物的必经之路——如果你想要的是旱涝保收，那还是去动物园吧。

我们得到了一位年迈的水手若昂（Joao）的帮助，他来做我们的瞭望员。他眼神锐利，住在火山半山腰的一间小屋中。这座火山造就了皮库岛。若昂多年前在捕鲸船上学会了瞭望技巧，想想也挺神奇，虽然时代变了，但他的工作内容没变。如今，我们不再屠杀鲸鱼，而是开始了解它们。可惜，在这4天的时间里，即使是经验丰富的若昂，也很难在汹涌的海面上找到任何鲸鱼。鲸鱼的标志性特征是它的喷气孔，当它们潜水结束时，会从喷气孔中喷出水汽和其他一些不那么令人愉快的东西。一头体型相当大的鲸鱼，可能会在离海面几米远的地方喷出潮湿的空气，但在波涛汹涌的大海中，需要一些运气才能探测到。

潜至深海的猎手

鲸鱼觅食的场所远在海浪之下。它们是惊人的潜水员，能够一次下潜两千米，在"午夜区"最黑暗的地带，超过一个小时不换气。不过，一般来说，它们不需要把自己逼得太紧，这完全取决于在哪里能够找到食物。抹香鲸是高效的猎手，在一天之内，它们可以轻易地吃掉半吨重的鱿鱼和鱼。觅食地的深处几乎没有光线，所以它们非常依赖回声定位来探测猎物，就像大型蝙蝠或海豚一样。许多种类的深海鱿鱼是会发光的，它们相互交流和捕猎时就会产生光脉冲。猎物在黑暗中体贴地照亮自己确实可以帮助到鲸鱼，但同样，若被一群闪光的乌贼包围，鲸鱼可能会迷失方向。难怪精明的抹香鲸已经学会偷偷接近渔船，从延绳钓上享用上钩了的鱼。不过，这对鲸鱼来说更像是一种奖励，而非一种满足其巨大胃口的有效方式。

为了争取优势，尤其是在狩猎更大、更难以捉摸的猎物时，抹香鲸会协调合作。它们成对或小群地下潜到觅食地，形成一条搜索警戒线；一排鲸鱼分布在一千米以上的海洋中，这是定位猎物群的上策。然而，找到一大片密集的乌贼只是合作的一部分。从安装在鲸鱼身上的水下GPS设备所显示的移动痕迹来看，它们还会分头行动——一头鲸鱼潜至乌贼群下方，切断它们游向更深水域的逃生通道，其他鲸鱼则攻击猎物群的侧翼。只不过，我们对抹香鲸捕猎行为的理解，就像对抹香鲸其他行为的许多方面的理解一样，仍处于起步阶段。

没有什么猎物比巨型乌贼更可怕了，它们是北海巨妖克拉肯（Kraken）的灵感来源：身长10米的巨型乌贼并不比鲸鱼小多少。年长点的抹香鲸，头部常常有巨大的圆形伤疤，这是巨型乌贼吸盘留下的印记，这显示出两只海洋巨兽之间斗争的过往。在对鲸鱼的解剖中，科学家发现了乌贼的残骸，这也证实了，它们确实吃过这种令人生畏的猎物。但我们并不知道鲸鱼是如何制服这种怪物的。抹香鲸的下颚十分精致，镶满了长长的锥形牙齿。但有案例表明，没有牙齿的老年抹香鲸也能设法觅食。而有时从鲸鱼腹中发现的乌贼尸体也没有牙印——乌贼们似乎会不战而降。基于这些线索，有人认为抹香鲸运用了一种"声波震"战术来击败巨型乌贼。抹香鲸超大的头部就像一个声学透镜，能够聚焦和增强声波。有了这个，也许鲸鱼可以通过音爆来震晕猎物。这听起来很有道理，但实验表明并非如此。实验测试了鲸目动物发出的各种声音，看其是否会使其他海洋动物丧失行动能力，结果并没有显示出这种效果。最近，抹香鲸捕猎时的录音记录捕捉到了鲸鱼回声定位时发出的嗡嗡声和咔嗒声，但没有巨大的音爆。目前，抹香鲸应对其强大对手的高招，仍然是这种最具魅力的鲸鱼的众多谜题之一。

与鲸鱼同行的海豚

当暴风雨持续笼罩着亚速尔群岛时，我的思绪也充斥着这样的爆鸣声。终于，在旅程的第五天，海浪缓了下来。我们终于有机会了。果然，没过多久我们就听到收音机噼啪作响，一个兴奋的声音用葡萄牙语指示着方向。船长改变了航向，他告诉我们，在西北方向两千米处有一群抹香鲸。

虽然前几天没有收获，但我们至少还是制定了与鲸鱼接触的章程。船长会先绘制出鲸鱼移动的路线图，接着把我们放到它们前方几百米的水域中，再把船驶离航道。然后，我们只需要等待，或者朝着某个地标前进，尽可能抓住最好的时机拦截并观察鲸鱼。如果鲸鱼决定改变航向，或者直接潜入海中，那只能算我们运气欠佳。是否能够邂逅鲸鱼，这将完全由鲸鱼说了算。此外，即使一头鲸鱼只是在平静地游动，它的速度也远超任何生物学家，哪怕我有鳍也没办法跟上。在最初几天里，我们与鲸鱼会面的次数很少，时间也很短暂。鲸鱼在我们视线的极限处经过，或者在我们下方很远的地方，翻转着身体，用小得惊人的眼睛向上看着我们，然后就消失了。这让我们期待，在鲸鱼经过的时候，能多几秒钟宝贵的时间，让我们能做一些速记或者记录下它们的个体特征。

但这次不一样。不仅海浪平静了下来，鲸鱼似乎也不那么匆忙。它们没有直接游开，而是徘徊了一会儿。突然间，我们发现自己正处于一个家族嬉戏的中心。这是一次非凡的经历，远远超出了我的想象。可惜我不能就这样停留在海面上，被动地享受这一切；那些翻跃的鲸鱼不断以惊人的速度靠近我，每当一条巨大的尾巴威胁着要把我打翻时，我就不得不闪开。这个鲸群由 4 头鲸组成——一头体型巨大的母鲸，身长超过 10 米；一头个头稍小一些的鲸鱼，大约是母鲸的四分之三；另外还有两头幼鲸。能遇见这一家子本身就很美妙了，但在这块鲸鱼蛋糕上，甚至还点缀着一颗樱桃——这群鲸鱼中还有一只成年宽吻海豚。

这两个物种能够彼此容忍，但是，它们不同的生活方式和对猎物的偏好意味着它们很少会聚在一起。此时这种情况，原因可能出在这只海豚身上，它的脊柱明显弯曲，背鳍后的身体都是扭曲的。但这看起来不像是受伤的结果（因为没有伤疤），更像是天生的。尽管如此，它还是克服重重困难，活到了成年。可能由于这种身体状况，它无法以宽吻海豚正常的速度游动；如果确实如此，那么它将与同类的社会生活完全隔绝。也许，它是作为某只鲸鱼的替代者加入鲸鱼家族的。

在接下来的 20 分钟里，鲸鱼彼此之间进行着持续不断的对话，它们发出空灵的吱吱声、敲击声和咔嗒声，同时，还时不时地夹杂着海豚的高音。鲸鱼们不断跃出海面，水花四溅，同时，鲸群中其他的小成员又围着巨大的母鲸转圈。接着，更令人惊奇的是，它们开始玩起了某种奇怪的游戏。母鲸会张开她桨状的下颚，其中一头较小的鲸鱼会游进她的嘴里，把头从一边伸出，尾巴则从另一边伸出。母鲸似乎会非常温柔地轻咬小鲸鱼一两秒钟。被咬过的鲸鱼会自觉游开，然后排到队伍的后面，接下来，另一条又会移动到适当的位置，享受同样的待遇。宽吻海豚也加入了游戏，它同样游进母鲸张开的嘴里，接受一次"齿间相拥"。我离开了鲸鱼，任它们自个儿玩耍。即使过了很久，我仍然对这次邂逅着迷；能够近距离观察这种鲜为人知的社会行为，是一种难以置信的殊荣。

上岸后，我开始思索，鲸鱼跑到母鲸嘴里的行为，到底意味着什么。

也许这与灵长类动物的梳理行为有相似之处。虽然理毛的直接作用可能是保持毛发光泽和驱虫，但更重要的是这一行为的基础：关系的建立和加深。当然，由于缺乏灵活的四肢，鲸鱼不会理毛。也许这就是它们表达自己情感的独特方式。抹香鲸生活在母系社会中，群体的核心由相关联的雌性组成，通常包括一位祖母、她的女儿们，以及女儿的后代。儿子们只会在少年时期与鲸群一起生活。当它们接近性成熟时，就会脱离社群，过上一种更加孤独的生活。不过，雄性会和一个或多个其他雄性组成松散的单身汉群体，这也不罕见。我们那天观察到的抹香鲸是一个典型的社群。所以我经历到的可能就是，母鲸以一种奇怪的鲸式拥抱的形式，表达对这个家的关心。这只海豚的加入表明，它明白这个行为没有任何威胁；母鲸对海豚的关心也表明，它被这个群体所接受，尽管它可能只是临时成员。

鲸鱼的声音

虽然抹香鲸的视力相当好，但它们主要用声音交流。水生环境有时会对视觉交流构成挑战，而水传播声音的效率远远高于空气，许多种类的鲸鱼都利用了这一特点。在鲸鱼发出的各种声音中，有一种非常特别，只有在鲸鱼第一次靠近我们时才能听到这种声音。那是一种砰砰的震音，你不会感觉疼痛，但它强烈到足以穿透身体。我能想到的最贴切的描述方式是，这种声音听起来就像是用铁棍狠狠地打在轮胎上。这似乎没有任何攻击性，只是鲸鱼在使用眼睛观察之外的另一种手段——声音来试探。

尽管没有什么能与鲸鱼的探测声波的强度相提并论，但它们发出的最频繁的声音，是低沉、洪亮的咔嗒声和快速的吱吱声。每只鲸鱼都以自己一系列咔嗒声进行对话，这种声音被称为尾声（coda）。尾声的结构是独一无二的，通过尾声，鲸鱼可以互相识别。因此，它们能够保持联系的距离远远超出了目视的距离。每个不同的社群在交流时都有一系列的尾声，不过，抹香鲸社会的一个重要特征是，社群本身又归属于一个更大的、组织更松散的社会结构，即所谓的氏族。虽然每个社群通常由不超过10头的独立的鲸鱼组成，但整个氏族可能包括分布在方圆数千千米海洋中的数百甚至数千头鲸鱼。抹香鲸氏族的一个迷人之处在于，每个氏族都有自己独特的方言，能产生特定的氏族尾声。这似乎与地理范围有关，就像人类的方言一样。当抹香鲸相遇时，它们可以识别出对方是谁，以及其所属的社群和氏族。

沟通显然对动物社会的凝聚力很重要，尤其是当鲸鱼从深海潜水归来时，它们需要找到彼此。最年幼的幼鲸无法跟随母亲潜入深海，只能待在水面附近；它的母亲则在数百米深的海底巡逻，寻找深海中的鱿鱼。刚出生的幼鲸，可能已经有4米长，1吨重，在它们出生的头几天，身体两侧甚至还有在其母亲子宫中蜷缩时留下的褶皱。和人类一样，年轻鲸鱼的声音和成年鲸鱼不同，幼鲸交流时的音调明显更高。

抹香鲸

　　鲸鱼宝宝的存在不仅对母亲，而且对整个群体都具有重要意义。虽然幼鲸严重依赖母亲的保护和哺乳，但其他成员也会分担照顾幼鲸的事务。幼鲸可能向一个乐于帮忙的雌性亲属求助来补充营养。和所有哺乳动物一样，它们以母乳为食。然而，对于这些水生动物来说，这似乎是一项挑战——当你已经在水中时，该如何喝水呢？答案是，鲸鱼奶在质地上就像白软干酪，所以幼鲸更像是在"吃"奶，而不是咕噜咕噜地喝奶。虽然这里讨论的是幼鲸，但那些接近成年的小鲸，似乎也很喜欢从母亲那里得到营养补给，这种补给有时甚至持续到青少年时期。雌性亲属有时会和最年轻的家庭成员一起留在水面附近，在这些幼鲸的母亲觅食时负责照顾幼鲸。不过，情况并非总是如此：母亲不在的时候，幼鲸也可能会被独自留下。同其他物种的幼崽类似，抹香鲸宝宝既好奇又贪玩。我第一次发现这点时，是一头幼鲸找到了我们，而我们当时正因为没能看到海豚群，在海面上失落地徘徊。不知出于什么原因，这头幼鲸放心地在我们周围游来游去，一边游还一边用鼻子轻轻地蹭我们。这种遭遇虽不同寻常，但也有潜在的危险。显然，我们不能给幼鲸太大压力，尽管它似乎很享受以它自己的方式和我们玩抓人游戏。我们更担心它母亲的反应。如果我们唤醒了一头14吨重的鲸鱼的保护本能，事情可能会变得非常糟糕。但幼鲸不肯离开。如果我们游开，它就会跟上来。虽然它尚且年幼，但仍可以毫不费力地碾压我们这可悲的游泳速度。我们别无选择，只好接受它的关注，紧张地看向深海，等待母鲸归来。几分钟后，母鲸终于浮出海面，看上去对我们似乎并不在意，在护送宝宝离开前，还在我们身边待了一会儿。

　　在旅程的末尾，我们最后一次出海观鲸。距离第一次见到那群抹香鲸已经过去4天了，但我们还是幸运的，那只海豚仍活跃在旁。在我们离开这个海洋天堂数周之后，听我们的导游说又看到了这个鲸群，海豚也还在。这是一个比我想象中还要长期的约定：海豚与鲸群的互动达到了令人惊讶的程度。至少，这让我们对两个物种的社会倾向的程度，即寻求和保持同伴关系的那种根深蒂固的动力，有了一定的了解。

这种不寻常的伙伴关系引发了许多问题，但我们对答案所知甚少。例如，脊柱弯曲成这样，海豚是如何设法觅食的？从外观来看，它肯定吃得不差——事实上，它看起来就像一个饭桶。但它不可能和鲸鱼一起觅食，因为海豚并不具备与寄宿家庭相媲美的潜水能力。那它是在自己捕食吗？还是鲸鱼以某种方式向它提供食物？有时候，抹香鲸会把捕获的乌贼带到水面上，也许海豚可以自取少许。或许这只能算是甜点，但无论它是如何养活自己的，这只海豚似乎都已经作为群体的一分子被接受了。这表明，这种不同寻常的社会结构在抹香鲸中是可能的。在许多类似的哺乳动物群体中，要被群体接受，必须具有血缘关系。然而，尽管血缘关系对抹香鲸很重要，但这并不是决定关系的唯一因素。对其社会关系的基因检测表明，它们与家庭成员和非亲缘个体都能建立长期的关系。虽然海豚可能将这一点发挥到了极致，但这也表明，两个物种都具有非凡的灵活性。

进攻与防守

这些高度社会化的哺乳动物的另一个引人注目特征是它们面对威胁时的反应。直到最近，一些专家还自信地宣称，抹香鲸（尤其是成年抹香鲸）实际上不会受到捕食威胁。虽然在我们的想象中，应该没有食肉动物能挑战巨型抹香鲸，但事实上，有一种动物能够做到。虎鲸既是高智商的猎手，体型也大到足以对付成年抹香鲸。根据一种说法，虎鲸这个名字源自西班牙语的asesina ballenas，意思就是"鲸鱼杀手"。根据西班牙的渔民和捕鲸者的描述，他们亲眼看见了虎鲸捕杀更大的鲸鱼。考虑到我们对虎鲸的崇拜和起名时的过分拘谨，它们现在更多地被称为逆戟鲸（Orca），这是它的

虎鲸

学名 *Orcinus orca* 的简写。不过这个名字也有负面含义，因为 Orcinus 可以被翻译为"来自死亡国度"。虎鲸的"公关形象"颇为微妙，我们暂且打住。事实上，它们是地球上最具创新精神、最聪明且最无情的猎手之一。

虽然不乏关于虎鲸袭击抹香鲸的报道，但是，很少有报道会像下面这篇那样引人注目，令人痛心。这是一份由美国国家海洋渔业局的罗伯特·皮特曼（Robert Pitman）及其同事提供的报告。这份报告描述了1997年在加利福尼亚海岸，多达35头虎鲸对9头抹香鲸的袭击。攻击始于清晨的某个时候，持续了数小时，科学家们在一艘研究船上观察了整个过程。抹香鲸面对威胁的反应是聚集在一起，组成玛格丽特花阵（marguerite formation）。玛格丽特是法语中雏菊的意思，这个名字很贴切，因为抹香鲸会把头转向阵型的中心，它们的身体像花瓣一样向外辐射。那些年轻脆弱的个体会被吸引到花阵的中央以远离危险。人们甚至了解到，其他小型鲸类如领航鲸也会寻求这种庇护。成年抹香鲸将头向内，这样它们就可以挥舞最有力的武器——尾巴，并将其对准攻击者。这种战略与麝牛等动物的群体防御有很多共同之处，甚至与从前士兵们组成的"步兵方阵"也有相似之处。然而，即使是最协调的阵型也有可能被攻破，这次，虎鲸的数量实在太多了。虎鲸的策略是谨慎的，它们通过不断消耗，逐渐削弱猎物，同时，也尽量减少自己受伤的风险。如皮特曼所描述的那样，虎鲸会轮流攻击，然后立即撤退出来。这种策略非常有效——每次虎鲸在受害者之间移动时，都能看到有鲜血从受害者身上流出，攻击区的周围也漂浮着鲸油。

随着流血增多，虎鲸加快了进度。抹香鲸遭受的创伤越来越严重。根据皮特曼的报道，许多抹香鲸的皮肤和脂肪被撕下大片，还有一只抹香鲸的肠子都清晰可见。对抹香鲸来说，结局显而易见，末日就在眼前。到了上午11点，也就是距离虎鲸首次攻击4小时后，它们终于成功地破坏了抹香鲸的防御阵型，使疲惫的受害者暴露在进一步的攻击之下。一头巨大的雄性虎鲸开始发动疯狂的攻势，它猛烈地撞击着一头无助的抹香鲸毫无保护的侧翼。抓住猎物后，它像猎狗撕咬老鼠那样紧紧咬住这头巨大的猎物并剧烈摇晃。完成进攻后，虎鲸便得以享用战利品；在接下来的一个小时里，它们围着尸体进餐。除了这头抹香鲸，其余抹香鲸不知所终。它们也许能够逃脱，但严重的伤势可能已经注定了接下来的命运。

尽管那天皮特曼和同事们目睹了这样的野蛮事件，但实际上，虎鲸成功击破抹香鲸阵型还是极其罕见的。对于当时的情况，一个决定性的因素是敌人的数量远远多于抹香鲸的数量。抹香鲸身上的伤疤清晰地显示了虎鲸的暴力行为。例如，在一次普查中，几乎三分之二的抹香鲸身上都带有虎鲸的咬痕。不过，皮特曼的报道也只是少数几个可靠的案例之一。虽然虎鲸可能会攻击有幼鲸的抹香鲸群，但鲸群通常能够抵御这种攻击。有时，雄性抹香鲸出现在附近就足以打消虎鲸的攻击意图——雄性抹香鲸比雌性抹香鲸还要再大上三分之一，令虎鲸相形见绌。然而，即便是雄性抹香鲸，当它们发现附近有虎鲸时，也会变得小心谨慎。尽管虎鲸不太可能与一头成年雄性抹香鲸交手，但抹香鲸可能会回想起幼年时期的经历，那时候虎鲸确实能构成威胁。一听到虎鲸的声音，这些巨大的抹香鲸就会浮出水面，也许这是为了补充氧气，以防万一。这样一来，它们就能下潜得更深，超出虎鲸的活动范围，成功逃出生天。不过，逃跑并不是它们的第一本能。它们会保持警惕，同时靠近其他同类，组成一个对抗危险的坚固堡垒。

雌性抹香鲸群和幼鲸在面对虎鲸时仍然是脆弱的。幼鲸无法潜到很深的地方，这导致母鲸被迫待在水面附近，以玛格丽特花阵作为保护易受伤害的幼鲸的主要方法。不过，这不是唯一的防御策略——鲸鱼的防御策略中有一种强烈的利他意识，超越了母亲保护幼鲸的本能。在前面描述的残酷攻击中，他们还观察到，即使虎鲸积极地试图破坏阵型，抹香鲸也仍彼此支撑，紧密相连。当虎鲸偶尔将一头抹香鲸从玛格丽特花阵中拉出来时，这只孤立无援的动物将面临更加可怕的攻击。这时，会有另外一两头鲸鱼从花阵中脱离出来，护送这位同伴重新回到防御阵型中。这样一来，救援者就会吸引虎鲸的注意力，成为野蛮袭击的目标，但它们愿意付出这样的代价。在我看来，这是鲸鱼行为中最引人注目的一点。

从远方冲来的同伴

几天后，皮特曼和他的同事们再次目睹了虎鲸对抹香鲸群的攻击。他们的描述生动而惊人地展示了抹香鲸在防御方面的合作程度。这次，当他们在水面上观察一个由5头抹香鲸组成的群体时，他们注意到该地区的鲸鱼活动更频繁了。另有一群抹香鲸（其中包括一头幼鲸），距离第一群抹香鲸大约一千米。离第二群抹香鲸再远一千米的地方，有5只虎鲸正紧随其后。也许是察觉到了即将到来的危险，第二群抹香鲸暂时潜入了水中。它们为什么会这么做，我们还不清楚，有一种可能是，在这短暂的潜水期间，受到威胁的鲸群发出了某种警报。不管是求救信号，还是仅仅意识到附近有虎鲸，距离虎鲸更远的第一群抹香鲸立即改变了路线。就在两群抹香鲸相遇的时候，有更多的抹香鲸也赶到了。它们显然听到了召唤，也许是刚从取食点赶来的。现在这里已经聚集有15头之多的抹香鲸，但这也不能完全吓退虎鲸。一头成年雌性虎鲸靠近了这群鲸鱼，在它们之间游动。水面上漂浮的一圈鲸油表明虎鲸正在发动攻击，造成伤害。抹香鲸的骚动与不安，不仅对旁观者是显而易见的，对附近的其他抹香鲸也是如此。他们在报告中描述了一幅不可思议的场景：其他抹香鲸群从四面八方赶来，还包括一头来自7千米外的抹香鲸，它们的速度太快，以至于在头部周围形成了弓形波浪。最终，大约有50头抹香鲸聚集在这里。玛格丽特花阵一般为受到攻击的小群抹香鲸所采用，由于这次的抹香鲸数量众多，它们的策略相当不同。它们形成了一个紧密团结的群体，面向同一个方向——虎鲸袭来的方向。这时候，虎鲸在数量上已经处于危险的劣势，它们撤退了。随着直接危险的消失，抹香鲸分裂成许多小群，各自四散。

从广阔的海域中召集数十头抹香鲸共同抵御敌人，这让人想到人类自身的一些美好之处。在整个人类历史上，有许多时候，家庭和民族团结一致，共同面对危险。如果抹香鲸的利他行为让我们想到这些美好，也许我们应当反思自身相当不堪的一面。由于注意到抹香鲸会对族群成员的痛苦做出反应，捕鲸者很快就意识到，如果他们伤害了一头鲸鱼，当地的其他抹香鲸就会聚集在这个地方。受伤的鲸鱼因此成了一个可怕陷阱的诱饵，鲸鱼无私的天真反而毁了它们。

几百年来，抹香鲸一直是人类关注的焦点。最初，研究抹香鲸是为了能在捕鲸时代物尽其用；现在，我们通过科学而非商业的角度，对这个物种有了更深入的了解。相比之下，虎鲸虽然没有完全逃脱捕鲸者的注意，但从来没有像抹香鲸那样被利用过。其中一个原因是，它们的体型较小，脂肪含量低得多，捕捞价值较低。然而，同抹香鲸一样，对虎鲸的最新研究，促进了我们对其行为和社会结构的前所未有的了解。

复杂的杀手

一旦开始讨论虎鲸，就会遇到些麻烦。我们谈论的既可能是单个物种，也可能是数个亚种，这些亚种都被归在虎鲸名下。这件事情之所以复杂，是因为目前有许多竞争理论，学者们对于如何定义物种存在分歧。简言之，情况有些混乱。令人欣慰的是，这是一本关于行为的书，我们可以回避这些复杂的争论，让生物分类学家去细究。

可以说，世界各地的海洋中几乎都有这些惊人的动物，并且，它们的行为也非常多样。我们有时用生态型进行区分。占据自己独特的生态位来觅食，就是虎鲸最明显的分化点之一。不妨举例说明，在南极有一种生态型专吃企鹅；另一种生态型就避开企鹅，偏好海豹；第三种生态型则专心猎杀其他鲸鱼。有些生态型喜欢吃鱼，但它们通常只吃少数几种鱼。例如，有一种类型专注于鳕鱼，另一种类型几乎只吃鲱鱼，还有一种类型将鳐鱼和鲨鱼列为它们菜单上唯一的食物。在美国的太平洋北岸以及加拿大海域，两种生态型共存。该地区的居留鲸专门以鱼类为食，相对地，它们的同类过客鲸则是哺乳动物猎手。这不仅仅是一种食性偏好：在不太开明的时代，专食哺乳动物的过客鲸被捉到海洋馆，它们坚定地拒绝进食人工饲养的鱼类，以至于活活饿死。

仅凭饮食并不能定义一个物种，甚至也不能定义一个亚种，但虎鲸的高智商与生态型分化相结合，形成了一系列迷人的行为。在新西兰海域，虎鲸严重依赖鳐鱼。这些鲨鱼的近亲拥有扁平的身体，使得它们能够在海底觅食。聪明的虎鲸会利用鳐鱼自身的特点来对付它们。轻轻一个翻转将鳐鱼上下颠倒，它便会进入一种毫无防备的"恍惚"状态，这种状态被称为紧张性麻痹（tonic immobility）。其他时候，虎鲸则成对工作——一只负责抓住鳐鱼的尾巴，把鳐鱼从海床上拉起来；另一只则对准头部咬上一大口，致其死亡。它们传递鳐鱼时，就像在传递一块鱼肉比萨饼一般，与同伴们相互分享。顺便说一句，其他地区的虎鲸也会使用同样的迷惑技巧，最明显的证据就是旧金山法拉隆群岛附近发生的一起事件。这里是一些世界上最大的大白鲨的聚集地，其中有些大白鲨的体型接近虎鲸。然而，根据一位目击者的描述，虎鲸成功地将这个可怕的猎物翻了个身，在杀它之前先把它送入梦乡——这是一种巧妙的战术，也充分说明了这些聪明的动物学习新技能的能力。

在北大西洋，虎鲸会共同努力，将好对付的鲱鱼群与深水中越冬的其他鱼类区分开来。接下来，虎鲸将猎物围困在水面上。"猎人"们以致命的速度旋转着包围这群鱼，同时从喷水孔喷出一层层的气泡，向鱼群展示它们白色的肚子。在虎鲸群无情的骚扰之后，受到惊吓的鲱鱼纷纷聚集得更加密集，这又方便虎鲸发动致命一击。虎鲸灵巧地甩动尾巴，向猎物打出强大的冲击波，使其昏迷。最后只需去挑选受害者的"尸体"即可。一旦虎鲸完成了前面所有的工作，座头鲸就会不请自来。它们适时的上浮和冲刺，用大嘴一口气吞没这群被虎鲸精心放牧的鱼，让虎鲸的努力成为徒劳。虽然有些生态型的虎鲸偶尔也会以大型鲸鱼为目标，但这是一群以鱼为食的虎鲸，座头鲸无需担心。

以哺乳动物为食的生态型面临着不同的挑战。这些生态型的虎鲸擅长捕食海豹和其他鲸鱼等聪明的猎物，这就要求它们发展出复杂的捕食策略。这些虎鲸的捕食行动往往颇具戏剧性，吸引了世界各地野生动物摄影师的

海狮

注意。在巴塔哥尼亚，虎鲸到达海狮栖息地的时间与海狮幼崽断奶的时间相吻合。虎鲸并不会默默等待幼崽冒险离开出生地时再捕食，而是直接利用可攻击的路线接近海岸，它们会以惊人的爆发速度冲上海滩，利用这种出其不意，抓住一只心不在焉的海狮。在南极洲，通过团队合作加上对物理学的精湛运用，虎鲸能够将海豹从浮冰上击落。虎鲸们协调一致冲向一块浮冰，产生的波浪将海豹从这个避难所中冲下海，或直接掀翻浮冰，让受害者滑入它们欢迎的怀抱。

当虎鲸攻击它们的近亲须鲸时，合作尤其重要。许多成年须鲸的体型使它们成为几乎不可挑战的对手，但须鲸的幼鲸是脆弱的。虎鲸会不遗余力地将捕猎目标与其母亲分开。它们撞击并撕咬这些不幸的鲸鱼，把自己挤进母鲸和幼鲸之间，将幼鲸隔离开来。如果能做到这一点，接下来，虎鲸就会跑到弱小的幼鲸的后方，把它推向海底，让它窒息。这是一个令人心生不忍的场面，但这也确实印证了虎鲸非凡的智力。它们联合起来智取猎物的能力与黑猩猩等动物相当，它们与黑猩猩都有着令人印象深刻的智慧。这甚至还表明，虎鲸社会有文化；它们能够通过世代学习和积累知识，从而发展出非常成功的狩猎策略。

人如其食

"人如其食"这句谚语放在虎鲸身上再合适不过了；它们饮食的专业化程度和生态型文化，使它们之间的差别越来越大。每个生态型都倾向于只与同类交往和繁殖，每个生态型都有自己特定的发声模式，类似于方言，而且通常还有自己独特的颜色模式。例如，在东北太平洋，虽然过客鲸和居留鲸共享同一片水域，但它们之间几乎没有互动；事实上，它们似乎会刻意避开彼此。除了在外貌、饮食和"方言"上的这些差异之外，它们在社会行为上也存在着显著的差异。

以哺乳动物为食的过客鲸通常以小群体为单位生活，大概由3头左右的鲸鱼组成——一头成年雌鲸和一两头它的后代。这些小群体有时会聚合为较大的群体，但这只是暂时的聚会，每个小群体最终都会走自己的路。虽然它们的群体规模很小，但是它们确实能高效合作捕猎。每只鲸鱼都扮演不同的角色，角色还可以互换。当海豹被困时，其中一只虎鲸充当横栏——它阻挡着猎物，防止海豹逃跑，其他虎鲸则轮流用尾巴或胸鳍攻击这只不幸的猎物。捕猎游速快的海豚需要采用不同的策略。虎鲸们组成追逐小队，交替扮演追逐者的角色，这样，一只虎鲸累了，另一只虎鲸就可以立即接力，直到海豚最终筋疲力尽。不管面对什么样的猎物，这些虎鲸都是非常老辣的猎手，或许可以称得上是专门捕猎哺乳动物的猎手中最成功的。不列颠哥伦比亚省西门菲莎大学的研究人员罗宾·贝尔德（Robin Baird）和拉里·迪尔（Larry Dill）描述了他们观察到的138次袭击，除了其中的两次以外，其他所有的袭击均成功了。似乎一旦它们发动攻击，问题便不在于猎物是否会屈服，只在于何时屈服。

搜寻猎物时，过客鲸通常不会发出声音，保持"无线电静默"，以免打草惊蛇。一旦锁定目标，需要开始协调合作时，沟通的渠道就会再次打开。狩猎时的专注投入与狩猎后的行为形成了鲜明的对比——它们似乎变得无忧无虑，嬉戏打滚，拍打鳍肢或跃出水面。捕猎成功后，狩猎小队的成员个个都能分得一杯羹。贝尔德和迪尔描述了一头虎鲸如何叼着一只海豹接近另一头虎鲸，然后，双方咬住海豹的尸体，像圣诞拉炮一样把它扯成了两半。

比起过客鲸，居留鲸更爱社交，有些鲸群甚至包含不少青年鲸。居留鲸与过客鲸的这种不同在一定程度上反映出它们捕鱼需求的不同。即使被猎物群发现，居留鲸也不需要像那些哺乳动物狩猎者一样，紧密合作开展狩猎行动。同样重要的是，在特定地点捕鱼的虎鲸即使数量增加，也不会影响彼此。它们的社群同其他典型的哺乳动物一样建立在母系基础上。鲸群中的所有成员都是同一只雌性的后代，最多能够四世同堂，是自然界中最持久的家庭关系之一。这些虎鲸由女族长组织在一起，就像大象社会一样。为了召集家庭成员，年长的雌鲸有时会用尾巴拍打水面来引起它们的注意，通过水优良的传播特性，这种声音能够传播到很远的地方。女族长是重要信息的宝库，她利用自己的经验带领群体前往觅食的好地方，甚至还会将抓来的鲑鱼像派对礼物一样分发给家族成员们。

居留鲸的生活

南方居留鲸是人们研究时间最长，也研究得最深的海洋哺乳动物之一。40多年的研究工作让我们对这些富有魅力的生物有了深入的了解。总的来说，南方居留鲸是由3个不同的社群组成的氏族，在一年中的大部分时间里，我们都能在萨利希海——受温哥华岛保护的近海海域——看到它们。从这项研究中我们了解到，虎鲸是所有哺乳动物中寿命最长的——虎鲸奶奶是 J 群（J Pod）的一员，她去世时估计已经超过 100 岁了。这些数据也为生物学中的有趣问题提供了答案。例如，虎鲸是极少数经历更年期的动物之一。大多数动物一旦成年，只有在它们保持生育能力的情况下才能存活，然而，我们人类和虎鲸都享受着漫长的后生育期。雌性虎鲸很少在 40 岁以后生育，尽管她可能在 40 岁以后还能活几十年。这对我们来说是如此熟悉和自然，以至于我们不会去质疑这种情况，但是生物学不能感情用事。那么，为什么这些老年虎鲸在不能繁殖的时候，还留在社群中？答案在于：从进化的角度来说，帮助那些与你共享基因的成员，是一种非常好的策略。正如我们所看到的，虎鲸生活在紧密的家庭群体中，可能正是这种环境促进了这种行为。更重要的是，无论是雄性还是雌性后代都会留在社群中。成年雄性可能会时不时地逃离一段时间，享受与来自不同群体的雌性的联系，但它们总会回来。

　　随着雌性虎鲸年龄的增长，它们的幼崽在食物竞争中，似乎越来越多地被群体中年轻雌性虎鲸的幼崽击败。也许那些更有活力、更年轻的母亲会让自己的后代在群体生活中占据优势。最终，这种竞争的结果是，年长雌性的幼崽不太可能茁壮成长并存活下来，所以对年长雌性来说，繁殖没有多少好处。也许最令人惊喜的发现是，这些年长雌性对群体其他成员的益处。通过研究老年雌性死后发生的事情，我们可以看到它们是多么有价值。母亲死后一年内，成年雌性虎鲸后代的死亡风险是母亲仍然活着时的 5 倍。对成年的雄性虎鲸来说，死亡风险则升高到了难以置信的 14 倍。为什么性别差异如此之大？一种说法是，雄性虎鲸会在外交配，这样它们就可以传播自己的基因，它们的后代也不会直接与母亲的族群竞争。出于这个原因，母亲会偏向儿子，对儿子给予比女儿多得多的帮助，以至于这些年轻的雄性开始依赖这种帮助，一旦失去这种帮助就会感到悲苦万分。无论如何，母鲸在子孙后代的生活中扮演着非常重要的角色，这可千真万确。

对于人类观察者来说，虎鲸社会内部强有力的联系十分引人注目。合作捕猎和分享猎物都能加强社会联系。有不少群居动物共享猎物的例子——狮群享用一只角马是立马浮现在我脑海中的一个案例，但类似的例子远不止这些。不常见的是分享小型猎物，即一些可以被单个个体捕获和食用的猎物。居留鲸是鱼类专家，最喜欢的是鲑鱼，尤其是帝王鲑。尽管动物社会中分享小型猎物的行为不常见，居留鲸还是经常与其他鲸群成员分享它们的猎物，并在传递猎物之前先将其分解。这种行为可能发生在任何群体成员之间，但最常见的是成年雌性以这种方式为自己的后代提供食物。除此之外，还有报道称，虎鲸会把食物作为礼物送给鲸群中身有残疾的成员。这些虎鲸通常缺少鳍，尽管很难说，它们究竟是天生如此，还是因为一次事故而失去了鳍。但不管是什么原因，缺少鳍对速度和机动性都会产生影响，这也使得捕捉猎物成为一项挑战。鲸群并没有放弃这些不幸的个体，不会对它们不管不顾，其他成员会承担起为它们提供食物的任务。在这种温情中，能够看到虎鲸作为冷酷无情的杀手的另一面。

观察人类观察者的海豚

在野外遇到的所有动物中，没有哪一种比宽吻海豚更能让我有种自己在被评价的感觉。我与它们最难忘的一次邂逅发生在亚速尔群岛，也就是遇到抹香鲸的那次旅行中。前一秒，我还独自游动着，在玻璃般的深海中寻找生命，下一刻，我就被一群海豚包围了。它们在水中发出的吱吱声、咔嗒声、口哨声不绝于耳。我很想知道它们对我的评价，除非是在说"是

宽吻海豚

谁把那个胖子带来的？"有一次，它们从一个结构松散的队形变成了紧紧排列在一起的队伍，潜到了我下方几米的地方。它们在那里停下来，在水中直立着转身，保持着队形并停留了一会儿，一动不动地注视着我。然后，也许是不再感兴趣了，它们又散开，盘旋一阵后，便消失在了视线之外。当然，宽吻海豚、它们的近亲大型虎鲸，以及体型更大的抹香鲸都以其高智商而得到认可，但是在那一刻，我对它们的印象不止如此，我觉得自己接受的评价来自一群有感知力与意识的动物。

动物意识的问题引发了激烈的争论。目前的科学无法给出满意答案，所以它成了一个哲学问题。我们能看到大脑，甚至可以审查大脑活动的模式，但是，我们还不能真正看到大脑的内部——动物的心灵。我们可以对动物进行测试，比如测试它们在镜子中认出自己的能力。海豚通过了这个测试，这意味着它们至少有自我意识。除此之外，我们无法知道得更多了——海豚有意识吗？它能思考"思考"本身吗？这些问题都没有公认的答案。我直觉上认为面前出现的这些动物有意识，但这样的直觉性判断没有什么科学依据，那只是一种强烈的感觉而已。但是，毫无疑问，这些宽吻海豚是极其聪明的生物。

智力常见于社会动物中，而海豚是最复杂的社会动物之一。海豚之间的社交网络是一幅幅不断变化的马赛克图案，以复杂的识别能力为基础，它们能够与几十个同伴保持持久的关系。海豚常以小团体为单位行动，不过它们也常需要面对分离，或者是有个体加入，或者是有个体离开去寻找其他的同伴。其中，雄性尤其在年轻的时候便建立起了可以维持一生的纽带。快成年时，这种雄性联盟将成为雄性竞争策略的关键，特别是在它们具有攻击性的性行为中，因为雄性可能会试图强迫潜在的伴侣。有时候，几个雄性联盟可能会联合起来，组成一个大帮派，它们要么挑战规模更大的雌性群体，要么试图将雌性从其他雄性的控制之下夺走。相比之下，雌性之间有更广泛的朋友圈，但不如雄性间的关系那么铁。在一定程度上，这与雌性在发情期和哺乳期两个模式间循环有关，而这两种模式都会影响雌性的社交本能。尽管如此，面对雄性联盟的威胁时，它们偶尔也会联合起来，保护自己和后代。

宽吻海豚的许多互动方式都令人着迷，远远不止"一起行动"那么简单。例如，亲密的伙伴会同步行动，在上升浮出水面或潜水时它们会互为镜像。这可能源于幼时的经历，它们以这种方式与母亲同步，跟随在母亲身边，模仿她的每一个动作。与朋友做这种事也许是一个自然的过程。有时，它们会用一种海豚式的牵手来增强平行游泳的能力，在游动的过程中互相触摸对方的胸鳍。甚至，当海豚之间发生争吵时，它们会用鳍肢互相抚摸，以修复受损的关系。

海豚之声

除了肢体上的这种亲和特征，宽吻海豚还有一种迷人而复杂的语言。它们会持续不断地进行评论，特别是环境中有新的令人兴奋的事物时，比如，在亚速尔群岛游泳的一位肥胖的生物学家。如今我们对海豚的语言逐渐有了一些了解，特别是它们标志性的哨声。这哨声就像是一个标识符，每只海豚都有自己独特的声音，这与抹香鲸的尾声类似。同人类婴儿一样，它们几乎一出生就会发出声音；它们也是很优秀的模仿者，会模仿周围的声音。然而，确定属于自己的哨声需要一定的时间，通常需要一到两年时间。确定哨声的过程通常会受到周围伙伴的影响，尤其是那些与它们一起长大的成年海豚。这种影响并不一定来自与自己关系最亲近的海豚，小海豚会学习各种各样的发声特点来塑造自己的口哨声，它们可能会被偶尔来访的游客吸引，学习它们口音中具有异国情调的元素。一旦确定了自己的声音身份，它们就会在各种会面中使用这一声音。在打招呼时，知道自己要发什么声音是一回事，但海豚更进一步——它们还会重复其他海豚的标志性哨声。虽然它们并非唯一一种能够根据声音识别个体的动物，但它们是我们所知道的唯一一种使用特定声音标签进行识别的动物，我们不妨称这种标签为姓名。

海豚的词汇库远不止有姓名，还包括根据情境发出的一系列不同的声音。有专门用于团队成员集合的声音，有玩耍时会发出的叫声，还有更多的声音来表达痛苦、愤怒和攻击性。此外，海豚群还会互相分享关于食物的详细信息——在觅食时发现的目标鱼群，还有可能领着其他海豚前往最佳觅食点。当它们费劲捕获到一条大鱼时，会发出一声喜悦的尖叫。甚至，如果小海豚在母亲呼唤时没有及时出现的话，它们的母亲还会发出一种愤怒的声音。小海豚不仅很容易成为鲨鱼的猎物，也可能成为其他海豚攻击的目标，所以，当它们没能紧跟母亲的时候，母亲的怒火也就不足为奇了。犯错误的小海豚会受到父母的惩罚，有时惩罚相当严厉，比如，母亲用嘴抵住小海豚的一侧，发出愤怒的嗡嗡声；在一个极端的案例中，母亲甚至把小海豚抵在海床上压了一会儿。训斥过后，小海豚可能会用它的胸鳍抚摸母亲的头来寻求安抚。尽管海豚是话痨，但它们也知道，有些时候需要安静——当鲨鱼在四处觅食时，海豚群就会保持沉默。

海豚的声音丰富且复杂。倘若用人类的语言来描述它们的声音，诸如吱吱声、口哨声、嘟嘟声、嘎嘎声和爆裂声这样的词，其实根本无法传达出海豚声音的复杂性和其中微妙的变化。在理解这些声音上，我们面临着一个基本的障碍。在研究领域，对海豚声音的描述主要用图像表示，特别是用声谱仪得到的图像，这些图像以时间为轴，显示出声音的频率和振幅，根据变化绘制曲线图，但这些图像很难解读。最近，人们采用了一种新技术来捕捉海豚交流声的丰富性。根据声音在水中产生的振动模式，通过可视音带技术（cyma glyphs）将个体叫声转译成特定的图片。人们认为，海豚的回声定位系统就是利用从周围环境中的物体上的反弹回来的声波来有效地构建这些物体的图像；从某种意义上说，它们正是通过声音来看东西。因此，可视音带技术或许可以帮助到我们，让我们以一种类似于海豚看东西的方式来观察它们的叫声。虽然这项技术还处于早期阶段，但这种深入研究另一物种的语言的可能性十分诱人。

作为一种拥有发达大脑的动物，海豚既善于学习，也敢于创新。它们发展出了一些自然界最非凡的觅食策略。在墨西哥湾，海豚会围成一个紧密的圆圈游动，用尾鳍快速拍打泥质的海底，形成一圈淤水屏障，从而诱捕鱼类。也许是觉察到自己被限制在墙里，鱼会尝试跃出围墙。这正是海豚期待的，鱼一往外跳，它们就会熟练地张开嘴捉住鱼。潮沟里的宽吻海豚会采用搁浅进食法，它们把鱼赶到溪流的斜坡上，把自己和鱼都推到泥地上，这样，海豚可以轻而易举地吃掉搁浅的鱼。在西澳大利亚的鲨鱼湾，有一群精致的海豚，它们会从海床上收集海绵，然后把这些海绵覆在下颚上。当它们需要贴着粗糙的海底（那里常隐藏着一些不爱出来的鱼）游动时，海绵就能够起到保护作用。

从依赖母乳获取食物，到自己捕捉快如闪电、光滑如丝的鱼，并不是件易事。海豚可以向族群中的年长者学习各种不同的捕鱼技巧，但母亲的捕猎策略对幼崽影响最大。有证据表明，海豚的这些行为是代代相传下来的。例如，上述使用海绵的行为，被认为起源于大约两个世纪前一只雌性海豚的"灵机一动"。耐人寻味的是，一旦海豚形成了一种特定的策略，这种策略不仅会影响它自己觅食的方式，还会塑造其社交对象的范围。海绵海豚主要与其他海绵海豚互动，它们就像是成立了一个海绵俱乐部。虽然小海豚学习这些技能可能只是出于单纯的观察和模仿，但有证据表明，一些海豚妈妈会特意教小海豚一些来之不易的生活技能。当它们和幼崽一起狩猎时，母亲会花费更长的时间、进行更持久的追逐，似乎还会指导幼崽，这或许是一种传授经验的方式。

座头鲸的歌声

50年前，在嬉皮士运动的鼎盛时期，一张唱片举世瞩目。不寻常的是，从某种意义上说，它是由动物记录制成的。这就是《座头鲸之歌》（*Songs of the Humpback Whale*），它成了畅销专辑，专辑中座头鲸那象征性的令人难忘的声音，鼓励人们重新审视自己对待这些生物的态度。这张专辑使更多的人参与支持当时刚兴起的拯救鲸鱼运动（Save the Whales Movement），最终成功争取到禁止捕鲸。"旅行者"号飞船甚至也携带了《座头鲸之歌》的录音，作为外星文明可截获的地球之音。

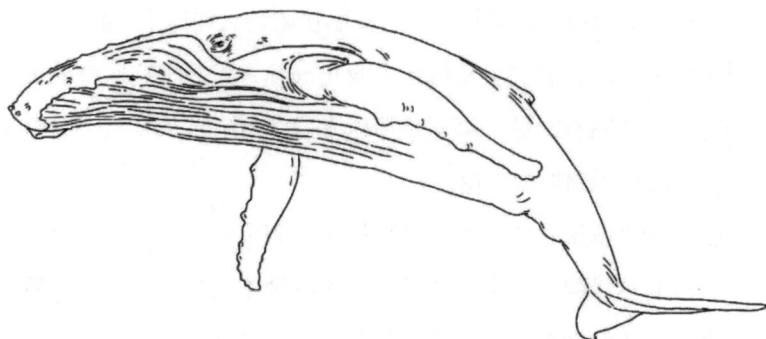

座头鲸

几年前，我坐着船在汤加群岛附近等着下海，在我不远处，有一只座头鲸唱起了歌，我马上就想到了上面这些事情。我满怀期待，想象这将是富有启示性的经验，我以为亲耳听到这首神秘玄妙的歌曲将是一种无与伦比的享受。我开启摄像机跳进了海里——这样日后还能回放，陶醉在它空灵的威严中。这只座头鲸则泰然自若地立在那里，垂着头，庞大的身躯斜向两边伸出巨鳍，宛若一位歌剧之星全情投入在音乐剧中。一切都很完美，只有一点不对劲。

它的歌声非常糟糕！

不是我过分挑剔，我并不是说它唱跑调了。据我所知，方圆100千米内的座头鲸，都被这位歌星的歌声迷住了。但是，它的声音听起来就像一头刚从宿醉中醒来的猪在哼唧。它是地球上少数唱歌比我还差的动物之一。

访问汤加群岛期间，我有幸与大约20只座头鲸在水里共度美好时光，它们刚从食物丰富的南极洲基地来此过冬。除了母鲸会贴身照顾幼崽（还有一个特例是两只雄性座头鲸追求一只雌性），其余时间它们都是独自生活。这并没有什么可大惊小怪的，多年前当我还是一个本科生时就学到了这些。鲸鱼大致分为两类：齿鲸，如抹香鲸和海豚；须鲸，如座头鲸、蓝鲸、露脊鲸等。人们一般认为，这两个群体可以根据社交能力进行划分。齿鲸是社会动物，而须鲸则不是。座头鲸及其同类独自生活觅食，天性孤僻。它们不需要群体来提供保护，也无需合作狩猎——事实上在进食时，彼此靠得太近的话可能还会造成干扰。基于此，我们可能会认为，既然它们并非喜欢群居的动物，那么将它们写进一本关于社会性的书似乎不太合适。

猜想与现实完全不是一回事。科学意味着对猜想进行严格的考察，而最近发现的证据改变了我们对座头鲸及其社会的看法。动物社群的一个显著特点在于，社会成员之间会保持一定的感官接触。但鲸鱼不需要这么做，它们可以利用水的声音传播特性，相距数百千米仍能保持交流。也就是说，座头鲸可以通过远程交流维持关系。到了20世纪90年代末，一些令人震惊的发现表明，它们会互相倾听并时刻关注着对方。座头鲸广泛分布在世界各地的海洋中，每个海盆里的雄性座头鲸，或多或少唱着同一首歌。但这首歌不是恒定不变的，随着时间的推移，它会逐渐有些改变。一定区域内的雄性座头鲸会根据听来的其他"流行曲调"调整自己的歌声，有时整首歌会被改得面目全非。从1997年开始，澳大利亚东海岸的座头鲸开始演唱一种新的旋律，这种旋律是它们从4000千米外的西海岸同类那里听来的。

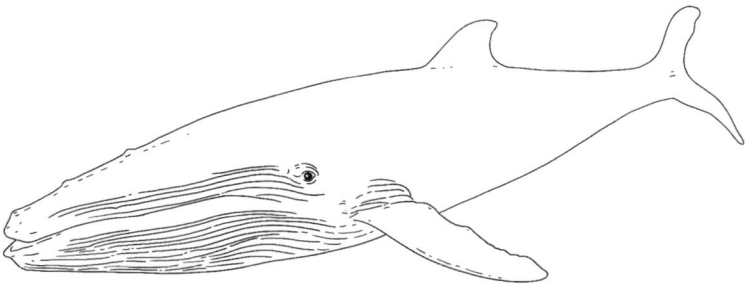

须鲸

不知它们是从几只迷路到塔斯曼海的雄鲸那里学来的，还是在南极迁徙或觅食时无意中听到的，总之，到了1998年，所有东海岸的座头鲸都在低声吟唱着西海岸的歌曲。这是一场音乐上的文化革命，并且完全是通过社会影响达成的。

如今我们知道了，这些革命会周期性地发生。也许是为了在一群歌手中脱颖而出，个别雄鲸为自己的乐曲增添了点缀，其他雄鲸也会效仿，这样鲸鱼的音乐也逐渐变得越来越复杂。其他雄性还会通过加入特别的元素来回应，于是在整个种群中，歌声会不断更新和发展。直到最终迎来一场颠覆性修改——一场革命，然后便回到另一首简单的新歌，重新开始这一过程。

虽然，以这一点作为驳斥将座头鲸视为独行者的证据，并称它们为社交歌曲的学习者完全不同于传统观念，但证据远不止这些。在北美海岸，座头鲸以小团队的形式合作捕捉成群的鱼类。为了成功实施这次捕鱼行动，鲸鱼们潜得很深，然后从气孔中释放出一股气流。它们齐心协力，通过声音进行交流，它们协调着螺旋式向上游动，所产生的柱状气泡幕将鱼群困住。最后，当它们接近水面时，其中一头鲸鱼发出攻击信号，整个鲸鱼群便都扑向鱼群，用它们巨大的下颚将鱼群吞入腹中。有时鲸鱼还会发明新策略。1980年，人们在缅因州海湾看到一只座头鲸用尾巴拍击水面。这种不同寻常的行为被证明是一种创新，可能是由某些有创意的鲸鱼专门发明的，用来作为捕食聚集在当地繁殖的玉筋鱼的手段。从那以后的几年里，人们发现，甩尾行为已经在鲸群中蔓延开来。就像雄性的歌声一样，这是一种习得的行为，这种行为已经通过鲸鱼网络从一个个体扩散到许多个体，而传递的基础便是鲸鱼间密切的联系。

温柔巨鲸的反击

座头鲸是温柔的巨兽。在汤加群岛，鲸鱼聚集在一起繁殖和生育。我在那里遇到了一只年轻的雌鲸，她静静地浮在水面上。我试探性地靠近她时，不确定她正处于什么状态——她生病了吗？她的眼睛闭着，但当我游近时，她睁开了眼睛，严肃地看着我。经过几秒钟的视察，她显然认为我毫无威胁，于是又闭上了眼睛。我绕着她转了一段距离，想看看她是否带着伤，然后，由于没有发现什么值得担心的地方，我便回到了船上。我想她一定是睡着了，因为在大约一个小时之后，她开始玩起一个游戏。她发现了一根漂浮在水面上的树枝，并用胸鳍轻轻地拨弄着它，然后把它叼在嘴里，就像小猫含着玩具似的。在我接触到的座头鲸中，几乎每只都以同样温和的方式回应我，它们既不会攻击也不感到害怕。这似乎印证了它们是悠闲的庞然大物的观点，但这并非完全准确。在繁殖季节，活跃的雄性为了赢得雌性的青睐而展开竞争，有时甚至相当激烈。不过，座头鲸的力量展示更多还是针对它们唯一重要的海洋天敌——虎鲸。尽管成年座头鲸的身长超过12米，几乎无需害怕这些虎鲸，但对幼鲸来说，情况确实令人担忧。据估计，多达五分之一的幼鲸可能被虎鲸杀死，而许多成年座头鲸身上都有虎鲸留下的伤疤，例如尾鳍上的疤痕。如果座头鲸会记仇，那么虎鲸很有可能位列它们复仇榜的榜首。

有人认为，座头鲸迁徙到热带地区繁殖的原因之一是为了避免虎鲸对幼鲸的劫掠。虽然虎鲸在世界各地分布广泛，但在温暖的水域却很少见。这些强大的食肉动物也可能影响座头鲸的迁徙路线，比如雌鲸会领着幼鲸紧贴海岸线游动。面对虎鲸，母鲸并不会束手就擒，她们会竭力保护幼崽免受伤害，有时甚至会将幼崽扛在背上，托出水面。随着虎鲸数量的增加，挑战难度大大升级——在一大群虎鲸的围攻下，即使是意志坚定的母亲也无能为力。一些母鲸和幼鲸身边有时会一个护卫随行，通常是一只雄性，虎鲸的威胁或许为这个现象提供了部分解释。但这只是部分解释，因为雄性的目标最有可能是与雌性交配；尽管如此，雄性还是加入了保护幼崽的行列。这样一来就有两只成年座头鲸守护在幼崽的两侧，它们有时把幼崽背在背上让它浮出水面，防止虎鲸从侧面进攻，并用身体抵挡虎鲸的撞击和致命的撕咬。

这种"死对头"的关系也许能够解释，为什么座头鲸有时候会从本能的防御转向攻击。罗伯特·皮特曼和他的同事们报告了一系列座头鲸在狩猎时积极寻找虎鲸的案例，即使它们的数量远远少于虎鲸。谁被虎鲸骚扰似乎并不重要，不论是海豹、海狮、座头鲸，还是其他鲸鱼，座头鲸都会从相当远的地方被虎鲸的攻击声吸引过来，然后帮助受害者进行猛烈的反击。这是相当了不起的事情，因为尽管虎鲸比成年座头鲸的个头要小，它们仍然是危险的对手。座头鲸似乎不为所动，它们挥舞着最有力的武器——尾巴和巨大的胸鳍。这些尾巴和胸鳍均重达一吨，上面还分布着硬化的茧。像这样持续而频繁的干预在动物界几乎是闻所未闻的。在少数其他物种中，确实存在猎物为了展示力量，反过来攻击掠食者的群殴行为，但这种行为通常是为了保护亲属，或者至少是为了保护同类。虽然，座头鲸很有可能是基于错误的假设，以为虎鲸的攻击目标是自己的同类而团结起来，但即使发现猎物的身份并非同类，它们仍然会继续骚扰虎鲸。这种行为给虎鲸的猎物带来的好处是显而易见的，但对座头鲸来说不见得有什么收益。也许它们只是在享受对死敌的打击报复！

在过去的半个世纪里，人们看待鲸鱼和海豚的方式发生了翻天覆地的变化。遗憾的是，我们与鲸鱼作为掠食者和猎物的历史关系，在世界上的某些地方仍在继续。不过，绝大多数人已经了解到，这些动物是复杂而迷人的生物，具有超越其他几乎所有生物的智慧。在鲸鱼社会中，我们见识到了可靠而持久的关系、复杂的互动，以及动物文化的有力证据。虽然在某些方面，我们对座头鲸及其同类错综复杂的生活了解得还不够，但与许多齿鲸相比，每一年都有新的发现。有许多动物已逐渐从持续几个世纪的捕猎中恢复过来，但未来仍有很长的路要走。困难在于，有人坚持认为，海洋环境能够无限地接收来自人类的垃圾和污染。真希望人们能够善待这些聪明的动物，对那些与我们共享海洋栖息地的动物给予更多的关注。

第 **9** 章

战争与和平

War and Peace

:

我们的动物近亲过着迷人又复杂的
社会生活。

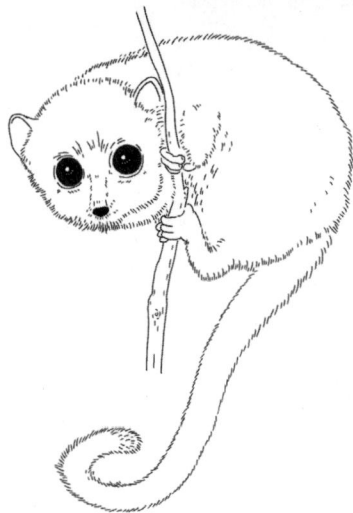

小型鼠狐猴

狡黠的生物

世界上约有500种不同的灵长类动物，从可以舒适地坐在你手心的小型鼠狐猴，到体型壮硕、爱好和平但没法坐在你手上的大猩猩，皆包罗其中。灵长类动物是动物界的"新生代"，大约出现在6500万年前，远晚于其他主要脊椎动物群体。第一批猴子在此后2000万~3000万年才诞生，猿类则出现得更晚些。

我们与现代黑猩猩有共同的祖先；这两种血统分道扬镳仅有600万年的历史。这听上去可能是非常漫长的时间，尤其是在这个等餐15分钟都嫌长的时代，但是，从进化的角度来看，600万年犹如昙花绽放的时间那样短暂。虽然我们可能会认为，自己与现代的灵长类动物近亲相去甚远，但两者的共同点以及高度重合的DNA都意味着，这种差距远比你想象的要小。

也许这就是为什么我们能在这些动物身上，看到如此多的自己的行为。考虑到我们寻求他人陪伴、建立联系和家庭生活的倾向时，情况更是如此。世界上绝大多数灵长类动物与我们一样，都是社会动物。它们像我们一样组建联盟、发起竞争，作为一个群体展开交流，做出决策。面对社会所提出的挑战，它们的应对方式能够提供许多有关我们自己的社会起源的信息。简言之，它们提供了一把万能钥匙，可以打开人类的关系与社会的奥秘之门。

　　社交虽然不是我们与其他灵长类动物共有的唯一特征，但它可能正是推动我们的另一个标志性特征——智力发展的关键因素，而智力这一标志性特征也使人类可与其他灵长类动物区分开来。如果你有幸与灵长类动物对视过，那你可能对此已有所了解。对大多数人来说，这样的相遇只会发生在动物园里。可是，若你与它们进行近距离的一对一互动，则会有完全不一样的体验。

　　从肯尼亚一只大胆的长尾黑颚猴身上，我第一次体会到了猴子的狡黠。这是一种迷人的生物，黑色的脸上环绕着白色的毛发，躯干上则覆盖着灰色的毛皮。长尾黑颚猴会在蒙巴萨郊区悠闲地闲逛，这情景令人惊叹不已且印象深刻，它们就像是毛茸茸的迷你版人类。当时我做了件蠢事。我外出看猴子时，房间的窗半掩着。这对一只大胆的猴子来说如同公开的邀请，它欣然接受并熟练地进入没人的房间。不过，它并没有像想象中那样把房间掀个底朝天，而是直奔我妻子的包，灵巧地拉开拉链，偷走了一包薄荷糖。获得奖品后，这只猴子自己爬上大楼屋顶，在之后的半个小时中，上面陆续飘下来一片片包装糖果的玻璃纸，到最后，空袋子也跟着飘了下来。我并不嫉妒猴子这不劳而获的收获，但是我担心，甜食并非猴子的理想饮食。不过从好的方面来说，至少它的口气将无比清新。

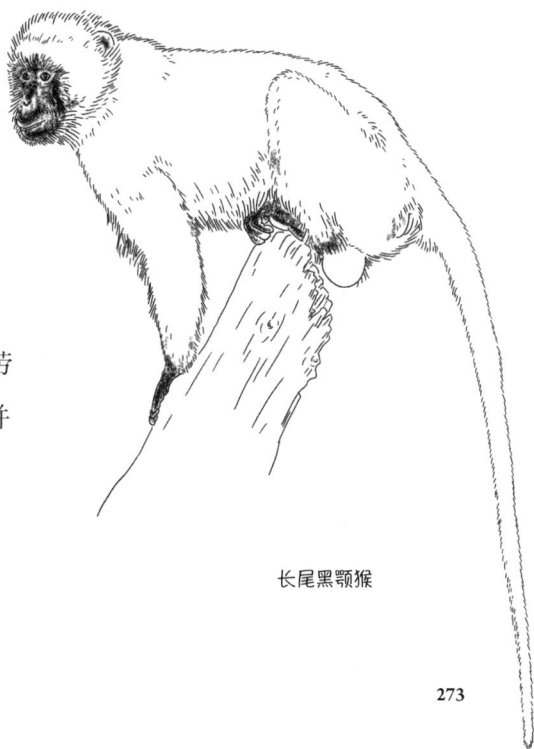

长尾黑颚猴

273

薄荷糖是一回事，酒精则完全是另一回事。在不太文明的时代，要抓住猴子，只需任其豪饮，然后人们便会将它们作为宠物出售，或是用它们给杂耍项目添彩。长尾黑颚猴是众多乐于参与酒局的物种之一，灌醉猴子也不需要太多酒——一只醉醺醺的猴子可以被毫不费力地抓起来。等它醒来的时候，也许还伴着痛苦的宿醉，它已经被关进笼子，过上受人嘲笑的生活，比如穿着炫目的衣服坐在管风琴上。令人高兴的是，给猴子下蒙汗药的情况如今已十分少见，但是，在世界上许多地方，成群的猴子还是会袭击酒店的露天酒吧，在顾客喝剩的饮料里"找醉"。

看到自己的弱点表现在灵长类近亲的行为中，我们也许只是一笑置之，但有些酗酒的猴子确实需要一些管制。你没法直接禁止它们饮酒，正如在面对一个粗鲁的人时，管理者不得不采取一些更极端的措施。一旦长尾黑颚猴能定期获取酒精，发生在它们身上的事情与人类惊人地相似。大约六分之一的猴子会定期地大量饮酒，二十分之一的猴子则会成为酗酒者——每天从清晨就开始喝酒，直到醉倒。此外，大约六分之一的猴子滴酒不沾，剩下的则满足于不时小酌。这或许也说明了，并不是人类自己发明了药物滥用：在我们的近亲身上就能找到这种迹象，其根源在于我们共同拥有的基因。

从更宏观的层面来看，生活在人类居住地附近的猴子学会了如何抓住时机进行可能的犯罪。一个典型的例子是弗雷德（Fred），这是一只狒狒。在21世纪初的许多年里，它和它的"部队"一直在开普敦进行犯罪活动。它最初是被食物供应吸引到城市里生活，很可能是受到好心游客提供的零食鼓舞。很快，弗雷德不再礼貌地等待，而是开始主动出击。这只成年的雄性狒狒很有威慑力，它会积极抢夺食物，并且学会了打开未上锁的车门和房门。由于担心影响当地的旅游收入，市政府被迫采取行动，弗雷德于2011年被捕，并被施以安乐死。尸检报告显示，它曾遭枪击数十次，身上有大约50颗子弹和弹丸，但这些仍未能阻止它犯罪。虽然非社会动物通常不太可能与人类接触，但是，这些群居猴子在其社会环境中获取的技能，能帮助它顺利适应人类世界，并且不时跨过这道边界，制造一切可能的麻烦。

拉响警报

在遭遇薄荷糖窃贼之后的某一天，我和我的博士导师延斯·克劳斯一起，从肯尼亚丛林的姆帕拉野外观测站出发进行晚饭前的散步。那里已数周没有降雨，方圆数千米的植被在无情的非洲烈日下枯萎凋敝，而一条狭窄的绿带将我们引到了河边。那里有许多动物的印记，足迹和粪便散落在沙质赭石土壤上，但是，除了有鸟儿在夜幕降临前加班之外，几乎看不到什么活物。之后，我们经过河流的一处河湾时，遇到了一群聚集在一株金合欢树根部的长尾黑颚猴。它们冷漠地看了我们一会儿，随后又转回到没完没了的互相梳毛日常上；对许多动物来说，这项工作在维系社会纽带方面发挥着重要作用。在不打扰它们的情况下，我们停下来观看这一猴子社群的古老仪式。它们全都很放松，直到其中一员突然间叫喊起来，打破了原有的宁静。把这种叫声比作一只鼻塞的鸭子急促、重复的"嘎嘎叫"也许并不恰当，但这是我能想到的最好的比喻。无论如何，这种叫声对群体其他成员的影响有如触电一般：整个猴群立即转头看向呼叫者，然后立马窜上了树。

"这是它们的豹子警报。"延斯说。

"附近有豹子？"我问道，声音大得超乎想象。

"嗯。"他回答道，镇定自若。

附近有一只强大且爱吃灵长类动物的掠食者潜伏着！要不是我的导师

在，这个消息会让我像长尾黑颚猴一样惊慌失措。猴子们的对策是攀上树枝。它们偏爱攀到一些细树枝上，这能支撑猴子的重量，但支撑不住60千克的豹子。和长尾黑颚猴一样，我不想了解豹子的内部构造，甚至曾短暂地考虑过要不要爬上一棵树。但最后，我决定以不太体面的速度，拽着延斯奔回观测站。

拉响警报！

虽然许多群居动物发现危险时都会发出警报，长尾黑颚猴却独具一格——它们做得更精细。针对每一种主要掠食者，都有不同的警报，而每种掠食者都会激起群体不同的防御反应。如我们所见，对应豹子的叫喊声，会诱使长尾黑颚猴冲上安全的树木。但是，面对猛禽时，这是个坏主意，因为猛禽可以直接将猴子从树上抓走。所以，长尾黑颚猴还有专门针对这种掠食者的叫声。我不知道青蛙会不会打嗝；如果会，那么长尾黑颚猴针对猛禽的警报声就差不多是那样。理想情况下，假设长尾黑颚猴听到这种嘶哑的警报声，它们会躲进茂密的灌木丛中寻求庇护，这样飞禽便无法追踪它们。长尾黑颚猴也会面临来自蛇的威胁，比如蟒蛇。对此，它们同样有一种独特的叫声，一种"啾啾"声。猴群对此的反应是双足直立，环顾周围的地面。当它们发现这条蛇的时候，可能会联合起来围攻它，以显示它们的战斗力，或者，如果它们没那么勇敢，则会用更灵巧的身法迅速逃离。在一定距离内出现的狒狒或不熟悉的人类也会对长尾黑颚猴构成某种威胁，因而，它们也会针对狒狒（或我们）发出警报。一些经验丰富的长尾黑颚猴观察者认为，这些猴子可以识别多达30种不同的掠食者，并发出不同的警报声。虽然它们不会针对诸如角马这样的食草动物发出警报——因为这些食草动物对它们并无威胁，但是，在某些地方，当它们看到家牛时，却会发出警报，因为这意味着当地牧民可能就在附近。

知道何时发出警报、何时保持静默，需要些判断力。有时发出警报更合适，有时则不然。依赖潜行接近并伏击猎物的掠食者，可能会因警报声而气馁。若它们知道自己被发现了，通常会放弃追捕，因为这时它们捕获猎物的成功率很低。另外一些掠食者，诸如黑猩猩，会在树上追捕猎物，此时寻求避难所会相当困难。在这种情况下，最好不要暴露自身所在。因此，当那些更硕大凶猛的表亲出现在附近时，猴子们通常会保持静默。

小时候，我也喜欢在电视上看《人猿泰山》动画片。这位英雄在他的密林之家里，借着藤蔓荡来荡去，能够利用动物们的交流网络来获取当地的最新动态。这倒不算牵强。就如泰山一样，现代世界的居民，即便已经与曾经每天都会面对的掠食者威胁相隔数个世代，但仍能从其他动物的叫声中识别出恐惧。在一项研究中，参与者正确地识别出了哺乳动物和爬行动物的警报；奇怪的是，他们甚至还能分辨出树蛙的警报声。在可能成为猎物的动物中，这种能力十分普遍。有些动物则更厉害——它们不仅可以识别不同物种的警报声，还能够推断出引发警报的原因。这意味着，如果它们自己小队的观察员未能发现正在逼近的威胁，它们还会有许多其他警惕的动物作为后援，包括松鼠、森林羚羊以及各种鸟类。

或许是为了证明我们对自身高看一眼确有道理，历代哲学家都试图定义人类的独有特征。换言之，就是可以将我们与其他动物区分开来的特征。长期以来，语言一直被认为是其中之一。那么，长尾黑颚猴针对不同掠食者使用的叫声能算作一种语言吗？如果算，这是否意味着我们其实也没那么独特？

这些问题的答案并不简单。长期以来，人们一直认为，动物发出的叫声只是表达它们的基本情绪和动机：愤怒的嚎叫、恐惧的尖叫、痛苦的呻吟。可长尾黑颚猴的叫声远不止此。当我们说话时，我们的词汇作为符号表达着我们设定的意义，比如，"豹子"这个词，它本身并不内在地对应某种应当遵循的理解。"豹子"这个词语，正如其他成千上万的词语一样，具有任意性，即这个词与豹子这个动物之间没有必然联系。我们通过学习理解它所表达的意义，尽管我们对豹子的反应不尽相同。长尾黑颚猴的警报和人类的语词不同，也没理由相同。大多数灵长类动物都缺乏灵活的舌头，以及对发声系统精密的控制能力，因而无法塑造出我们可能认为是语词的东西。然而，尽管词汇量有限，长尾黑颚猴的叫声似乎的确符合语言的基本标准。我们在记录猴子大脑对一系列不同声音做出的反应时，这一点得到了进一步证实。与日常背景噪声所刺激的区域不一样，它们自己或同类的声音，会激活它们大脑中一个完全不同的区域。这些声音会刺激猴子的颞叶，还有边缘区和旁边缘区——这些区域与我们的语言所激活的区域完全相同。我们对动物的发现越多，就越能了解我们自己所谓的独有特征并非独一无二。毫无疑问，我们比其他动物更复杂；然而，我们之间几乎没有绝对的差别，有的只是程度上的差异。

50多年前，托马斯·斯特鲁萨克（Thomas Struhsaker）是第一个描述长尾黑颚猴词汇的人。自那以后，有关猴子警报信号的识别，人们已进行了许多科学而严格的测试，其中最著名的是灵长类动物学家多萝西·切尼（Dorothy Cheney）和罗伯特·塞法特（Robert Seyfarth）的研究。这些研究表明，猴子可以在警报声的录音回放中轻易识别出警告。绿猴是长尾黑颚猴的近亲，也具有用特定呼叫声识别掠食者的能力。在17世纪初，少数绿猴从它们的非洲家园被运到西印度，当地相对温和的动物群使它们得以繁衍生息。在它们的祖先被带至巴巴多斯3个多世纪之后，一组研究人员给了西印度的猴子一个讨厌的"惊喜"：他们播放了一段来自其非洲表亲针对豹子发出的警报声的录音。尽管巴巴多斯并没有野生豹子，但绿猴们并没有"忘记"这种声音。在警报声的提示下，它们窜上了树。或许，豹子警报的意义，以及它所引发的可怕危险等知识，已经在猴子们的心灵中埋藏数十代了。又或者，也许它并不意味着"豹子"，而只是意指"上树"。然而，如果这只意味着"上树"，就会很难解释，为何研究人员从未发现猴子对豹子照片之外的东西发出这种叫声。

在继续赞美猴子的智慧之前，我应该补充一个细节。在我离开肯尼亚后，我的同事延斯（那对可能成为豹子美餐的威胁表现得如此漫不经心的人）决定试试看他能否骗过长尾黑颚猴，诱使它们发出警报声。在接下来前往附近城镇补给物资的过程中，他开始四处寻找能帮他模仿它们天敌的东西。南纽基是个小地方，并没有太多专门出售这种"特殊装备"的商店。不过，延斯还是找到了某样东西，并把它带回了研究站。于是，几个小时后，人们看到一个高挑瘦削的男人穿着一件豹纹连衣裙，大步走向一群长尾黑颚猴。这男人正是延斯。这招还真管用。负责警戒的猴子立刻发出了针对豹子的警报声，它要是知道到底发生了什么，这一幕或许会让它羞愧难当，久久难以忘怀。你可能会因此得出结论说，这些猴子有点笨。但在非洲灌木丛这个危机四伏的世界里，安全第一才是上策，面对不明生物的靠近，先发出警告，远比犹豫着判断来者究竟是豹子，还是品味可疑的人类要明智得多。

猴子算盘

对群居动物来说，警报呼叫是保护其他群体成员（通常是亲属）规避被捕食风险的手段。可是，如果你认为这种行为是纯粹利他的，那你就错了。发出警报能够以多种方式让呼叫者直接受益，例如，让潜伏的掠食者知道自己已经暴露，进而阻止它继续捕食，或者，在最糟的情况下，借由制造群体的恐慌混乱，可以让呼叫者更好逃脱。除此之外，成为保护整个族群的"警报员"会提升自己的吸引力。猴子似乎意识到了这一点。比如，雄性长尾黑颚猴与雌性在一起的时候，会比与雄性在一块时更有可能发出警报。在另一些物种当中，单身雄性有造访雌性"后宫"的独家特权，关注危险情况并发出警报，不仅有助于保护后代，也可能是说服雌性继续偏爱自己所必须付出的代价。

欺骗是动物交流的基本组成部分，灵长类动物利用欺骗来为自身谋利的案例不胜枚举。在猴子的社会里，通常有一个严格的支配等级，它决定了每个个体从公共蛋糕中分得的份额，尤其是在食物和交配的方面。当一群猴子偶然发现一堆食物时，若不打点小算盘，等级低的成员将不得不等到占支配地位的个体吃饱喝足，才轮得上自己。葡萄牙航海者探索新世界期间，他们遇到的奇观之一便是一种有着粉红色面容的猴子，它们大部分身体覆盖着棕色的毛皮，肩部和面部则长着乳白色的毛发。葡萄牙人略带讽刺地管他们叫"僧帽猴"，因为它们与叫这个名字的蒙面僧侣相似。这不

僧帽猴

是在称赞猴子，也非对僧侣的恭维，人们在某些方面认为这些僧侣贪婪而装腔作势。尽管如此，这个名字还是保留了下来。

僧帽猴群的成员多达30~40只。它们必须足够聪明才能生存，得想办法在等级森严的社会中谋取公平的份额。它们富有智慧的一个证据，是那些下层的猴子会利用诡计获取食物，而不会受到上层猴子殴打。先发出一个让上层猴四处寻找掩护的虚假警报，随后，下层的欺骗者会趁机冲上去抢夺无猴照看的食物。

众所周知，战术性欺骗这种狡诈的行为是一类典型的人类行为，以至于它在动物身上出现会有些令人吃惊。它意味着复杂的智能，即欺骗者拥有计划和预测其目标行为的能力。同理，它的使用似乎与认知复杂性有关，或者更简单地讲，与脑力有关。不幸的是，这种行为很难用严谨的科学方法进行研究，尤其是在野外环境下。一个原因是这种行为很少见。生活在一个社群中的灵长类动物会长期保持相互交流。任何经常试图欺骗同伴的成员都会很快把名声搞臭。尽管没有什么直接惩罚，但群体成员会开始减少对它们的关注。在人类的环境中，你可能会想到骗子和江湖推销员，他们只能不断地换地方，才能持续地找到易受骗者，并从中获利。

在长尾黑颚猴群体中，任何经常发出不准确的警报——总喊"狼来了"——的成员，都会很快失去同伴的信任。欺骗行为的确凿证据相对缺乏的另一个原因是，我们很难确定动物的动机。在偷盗食物的卷尾猴案例中，下层的潜在"食物盗窃犯"在接近正享用盛宴的上层猴子时，它必定会经历各种相互冲突的情绪。特别是，它也许会害怕大胆举动可能招来的报复。在这种恐惧状态下，它的神经高度紧张，甚至可能在不由自主的情况下发出警报。

即便如此，灵长类动物当中仍有一些算是欺骗的有趣案例。以一只年幼狒狒的可耻行为为例：它发现一只成年狒狒正在努力挖块茎，于是它突然发出通常只在受到攻击时才会发出的尖叫声。尖叫声引起了它母亲的注意，愤怒的母亲护子心切，冲过来攻击并追赶原本在挖块茎的狒狒，留下小骗子坐享新鲜出炉的美味。也是在这个狒狒群体中，一只年长的狒狒与小狒狒打架时，突然发现它不再具有优势了，因为有一群成年狒狒赶来保护它的小对手，气势汹汹地围向它。情急之下，年长的狒狒灵机一动用后腿站立起来，目不转睛地望着远方。这种行为通常意味着有威胁来临——掠食者或敌对群体逼近。救兵们收到信号，纷纷转向它正在眺望的方向。当然了，那里什么都没有，但这次分心给局势降了温，帮手们都回到了各自在忙的事情上。

类人猿可是诡计高手。尤其是黑猩猩，不论是在群体内部的相互交往中，还是与人的互动中，它们都具有高度的战略性。桑迪诺（Santino）是瑞典一家小型动物园内的暴脾气黑猩猩，它会从它所在的院子四周收集一堆石头，并将其藏在公众聚集的观赏区附近，为游客的到来做好准备。为了瞒天过海，它会用散落的干草遮盖住石头，直到它准备好发动攻击，向它那些毫无防备的仰慕者"发射导弹"。另一些例子表明，黑猩猩很容易理解哪些时候需要树立形象或隐藏意图。当黑猩猩被其群体中更高级别的成员接近时，它可能会因恐惧而咧嘴，对黑猩猩而言，这是它们表达不安的"笑容"。但在一个著名案例中，一只黑猩猩被对手从身后接近时，花了些时间来镇定自己，它咂了咂嘴唇，试图收起恐惧的笑容，随后以一副"准备战斗"的表情转向这位敌人。黑猩猩也会小心翼翼地隐藏其他情绪，例如，当群体中地位较低的成员找到食物时，如果它立刻表现出兴奋，那么战利品很可能会被偷走。有时，黑猩猩可能会坐在它发现的美味上，隐藏起食物和自己的喜悦之情，装出一副漫不经心的样子，直到它的同伴不再看着它，然后它就可以在不受干扰的情况下迅速带走它的零食。

当然，还有堪称猿中匹诺曹的大猩猩可可（Koko）。可可在旧金山动物园长大，自幼便由它的人类训练师教授手语。它在这方面表现出色，据说能够识别并使用数百种不同的符号，这让它能够与它的人类照看者进行相当程度的互动。过了些时日，可可发现它生活中少了点东西——它想要一只宠物。他们给了它可爱的玩具，但这并没完全打动它。因此，它最终获准从一窝被遗弃的小猫中挑选一只作为12岁生日礼物。尽管可可与这只小猫〔它给小猫取名为"圆球"（All Ball）〕建立了一种亲密的养育关系，但它对宠物的爱并未阻止它"陷害"这只无辜的小猫咪。也许是因为当时过得不顺心，可可将围墙上的水槽扯了下来。可可的教练免不了就破坏问题与它对质，于是，它指着圆球并比划着："猫干的。"

在竞争激烈的社会环境里，欺骗是一种有用但有风险的进取策略，特别是对那些处于不利地位的人而言。相对地，另一些灵长类动物则表现出非凡的公平感。当它们意识到预期的公平没有实现时，可能会做出糟糕的反应。大约一个世纪以前，著名心理学家奥托·廷克尔波（Otto Tinklepaugh）便开始以科学之名折腾猴子。他向猕猴展示了两个倒扣着的杯子，并让它们看着他把生菜或香蕉藏在其中一个杯子底下。随后，他把猴子带出房间一会儿，然后让它们回来选择其中一个杯子。这对猴子来说简直就是小儿科——它会冲向它目睹放入了食物的那只杯子，获取自己应得的奖赏。问题在于，廷克尔波向猕猴展示时，他放进去了一根香蕉，然后在猴子离开房间时将香蕉换成了生菜。正如任何爱看漫画的读者所知道的那样，香蕉对猴子来说十分美味，而蔬菜沙拉则单调乏味。回到房间的猕猴期待着香蕉，它急忙翻开杯子，却看见了生菜。它在房间里四处寻找它那遗失的水果宝藏，直到它突然意识到自己被骗了，它便跺着脚向观察者发出厌恶的尖叫，丢下令它失望的生菜，转身离开。

当这些社会动物意识到，与同伴相比，自己的交易亏大了，这种不公平感就更加强烈了。莎拉·布罗斯南（Sarah Brosnan）和弗朗斯·德瓦尔针对卷尾猴的实验巧妙地展示了这一点。他们训练卷尾猴用鹅卵石代币换取食物，大多数时候，猴子交出的代币能换得一块黄瓜，不过它们直到交出鹅卵石之后才能知道自己会得到什么。黄瓜对卷尾猴来说尚可接受——不是什么让人兴奋的东西，只是可以接受而已。葡萄则代表着美味。猴子们能够看到彼此用鹅卵石换得的回报。隔壁的换了块黄瓜，我也换了块黄瓜，这没关系。可是，隔壁的换到了葡萄，而我只换了块黄瓜？！这不行，这可接受不了。发生这种情况时，卷尾猴会觉得自己上了当，它们反应激烈，一怒之下把自己换来的黄瓜也扔了。对于这些生活在相对宽容的社会中的猴子来说，公平感可能是将它们聚集在一起的黏合剂之一。奇怪的是，只有雌性动物的反应会非常强烈；雄性则更能够接受这种不公平。这可能反映了如下事实：雌性是卷尾猴社会的核心，雄性则只专注于交配和地位；或者，这也可能表明，雄性对生活的不公有更多哲思——谁知道呢。

五彩斑斓的队伍

有人认为，在人类到来之前，气候也更温和的时候，英国曾是猴子的家园。由于缺少如今不列颠群岛的生活必需品——雨伞和雨衣，猴子逐渐消失了。如今，英国的小小博物学家们，如果想要观看猴子，就只能借参观动物园来满足自己了。我第一次看见狒狒也是在动物园。

我一直对这些臭名昭著的猴子情有独钟。它们也一点不含糊地向我表达了它们的感受。我与它们的初次见面发生在一个野生动物园，一群狒狒在我破旧的汽车旁闲逛。其中一只懒洋洋地爬上引擎盖并坐了下来，像一艘垃圾船上的狗面船首像那样凝望着远方，这可把我乐坏了。又一只加入进来，它在车顶找到了自己的位置。很快，车顶和引擎盖上便挤满了狒狒，它们或站或坐，不放过车子上任何一块平坦的表面。我很兴奋能置身于它

草原狒狒

们的团队之中，看着它们相互交流并梳理毛发，在离我只有1米远的地方继续它们复杂的社交生活。然而，当它们平静而专业地拆除挡风玻璃的雨刮时，我就没那么兴奋了。它们拔出挡风玻璃喷水嘴的时候并不像它们拆雨刮时那么平静；因为喷嘴的管子不是很配合，但它们不慌不忙，并未发狂，好像这只是寻常业务而已。它们处理完车外的便携设备之后，便开始观察天线能够弯曲到何种程度，甚至，更有野心的是，它们开始观察车牌。我的耐心也就到此为止了，但看见有狒狒把牙齿放在后视镜上，留下了一排让人印象深刻的牙印之后，我放弃了下车抗议的计划，转而按响了喇叭。几只胆小的狒狒逃走了；其余的只是略带愠气地看着我。于是我加大赌注，启动了引擎。这行得通。它们不情愿地退到路边。我把车开走时，它们用橙色的眼睛盯着我，一脸轻蔑。"没关系，"它们好像在说，"不出一分钟就会有下一个冤大头到来。"

再见到狒狒时，是在它们的家乡非洲。我当时在利兹大学教授一门实地课程。有一次，我驾驶着一辆学生巴士穿越肯尼亚大草原。一只壮硕的雄性狒狒大摇大摆地走向巴士，我们刚停下来欣赏它，它就坐在地上，一副颐指气使的样子面对我们。吸引了我们的注意力后，它就张开双腿，露出它那令人惊讶的粉色阴茎。我明白，这是阴茎展示，意思是"离我的配偶们远点"。我认为它高估了我对它雌性配偶的兴趣，但我不禁钦佩它这自信的行为。虽然，对一辆载满学生的公共汽车使用这种姿势，看起来好像有点不正常，但是，一只雄性狒狒要是没这点自夸，就永远无法达到它所处的社会的顶峰。它所处的世界是一个身边总是环绕着竞争对手、充满威胁和挑战的冷漠世界。为了达到顶峰并守住王位，它必须做好准备，以应对任何可能动摇它地位的挑战（虽然对着小巴士这么干可能还是有点过头了）。

在这里将"狒狒"当作一个通用名称也许有些偷懒。事实上，非洲分布着5种不同的狒狒，其中4种有时被称作草原狒狒，它们的外观、行为和生态习性都十分相似，以至于有时人们会认为它们是同一物种的几个变种。关于这一点的争论漫长而激烈，但是，与其纠缠于细节，不如避开分类法，专注于它们的行为，这样也许会更明智些。草原狒狒的分布，西起塞内加尔和几内亚，跨过非洲大陆赤道带，东至索马里，下抵开普敦。尽管它们有需要的时候也会上树，但大多数时候它们都是在开阔的大草原上漫游度日。它们是杂食动物，会寻觅谷物、浆果、树根、昆虫以及任何能抓到的小动物作为食物。

许多猴子生活在小群体里——以家庭为单位，或是一只雄性加上几只成年雌性。但狒狒的社群规模很庞大，可以有着超过100名成员，既有雄性，也有雌性以及它们的幼崽。尽管它们处在混合社会中，但两性的经历截然不同。雄性的世界充满攻击和性；雌性的世界则是亲缘与阴谋的结合。雄性为战斗而生，它们重达40公斤——是雌性的两倍——还长着看起来很凶恶的尖牙。一支成熟稳定的队伍里，少则3只，多则15只雄性，每一只都在竞争"阿尔法"的地位。它们的竞争并无微妙之处，通常只是发出震耳欲聋的吼叫声，以此来挑战其他雄性。雄性中最有权势的个体能发出最响亮、最骇人的叫声，还有大量炫耀性、虚张声势的咆哮。这种竞争可能演变为追逐，一群雄狒狒会在它们的生活环境里蹦蹦跳跳，相互吼叫。只有最强壮的个体才拥有足够充沛的体力来维持如此活力四射且喧闹不堪的展示——因此，处于巅峰状态的雄性会在这场信号比拼中胜出。

如果口头的争吵没法解决问题，局势可能会演变为打斗。狒狒很强壮，它们之间的打斗可能会造成严重的伤害，甚至死亡。它们威风凛凛的犬牙被打磨得锋利无比，足以造成恐怖的伤口。攻击目标是对手的脸，防御手段则是利用前臂，因此，在打斗之后看到撕裂的脸和残破的四肢并不奇怪。对于胜利者和被征服者来说，冲突的代价都是巨大的——伤口可能无法愈合，掠食者可能乘虚而入。正是由于这些原因，雄性才会如此努力地显摆、咆哮——这降低了真正的战斗发生的可能性。那些打斗中输掉的个体可能会在等级体制中被取代，有时还会陷入一种外人看来如同患上抑郁症的境况，它们会自己缩成一团，退到群体的边缘。一旦地位下降，相当于给其他低级别的雄性可乘之机，它们可以趁其虚弱来提升自己的地位，因此，失败者还必须保持警惕。有时候，如果动荡太大，失败者甚至有可能得彻底离开这个群体。

达到狒狒社会顶端的雄性就能获得交配权和食物的奖励。领头的狒狒能获得最大份额的交配权，因而拥有远超比例的小狒狒后代。它小心翼翼地守护着这些奖励，在生育高峰期与雌性结成密切的伙伴关系，以此防范竞争对手。如果你认为"配偶"一词蕴含细心且殷勤的照料，不妨再想一想——占支配地位的雄性不仅会试图欺压其他雄性，还会主动恐吓和胁迫雌性。当然，雌性并不是完全被动的。虽然与头领交配是一种不错的策略，但它们喜欢保留选择余地。不过,它们必须偷偷摸摸地——一只出轨的雌性可能遭到报复。这只雌性会从头领看管的视线范围中脱离出来,钻进灌木丛,与另一只雄性秘密约会。不管它自己知不知道,这都是一个聪明的举动,因为这能保护它未来的后代。

在我们的社会里,对儿童施暴是禁忌。狒狒的情况则不一样:杀婴——通常是雄性杀死幼崽——是很普遍的现象。在极端情况下,一支狒狒群体当中有四分之三的后代在独立之前都可能遭此厄运。我们已经知道,雄性狒狒在与其他雄性的战斗中,甚至会绑架对方的幼崽。作为俘虏的父亲,这位竞争对手必须在继续攻击的本能和幼崽面临的风险之间做出权衡。在这种肆无忌惮的雄性暴力之下,雌性生育的任何后代都会面临危险。但是,如果雌性与不止一只雄性交配,父亲身份的问题就会陷入混乱。因此,理论上,任何认为自己可能是幼崽父亲的雄性,在伤害幼崽之前都会三思。

头领通常出现在队伍的中心,密切关注着它的王国,而其他成员也会反过来监视它,每隔几秒就瞥它一眼。它会不时眨眼或打哈欠。这些看似温和的表现,实际上是在威胁——尤其是借哈欠展示它致命的獠牙。然而,尽管达到头领位置的过程中这雄性难免极尽凶残,但一旦上任,却很少会实施报复或暴政。凭借头领的强大和稳定的等级制度,一种相对平静的感觉在群体中沉淀下来。但这种情况不会持续太久。与许多哺乳动物一样,雄性会在成熟后离家。对狒狒来说,这大概是八九岁的时候。如果年长的雄性认为自己可能在其他地方找到更好的"职位",它们也可能会更换群体。这些流浪者会在大草原上游荡,以寻找可供加入的狒狒群,而一只流浪者的到来可能会引发原群体的剧烈动荡。陌生来客也许会试图讨好雌性,它咂嘴并低声咕哝以示善意。但这并不能安抚哺乳期的狒狒母亲,它们会尖叫着表示拒绝。同样,受到外来者威胁的雄性居民会有骚动的迹象。场面会充满嘈杂的冲突、持续的战斗、受伤乃至死亡。

一只壮硕有力的雄性移民甚至有可能对头领构成威胁。首领为了达到狒狒社会的顶峰，在连续数周或数月的战斗中付出的所有努力，都可能在短短几个小时之内化为乌有。即便它摆平了这个新威胁，头把交椅的位置可能也坐不长——几个月，或者足够幸运的话，一两年。问题是，它的"遗产"也面临着危险。在任期的最后阶段，头领负责保护一大群年轻狒狒——它自己的后代，它们的生活都依赖于父亲。新头领的崛起可能引发一场杀戮狂潮。狒狒的孕期持续六个月，然后经过一年的哺乳期，幼崽才会开始迈出独立的第一步。在携带或照料自己孩子的时候，雌性不会接受新的头领。所以，对新头领来说，现有的幼年狒狒纯属麻烦——只有杀死它们，才能让它们的母亲再次进入交配季。被废黜的前任头领会尽其所能保护它们，但与此同时，狒狒群体中的"屠夫"要付出的代价可能会高得惊人。

雌性更温和

雌性狒狒的社会与雄性狒狒的社会形成鲜明对比。即使是一个业余观察者也可以发现，它们之间的互动缺乏雄性交往互动时的那种强烈攻击性。但是，仔细观察就会发现，它们之间存在着一个由各种亲密联结、竞争与冲突织成的复杂网络。对雄性而言，在它们成长到足以在别处谋生活之前，原生社群只是临时的家。雄性来来去去，雌性则终其一生都与家人待在同一群体中。

正是由于这个原因，雌性构成了狒狒社会的核心。在一个队伍中有数个母系并存。它们是由相关联的雌性组成的庞大家庭群体——祖母、母亲、姐妹以及它们的后代。在群体内部，这些雌性非常紧密地团结在一起，数年不间断地保持着密切联系。它们付出大量努力为彼此梳理毛发，从而巩固了它们之间的纽带——每天花上5个小时去梳理彼此那无可挑剔的皮毛，不过这并不是什么稀罕事。队伍中的雌性发生争吵时，亲属联盟就能发挥作用。任何发起攻击的雌性都应该考虑清楚，因为不论选择谁作为受害者，都意味着与其整个大家庭为敌。除了在争端中相互支持以外，它们似乎也会在有成员死亡时为彼此提供安慰。我们知道，丧亲会给逝者的家庭带来沉重的压力。雌性狒狒处理这个问题的方式和我们几乎一样——它们会更加贴近自己的亲属。因此，母系群体起到了缓冲的作用，为狒狒社会中偶尔的动荡提供缓冲。这种支持网络的价值还体现在，拥有健康亲属关系的雌性寿命更长，它们在抚养后代方面也更成功。

尽管母系团体十分亲近，但它们也都清楚自己在狒狒等级森严的封建社会里所处的位置。队伍中雌性的等级是继承而来的，并不是自己挣得或凭能力取得的。女儿们直接进入比母亲低一级的阶层，在母亲的支持下，它们可以支配任意一个地位低于它们的雌性。只是偶尔，一只低等级雌性可能会忘乎所以，去扯一个招人烦的高等级幼崽的耳朵，但是，当幼崽的家人在附近时，它会尽量忍住不做这种事。当你看到，一只狒狒努力自食其力，却轻易被一个来自高等级母系的贵族雌性趾高气扬地取代时，你会觉得这一切看起来非常不公平。要是贵族的体型根本无法与它所取代的雌性狒狒相提并论，这会更加令人讶异。不管是消瘦、萎缩的老妇，还是乳臭未干的幼崽，低等级狒狒都必须服从，这就是狒狒雌性社会的运作方式。

一支队伍中可能有6个以上的母系，每一个都在等级制度中占据一个位置。继承制意味着它们的地位可以世袭。不出所料，享有最高特权的母系中的雌性狒狒看起来过得最好。它们的幼崽成长得更快且发育得更好。你可能认为，低等级成员对于变革特别感兴趣。但问题是，狒狒社会非常保守。当雌性狒狒之间发生冲突时，队伍会坚定地站在更高等级个体的一方，它们坐在一边大声声援，甚至可能加入其中。当然，这会让任何幻想成为"灰姑娘"的雌性狒狒都很难摆脱它与生俱来的命运。如果通过打拼到达巅峰的这条路不太可能，那卑躬屈膝和外交手段在一定程度上可能有效。来自低等级母系的那些野心勃勃的雌性狒狒试图通过理毛行为（不然还能是什么？）来讨好，这对于降低针对自己的攻击性有一定帮助。但奇怪的是，即便家庭支持对雌性狒狒如此重要，有时，那些失去支持的个体反而能够崛起。摆脱了加入氏族和继承（卑微的）社会地位的期望之后，落单者只能依靠自己的智慧和竞争能力。当然了，这并不总是奏效，但这是雌性狒狒摆脱命中注定的低等级的一条路子。

如果处在最底层母系的雌性得到了看上去如此糟糕的待遇，而且它们也无力改变这一点，那么，这就引出一个问题：为什么不干脆离开队伍？毕竟，这是选择受限的情况下雄性常做的事情。好吧，有时它们确实会这样做。在困难时期，随着家族分裂，大部队中不同派系便各寻出路。不过，大多数时候，这个群体还是会聚在一起。这种聚合是为了应对非洲野生动物带给它们的生存考验与磨难。狒狒极易受到多种掠食者攻击。当它们在大草原上游荡时，狮子和鬣狗是持续的威胁，鳄鱼在水坑里守株待兔，夜行猎豹也是噩梦般的存在。为了躲避它们，许多狒狒群体的领地都有一面岩壁，这为睡眠中的狒狒提供了不易接近的避难所。即便如此，豹子仍然是可怕的威胁。

我曾听说，两名年轻的护林员在南非的克鲁格国家公园进行了一项鲁莽的实验。他们从所在的野外站点各取了一张豹皮，为了效果更逼真，他们穿上豹皮，四脚着地朝一群狒狒爬去。当天的一位观众告诉我，狒狒的反应令人激动：它们尖叫着逃离伪装的护林员。但与假豹子拉开一些距离之后，它们转换了策略。最大的那只雄性转过身，开始向护林员投掷石块。随后，其余的狒狒也捡起散落的树枝，发动了反击。见狒狒接近，护林员被迫放弃伪装，钻进车里寻求庇护。他们很幸运——在这种高度紧张的状态下，狒狒可能会重伤甚至杀死他们。如果一个狒狒群体在白天包围了一只豹子，其凶残的围攻偶尔可致豹子重伤甚至死亡。这一切都意味着，群体中狒狒数量越多越安全。狒狒群里较大体型的雄性，尤其能够提供一定程度的保护，如果一支母系离开队伍，便会失去这种保护。

雌性留下来的另一个原因是杀婴的风险。一群没有雄性统领的雌性最有可能吸引雄性的注意，这会直接危及所有处在哺乳期的幼崽。虽然群体内部也存在这种风险，但雌性可以依靠与雄性同伴的"友谊"来平衡这一点。正如我们所见，雌性在孕期或哺乳期不会接受性行为。尽管如此，雌性还是会在有机会时寻找雄性，投入大量时间跟随它们，为它们理毛。某些情况下，雄性可能是幼崽的父亲；另一些时候，则未必，但它是下一次交配期中可作为伴侣的理想候补。还有些时候，雄性既不是孩子父亲，也不是未来孩子的父亲。除了梳理毛发带来的蜱虫数量略微减少的益处，以及在雌性之中收获良好名声（抑或被当作冤大头）之外，很难看出这只雄性从这段关系中获得了什么。

从雌性的角度来看，雄性高层发生变动时，拥有一个配偶——一个穿着茸毛盔甲的骑士——作为盟友，可谓如获无价之宝。如果雄性听见与它建立联系的雌性发出哭喊求救，它会冲上去保护，即便这么做可能会让它出现在一只强大的、占支配地位的雄性眼皮底下。然而，并非所有配偶都是平等的，一只上层雄性能为雌性带来的好处与雌性付出的服务相匹配。如果有许多雌性都在争夺这只雄性的庇护，丑恶的嫉妒就会冒头。要是一个明目张胆的"耶洗别"①，在一只带崽雌性的雄性伴侣身边调情，那么这

---

① 耶洗别（Jezebel），《圣经》人物，是以色列国王亚哈的妻子。耶洗别心狠手辣，利用丈夫的懦弱使人民信奉她的宗教，杀害耶和华的先知。现多用"耶洗别"来比喻善于欺骗和背叛的女性。——译注

位原配就可能面临雄性未来在自己身上下的工夫减少的风险。出于这个原因，拥有上层配偶的雌性对新雌性的接近抱有敌意，它们压迫、欺负新来的雌性，由此产生的压力会使后者难以怀孕。

如大多数灵长类动物一样，狒狒母亲承担着照料孩子的责任。但如果谨慎地说，狒狒父亲也确实在其后代的生活中扮演着重要角色。考虑到雄性社会那无情且无休止的侵略，这看上去可能会有些奇怪，可是，虽然雄性狒狒显然不符合"年度最佳爸爸"的要求，但有它在身边会给幼崽带来可观的收益。如果两个年轻狒狒在玩耍时起了争执，成年雄性通常会与更年轻的一方站在一起。要是它们自己的孩子遇上麻烦，它们将会特别直率。雄性还会利用自己的权力来增加自己后代获得公平食物资源配额的机会。在《狒狒的形而上学》（*Baboon Metaphysics*）这部引人入胜的狒狒生涯研究著作里，多萝西·切尼和罗伯特·塞法特描述了一幅迷人的图景：一只年长的雄性，从头领位置跌落许久之后，那些曾在它的帮助下塑造了命运的年轻狒狒仍追随着他。总的来说，虽然表面上看，等级最低的狒狒更适合跳槽，但在狒狒社会里，业已建立的纽带是十分牢固的。

狒狒要在它们的社会中亨通发达，就必须对群体里的关系有深刻的理解。和我们一样，它们通过视觉和声音来识别个体。它们也能区分亲属和非亲属。这在它们的母系家族中并不奇怪，因为它们通常一起长大，但它们也能认出共有一位父亲的成员，即自己同父异母的兄弟姐妹。通过这种识别，它们可以根据亲缘关系在队伍中搭建自己的社会网络。然而，要在狒狒社会中应对自如需要的远不止这些。重要的是，要知道谁和谁有关系，或至少知道谁和谁相处愉快。这或许可以部分解释，为什么狒狒，以及许多其他的群居灵长类动物，都对群体中的新生命诞生如此着迷。这种与生俱来的吸引力无需夸大。刚生幼崽的母亲每天可能接受上百次探访，尤其是来自那些同样有新生宝宝的雌性的探访。大多数时候，拜访者会想要照料幼崽。如果拜访者级别更高，它会不顾母亲的顾虑，坚持要求提供照料。

新出生的狒狒从生命的第一天开始就成为群体社会结构的一部分。当这种结构因争端而濒临崩塌时，和解往往会迅速发生（至少在雌性当中是如此）。它们采取的形式是，占据支配地位的一方在争端中咕哝着做出保证。这可以缓解神经紧绷的低等级狒狒的恐惧，并告诉它一切都还好。有时，统治者的亲属会代表它进行和解；关系的长期不和不符合任何一方的利益。在一项实验中，实验者曾向一群狒狒播放它们群体中特定个体的录音，随后的发现为狒狒如何适应队伍关系的问题提供了惊人的见解。比如，当狒狒听到幼崽的尖叫时，它们会看向幼崽的母亲；一只低等级狒狒听到高等级狒狒争吵时，会看向高等级狒狒；两只狒狒听到各自亲属吵架的录音时，它们会看向彼此。狒狒听到无关动物的叫声时则不会有这种反应，这表明它们对自己所处的关系网络中数不清的关联有着深刻的理解。

狒狒身上这种智能与社交能力，已被我们出色应用。狒狒杰克（Jack the baboon）的故事发生在19世纪末：在南非开普敦铁路，有一只名叫杰克的狒狒担任了9年信号操作员，还帮助了一名在事故中失去双腿的男子。每到周末，它会从这份工作中挣取些微薄的薪水和啤酒，9年中它从未出过错，由此声名远扬。近年，德国博物学家瓦尔特·赫施（Walter Hoesch）描述了一只在纳米比亚当羊倌的狒狒。据农夫所说，人尽皆知，狒狒阿赫（Ahla）在放羊工作上表现出色——甚至比人类干得好。它会把羊群聚集在一起，能准确无误地发现近百只山羊中是否有哪只失踪。它会在有需要时围拢走散的成员，也会在掠食者逼近时大声呼叫警示。每天工作结束的时候，它会用"嘀嘀"的叫声召集山羊，护送它们回到畜栏的保护之下，她自己则骑在队尾山羊的背上，就像小狒狒骑在母亲背上那样，如同一个小小的赛马骑师。山羊挤进畜栏时，羊羔和母亲难免在混乱中分开。阿赫会将每只羊羔抱给它们各自的母亲，它能完美地识别哪只羊羔属于哪个母亲。非洲农场使用狒狒的历史早已有之。苏格兰冒险家詹姆士·亚历山大爵士（Sir James Alexander）在 19 世纪 30 年代就报道了纳马人用狒狒放牧的案例。阿赫识别每只山羊以及每对孩子与母亲之间关系的惊人能力，是所有狒狒为了在狒狒社会中苗壮成长所必须掌握的基本技能的延伸。

探寻我们自身

黑猩猩是现存物种中与我们最接近的近亲。其遗传物质与我们人类的相似度之高令人吃惊，一些研究甚至估计其相似度接近 99%。那么，在所有动物之中，它们是否为我们提供了理解人类社会进化之根源的最佳机会？我们与黑猩猩相像吗？还是它们像我们？为了更详细地探究这一点，

黑猩猩

我们需要了解我们这些猿类表亲的生活方式。虽然许多优秀的研究都是以圈养的黑猩猩群体为研究对象，但最好的数据仍来自野外动物观察。不过，问题在于，在自然栖息地研究黑猩猩是一个巨大的挑战。一方面，人类观察者必须循序渐进地让黑猩猩适应他们的存在，这个过程被称作习惯化（habituation）。用"循序渐进"这个词显得有些轻描淡写，因为实际上这个过程可能长达数年。即便在这之后，观察者也必须做到不招摇，以免干扰黑猩猩的自然行为。另一个关键因素是毅力：一组好的数据需要数千小时的观察，通常要耗费数年。60多年前，珍妮·古道尔（Jane Goodall）在坦噶尼喀湖沿岸的贡贝溪对野生黑猩猩所做的开创性研究，启发了整个非洲大陆的研究人员，范围从西部的几内亚和科特迪瓦，直到东部的乌干达和坦桑尼亚。这些研究改变了我们看待黑猩猩的方式，进而塑造了我们理解自身进化故事的方式。

过去我们对黑猩猩社会的了解有时会使人困惑，因为我们对黑猩猩的看法富于浪漫色彩，也因为我们与它们有密切的遗传关联。这最为清楚地体现在古道尔描述的，关于坦桑尼亚两个黑猩猩群体间激烈的地盘争夺。这场冲突于20世纪70年代中后期发生，持续了4年有余，古道尔生动地描述了其中的绑架、殴打和杀戮事件，十分令人震惊，以至人们最初对此持怀疑态度。她的目击报告中描述了曾有着紧密关系的雄性黑猩猩互相撕扯，并用石头将倒地的对手砸死的场面。令人难忘的是，她描述了一只带着幼崽逃跑的雌性，在被3只雄性抓到后，这只雌性遭到了可怕的殴打，她的幼崽被无情地摔到地上，还被扔进了灌木丛里。其他黑猩猩社群的杀戮故事，包括杀婴和食用幼崽在内，都证实了此前来自坦桑尼亚的报告：黑猩猩的生活中存在着阴暗面。

人类历史中充斥着敌对团体之间的流血与冲突事件。黑猩猩也是如此。领地对黑猩猩而言至关重要，因为其中所含资源，不仅有生存所必需的食物，还有雄性在社群内的繁殖权。外来者皆是威胁。为了维护自己的权利，雄性黑猩猩结成联盟，并在它们的领地边缘巡逻。一旦发现来自相邻社群的入侵者或边境巡逻队，麻烦就可能会产生。它们有展示力量的方法——叫嚣的姿态、冲锋和反冲锋、投掷弹丸，等等。在混乱且狂野的攻击中，冲突可能是致命的。在非洲各地的研究人员已经积累了18个黑猩猩社群的详细、长期的资料。截至最近，这些社群中暴力致死的黑猩猩数量据估计已有152例，这相当于每个社群大约每3年就会发生一次致死事件。最有可能成为受害者和肇事者的是雄性黑猩猩，最主要的原因是社群间的争斗。在这个基础上，人类的好战倾向看起来和我们最近的近亲有相似之处。这是近来最受欢迎的一个理论。这个理论拥护者认为，也许杀戮本能根植于我们共同的基因遗产中。暴力刻在DNA里，这种论调异常地富有吸引力，因为它表明，我们历史上一连串可怕战争，其实早已注定且无可避免。在提供了一种解释的同时，它至少部分地免除了我们的责任。

　　认为冲突存在于我们的基因中、我们天生就好斗，这种想法很成问题，因为这是对人类和黑猩猩的简单化看法。我们很可能确实有一些暴力倾向，但这不是人类性格的唯一构成，暴力倾向会被其他更具社会性的倾向所平衡。有些人为了钱包里的东西杀人，有些人则去无偿献血。你如何总结一个具有如此多样化倾向的物种？这同样适用于黑猩猩。虽然黑猩猩的杀戮行为并不罕见，但前文描述的那种旷日持久、破坏社群的领地战争却鲜少发生。仅仅根据这些事件就对黑猩猩做出评判，对它们是非常不公平的，就如同仅仅透过世界末日那天的报纸头条来看待我们自己的本质一样。和黑猩猩相同，我们显然也有着暴力本能，但是，我们不应该掩饰，而是必须在更广泛的合作与共存的语境下看待它，正是这些，标识出了我们在各自社会中日常生活的特征。

　　据生物学家、灵长类动物行为的杰出研究者弗朗斯·德瓦尔所说，黑猩猩行为最引人注目的方面不是它们社会中的攻击性，而是它们调和差异的方式，以及它们对维持关系的重视。黑猩猩会亲吻、和好，也会互相拥抱。在冲突过后，它们甚至会梳理并抚摸自己的对手。它们表现出共情的特征，例如对他者的痛苦有所反应，为社群中焦虑或悲伤的成员提供安慰和拥抱等。俄罗斯心理学家纳迪娅·科茨（Nadia Kohts）开创性地描述了她与"乔尼"（Joni）的关系，乔尼是她在莫斯科的家中饲养的一只黑猩猩。乔尼偶尔会逃到人们跟不上去的大楼屋顶。为了让它回来，科茨采取的招数，一如你可能用来对付宠物猫狗的策略——科茨拿出它最喜欢的食物当作诱饵。讽刺的是，在确定这种策略不会有结果之后，科茨采取了不同的策略——装哭。这时，乔尼急忙从屋顶上下来安慰她。科茨看起来越痛苦，对乔尼的影响就越明显。它用手掌托起她的下巴，用手指抚摸她的脸并亲吻她，自己还发出悲伤的声音。乔尼的所作所为正是黑猩猩的典型行为：对他者需求的关注，这与黑猩猩建立关系和培养关系的倾向相匹配，还有以合作与和谐为标志特征的行为。

黑猩猩的社会在许多方面反映了我们自身。黑猩猩生活在一个称作社群的大群体中。在社群的地理边界之内，可能有上百只成员，它们时常独自旅行或觅食，或是以称作"派系"的小团体为单位出游觅食。在社群内，个体经常会面并结成派系，或是在一段时间内自行其是。黑猩猩社会由体型更大、更强壮的雄性主导，它们的地位高于雌性，并会相互竞争地位特权，特别是食物和交配权方面的额外利好。雌性也有统治级别的划分，这更多取决于年龄，而不似雄性那样借助直接的侵略竞争来争夺权力。随着性成熟，雌性通常会离开它出生的社群，这意味着一场进入新群体的危险旅程，还有受到新群体中黑猩猩攻击的残酷风险。它需要经历漫长的过程才能被完全接受，即便获得接受，它也不得不收下一个低级身份。

在黑猩猩的社会里，要达到上层，需要结合外交、战略和社会操纵，反过来，这又受我们人类社会所谓"人脉"的促进。梳理毛发是众多群居动物生活的重要构成部分，黑猩猩也不例外。在灵长类动物里面，一个物种越善于交际——或者说群体规模越大——它们就越常理毛。在理毛上投入的时间可能十分惊人——有些个体一天20%的时间都花在梳和被梳上。它们最终得到的不仅是靓丽的外表，"美容伙伴"之间的关系也能得到强化。在更深层次上，伙伴之间梳理毛发的行为会刺激催产素——也即所谓的"爱情激素"——的分泌，从而促进社交行为。作为黑猩猩之间的一种政治策略，梳理毛发也伴随一些敲打。理毛已经成为黑猩猩外交工具包里的一个关键工具，这或许可以解释，为什么雄性比雌性更常相互理毛。虽然耗费时间，但总不会带来更激进策略下可能导致的那种受伤风险。

重要的是给谁梳理毛发，以及谁正在观看。一只低等级黑猩猩，可能会尝试借助理毛来讨好上级，但同样地，如果观看者中有资历更深的黑猩猩，它也可能转换目标，去梳理更高等级的黑猩猩的毛。正如时常发生的那样，要是较高等级的雄性拒绝了梳理示好，奉承便无法生效。事实上，理毛也存在竞争。当雄性为了争抢一只特别受欢迎的雄性的理毛特权，并因此相互推搡的时候，我们甚至能从中领会到类似嫉妒的东西。黑猩猩借助理毛、合作，以及陪地位高的同伴散步的精妙组合来发展关系。除了本就重视友谊之外，它们还是老谋深算的战略家，会借助阿谀奉承求取地位。

肉类市场

为保卫自己的领地，雄性黑猩猩居民会作为一个有凝聚力的单位展开行动。然而，这并不是黑猩猩的生命中唯一有合作奖励的领域。狩猎也需要复杂的协作方法。直至最近，人们依然认为，黑猩猩和它们的类人猿、大猩猩及红毛猩猩等近亲一样，是素食动物。虽然，大多数野生黑猩猩的饮食都包含水果和树叶，但肉类也是它们可选的美味且营养的补充食物。在珍妮·古道尔首次做出黑猩猩积极猎杀动物并进食肉类的观察报告时，许多人的反应是不敢相信——他们还认为这是特例，是一个流氓黑猩猩社群的个别行为。近几十年来，我们已经意识到，狩猎在黑猩猩当中十分普遍，再一次，我们从中看到了自己与最近的近亲之间的关系；就像我们的祖先一样，狩猎很大程度上是一种合作事务。尽管黑猩猩可以，而且确实也会独自狩猎，但它们作为一个群体进行狩猎时，成功率会大幅提高。大多数彻头彻尾的食肉动物——比如狮子——每两到三次攻击中有一次成功，就已经很幸运了，但黑猩猩的集体捕猎基本上总能以成功收场。

精密的团队合作，让黑猩猩在密林丛荫之中狩猎喜爱之物（比如疣猴等小型灵长类动物）时，能居于优势地位。每一个个体都担任了特定的角色——一些负责追逐，还有一些则蹲点阻止猎物逃跑，并将它们赶进陷阱，陷阱里则隐藏着另一群黑猩猩，等着伏击不幸的受害者。这样的狩猎派对主要是雄性的活计，狩猎所得战利品也主要由参与者分享。尽管雌性同样强壮而敏捷，但成年后雌性的任务主要是带孩子；携带幼崽会大幅限制它们的机动性，使它们面对灵敏的猴子猎物时，无法在树梢上冲锋追逐。不过，事实证明，至少在某些黑猩猩社群里，雌性也会进行狩猎。在塞内加尔的方果力稀树草原上，雌性会用树枝制作长矛，它们小心翼翼地剥去侧枝，将其削成锐利的刺具。除了我们自己这个物种之外，这是唯一已知能使用工具捕食大型猎物的掠食者案例。黑猩猩带着长矛，搜寻夜间活动的灵长类动物——婴猴。这种无害的小动物是黑猩猩的远亲，通常整日都是在树洞的庇佑下安睡。但是，如果黑猩猩发现一只正在休息的婴猴，它就会将藏身洞里的猎物刺穿后取出。

截至目前，我们已谈到黑猩猩合作保卫家园，还有联合起来狩猎灵敏的猎物。这些狩猎活动带来的肉类营养丰富且价值极高。事实上，它成了黑猩猩社会中的一种货币。黑猩猩通常不会分享较小的水果，或是它们膳食中的其他部分。它们会分享肉类，但不是随机给予。占据支配地位的雄性会将肉当作雄性支持者的奖赏，以及特别受宠的雌性的礼物。这种肉类资助凸显了它在家庭生活中的价值——饮食中的肉类越多，存活的后代越多。在这种行为中，我们了解到复杂的黑猩猩社会的一个要点。虽然，占据支配地位的雄性可能体格非常强健，且不得不证明自己的身体素质，但是，维持地位靠的是它得到的支持力度，而不是肌肉力量。将肉作为对忠诚的奖励是它的策略之一。

当然，哺乳动物不是黑猩猩食谱上唯一的肉。非洲各地的黑猩猩都会在巢穴中采集昆虫，比如白蚁和蚂蚁。虽然这些昆虫很小，但它们含有营养丰富的脂肪和蛋白质，可以改善黑猩猩的饮食。然而，蚂蚁和白蚁的巢穴都防卫严密，坚固的结构下容纳了一群卫兵，它们会冲上前保卫领地，并带来使猩猩疼痛的叮咬。捕捉昆虫需要灵巧的操作。首先，你需要合适的工具来完成这项工作：一个工具用来刺破巢穴，另一个工具用于采集白蚁。尽管许多黑猩猩都会捕食白蚁，但有的黑猩猩已将其提升为一种技艺，还为此制作了特别专业的工具。这种工具由植物的茎制成，它们对采用何种植物十分挑剔。事实表明，竹芋十分符合要求。黑猩猩将竹芋细长的茎拔下来，而后啃咬一端，将纤维分开以制成刷子状。之后，便可以将其插入它们在白蚁巢穴上开的洞里，激愤的白蚁士兵会不经意间完成剩下的工作，它们咬住并附着在入侵的刷子上面——这意味着，这些像渔夫一样行动的黑猩猩能轻而易举地收集并吃掉它们。

一旦群体中的一位成员掌握了一项新技能，钦佩它的邻居就能够复制（或者说"模仿"）它的行为。有时，在不同群体之间移动的黑猩猩会带来有价值的信息。在贡贝溪钓蚂蚁是当地黑猩猩前所未闻的，直到一只迁入的雌性从它的原生群体中带来了这个传统。这个雌性带来的新技术很快在年轻人之间传播开来——也许，更年长的黑猩猩认为，去捞那些爬来爬去的小虫有失身份。在相对较短的时间内，钓蚂蚁就成了贡贝溪社群内固定的行为模式。

马基雅维利式操纵

黑猩猩这个生动的例子表明：一旦成为领导者，体型和力量便不总是那么重要了。一只体型较小的雄性，凭借它在理毛社交上付出的辛勤劳动，成了它所处社群的雄性首领。我们谈论人类社会中的"阿尔法男"时，通常还暗示了某种冷酷感还有支配的倾向。这个词本是为黑猩猩这样的动物所设，对它们来说，"阿尔法男"可能是领导者，但只有在社群的支持下才能说了算。它必须是一个关系建立者，而不是一个"暴君"。

和人类社会一样，政治游戏不仅限于黑猩猩首领。在首领寻求扩大权力基础时，它的对手可能也在试图巩固自己的联盟，特别是在它们想要发起挑战以取代领导者的时候。在黑猩猩社会变化莫测的外交当中，占据支配地位的雄性需要密切关注各种密谋与合纵的发展，尤其是在忠诚度濒临崩塌之时。如果雄性黑猩猩认为转换派系能更好满足自身的利益，那它不会犹豫。对地位低下的雄性而言，改变现状尤其与利益相关，因为所有能让黑猩猩的生活更有价值的东西，它们分得的配给量都很低，所以，这些摇摆选民可能经常会改变站队。黑猩猩统治者面临的另一个问题是，一个黑猩猩群落可以分散在几平方千米的范围内，因而它的竞争对手甚至有可能是在它耳不能及的地方，更不用说保持在视线范围内了。当它确实遭遇了对手时，提醒对手谁说了算是很有用的方式。首领通过骇人的尖叫和冲锋来做到这一点，意图清晰，虽然不一定伴随严肃的暴力。它的支持者可能会感到放心，而它的对手，要么低调行事，要么表现出屈从——有时是借助一种叫作"喘气-咕哝"的声音，这通常是由下级向上级发出的。

近来，政客当权前后对比图制成的网络表情包越来越流行。通过这些表情包，我们能看到曾经头发乌黑、容光焕发的巴拉克·奥巴马（Barack Obama）在总统任期内遭受的身体损耗；类似的前后比较也发生在托尼·布莱尔（Tony Blair）和安吉拉·默克尔（Angela Merke）身上。在黑猩猩的社会里，首领具有极高的威望，更实在地说，这意味着充足的食物和性。但没有什么是永恒的。即使是在掌权时期，责任也会带来消耗。领导者经历的压力可以通过皮质醇这种激素的浓度升高程度来衡量。虽然，这种激素（和相关激素）有好处，它们能使领导者保持警觉，并准备好采取行动，但是，随着时间推移，皮质醇水平的提高会产生一系列破坏性影响，包括削弱免疫系统、扰乱睡眠和引发肌肉萎缩。那些低等级成员会监控首领，一旦发现它或它的直接支持者有生病或受伤迹象，或者其他任何能感知到的弱点，都可能发起挑战。在天然的黑猩猩社群里，总有王位觊觎者，至于雌性（而不是雄性），作为散布着的性对象，随着时间推移，等级更迭，总是有年轻力壮的小伙子围绕在它们身边，时刻盯着奖赏。随着敌对派系力量和数量的增长，社群的紧张局势加剧。当挑战出现，首领和它的盟友就得出面解决——它的统治有多久，对手就会存在多久。它有可能掌权超过10年（但通常是3~5年），但终有一天会被推翻。这对它的小群体来说是一个痛苦的时刻。有时，激烈的竞争会导致死亡。

对塞内加尔方果力森林里的黑猩猩群落进行的一项详细的长期研究表明，黑猩猩政变后特定首领的命运引人入胜又令人不安。故事的主角是一只名为"佛多柯"（Foudouko）的雄性黑猩猩，它十几岁就成为首领。佛多柯在二把手"MM"的辅佐下，掌权大约两年半。虽然不确定是什么导致了佛多柯下台，但MM先它一步受了重伤，这说明失去了最亲密盟友的佛多柯变弱了。不管怎样，它最终被罢黜，并发现自己被排斥在社群边缘，此后，在长达5年的时间里，它几乎完全退出了社群。这对于黑猩猩，尤其是雄性黑猩猩来说极不寻常，尽管如此，随着这场长期流放接近尾声，群体重新接纳它的迹象开始出现。它与MM的关系仍然牢固，而新首领——也是MM的兄弟，似乎对它很宽容。其他雄性则不然——也许它们几年前就有宿怨没解决，或者对佛多柯可能取代它们在等级制度中的位置感到不安。一天晚上，在佛多柯重回社交舞台后不久，一场激烈的战斗爆发了。

第二天早上，人们发现了佛多柯的尸体。它似乎遭受了报复性的致命暴力，因为它从前的邻居，在它死后很久还持续袭击它的尸体。甚至有人看到这位邻居吃掉了它的一部分躯体。值得注意的是，MM和头领并未加入；特别是MM，好像努力保护着尸体，并等待某个时机让它死去的朋友复活。

前一晚发生的暴力事件引发的骚动在社群中蔓延开来。一些成员表现出紧张的迹象，另一些则仍然表现出那种导致了杀戮的压抑和愤怒。正如前文描述的黑猩猩战争一样，方果力的雄性表现出过度攻击性行为的原因可能是雌性的相对缺乏。佛多柯重新融入社群时，雄性之间因交配机会短缺带来的紧张感可能已经很强烈了，而另一只雄性的加入只会让事情更糟。平衡的性别比例对于维持黑猩猩间的和平至关重要。正因如此，盗猎者的行为才会产生深远的影响。盗猎者通常以雌性为目标，尤其是那些有幼崽的雌性，因为幼崽能在非法宠物贸易中能卖得高价。这样做的最终结果是雌雄数量的不平衡，而这可能会破坏整个社群的稳定。

目前为止，对黑猩猩社会的描述皆以雄性为中心，这反映出一个事实，它们的世界是一个雄性主导的世界。雄性的体型比雌性大，社会级别也高些，相应地，对于雄性黑猩猩之间的政治阴谋，雌性的贡献也不那么明显。然而，它们对特定雄性的支持对于决定谁将获得或保有最高职位可能十分重要。不同性别各有自己的等级秩序。雄性的等级特权争夺战颇具戏剧性，而雌性的等级制度的建立则较为平静，通常来说，它是由年龄和经验所决定的有序排位。雌性也是不太善于交际的性别，人们常说，它们之间的关系并不像雄性联盟之间的关系那般牢固。

众所周知，亲缘关系对动物群体中时常表现出的偏袒行为有重要影响。有理论认为，由于雌性之间的关系不如雄性密切，因而它们对彼此的投入也较少。然而，雌性黑猩猩并不总是符合这种预期。它们在一起生活多年，形成了持久而强大的联结。这有时表现为面对威胁时的团结。如果有雄性决定碰碰运气强迫雌性（尤其是高级别雌性）屈服，那它就有可能遭到这只雌性的盟友的报复。

不过我们不必急于得出结论，就此断定雌性是黑猩猩社会中更加文明的性别，此处仍有描绘全貌的必要。在一名年轻雌性尝试加入新社群时，它会面临一段适应期。毫无疑问，雄性欣然欢迎这样的新人，雌性则不然。我们知道，后者会联合起来殴打并驱赶一只外来雌性。原住民雌性这种不容忍的态度对新成员来说是一个真正的挑战。有时，它唯一的选择是寻求一只雄性的保护——所谓的姐妹情谊不过如此。即便它最终能留下来，这位年轻的外来者也必须满足于社会层级中的较低阶层，至少在一开始是如此。之后的路也非一帆风顺。成熟母系团体可能是个小集团。它们垄断最好的觅食点，将等级较低的雌性置于边缘地带。到这儿还没完。如果新成员的持续存在让它们感到不安，它们可能会对新成员和它的所有后代展开进一步的攻击，甚至包括杀婴。出于这些原因，低等级的雌性必须小心谨慎。尤其是在极度脆弱的分娩时刻，这些新成员会离其他雌性远远的。

但这毫不令人惊讶，因为雄性和雌性黑猩猩之间的竞争，归根结底都是为了稀缺资源。食物是稀缺资源的一部分，但不是唯一，这个事实将我们巧妙地（甚至有些紧张地）带入黑猩猩阴暗的性世界。以雌性黑猩猩的角度来看，新姑娘进入社群，既意味着多一张嘴要养活，也意味着更严峻的雄性注意力竞争。反过来，接触雌性也是雄性好斗的主要诱因。查尔斯·达尔文很早以前就指出，在交配方面，两性应该有不同策略。雌性通常在繁殖上投入更多，因而应该更加挑剔，而雄性作为投入相对较低的一方，应相互竞争以获得尽可能地多和雌性交配的机会。这在黑猩猩身上如何表现？黑猩猩的孕期几乎接近我们人类——8个月，之后，雌性承担了所有的育儿责任，所以，目前看来，雌性的投入更多。

　　有趣的是，雌性黑猩猩对配偶十分挑剔，但它们的挑选方式不一定是你设想的那样。事实上，它们好像在玩一个非常聪明的游戏。它们的月经周期大约有一个多月，其中大约三分之一时间处于发情状态。与其他许多灵长类动物一样（幸好不包括我们），当群体中存在多个雄性，它们会表现出非常明显的发情信号。它们的整个生殖区域都会肿胀起来，甚至是惊人的膨胀。在这种状态下，黑猩猩一点也不腼腆：它会与所在群体中大多数（如果不是全部的话）雄性发生性关系；这意味着很多很多的性交。关键是，当雌性黑猩猩到达最有可能怀孕的时间点时，它会改变策略，将它的计谋集中在雄性头领身上，而处在不太可能怀孕的状态时，则与大量雄性交配，这既是一种讨好的手段，也可能使得雄性对自己作为未来孩子的父亲身份产生足够的怀疑，从而减少它们攻击甚至杀死幼崽的可能性。

　　雌性选择雄性首领作为配偶这一点，并无多大惊喜可言；对许多物种中的雌性而言，这都属于常见且有价值的策略，因为这通常意味着良好的基因和"性感"的儿子。那雄性呢？它们觉得什么性感？你可能期望听到，它们被年轻、身材匀称的雌性所吸引，正如我们看重伴侣的脚踝是否优美。实际上，它们绝不放弃任何交配机会，但如果有得选，它们最喜欢的是更老、更重、有过更多孩子的雌性。同样，虽然可能让人有点惊讶，但这也是有道理的，因为这样的雌性可能既是更好的觅食者，又是更好的母亲，而且它的阶级也可能更高。

虽然两性各有自己的追求策略，但这并不意味着它们一定能自由践行这些策略。这是个很难说清的话题，尤其因为我们谈论的是一个与自身如此相似的物种。不过，我们不能回避这些问题：黑猩猩，以及许多其他社会动物，都经历过性胁迫。在黑猩猩当中，地位较低的雄性试图通过带攻击性的性交，来抵消雌性对统治阶层雄性的偏好。由于雌性不一定会拳脚相向，因此它们看起来好像是接受了，但是，由于两性之间在体型和力量上的不平衡，除非雌性能寻得帮助，否则它无力拒绝。除此以外，不仅是罪恶的雄性，雌性也可能因为"滥交"而最终受到高级别雄性的惩罚。出于这个原因，雌性处于生育高峰期时会寻求统治阶级雄性的陪伴，以此作为保护措施。对有生育能力的雌性来说，这或许是很好的策略，但对其他雌性则不是，因此它们可能会从中作梗。已知的情况是，雌性会将交配对象拆散，以便与其中的雄性发生性关系，夺走另一只雌性的配偶。也许这就是为什么有些雌性看起来鬼鬼祟祟。

在黑猩猩的怪异性世界里，雌性时常发出一种特殊的声音，这是一种被称作"交配呼叫"的尖锐噪声，它用来宣传雌性的性接受状态，并鼓励雄性进行争夺。然而，如果附近有高等级的雌性，那么低等级雌性就会与特别受欢迎的雄性保持秘密接触，在谨慎的沉默中发生性行为。

你会想当一天黑猩猩吗

不知你有没有想过，如果不做人类，你想成为哪种动物？也许这个问题只是生物学家的癖好。在我问过的所有人当中，没有人说过黑猩猩。我听到过想成为鹰、狮子、老虎、鲨鱼、海豚和鲸鱼的人，甚至有一票投给了树懒，但从来没有人想当黑猩猩。这也许反映了黑猩猩身上背负污名，或者反映了我们对它们身处的那个有时候很残酷的世界的看法。如果你也这样认为，根据本章之前的内容，这可以理解。但是，黑猩猩值得更全面的考察，它们本性当中一些好的方面也值得考虑。

黑猩猩是彻头彻尾的社会动物，它们能与同伴长期共同生活，在识别其他个体、形成对他者的看法，以及比其他任何动物更好地理解他者等方面均表现出智慧。在一个可以用代币交换食物的以物易物系统实验当中，这一点足可得见。

一个代币用于购买胡萝卜，另一个用来买葡萄；正如我们从僧帽猴那里所知，葡萄的味道要好得多。此外，一只高级别的黑猩猩被训练为只买胡萝卜，不买葡萄；尽管在能够自由选择的情况下，黑猩猩更爱买葡萄。情况看起来是这样，当黑猩猩们看到更高级的雌性购买了胡萝卜时，其他黑猩猩跟上高级别雌性的脚步，模仿了它的选择，放弃了自己的偏好。

你或许会由此得出结论：这些证据表明黑猩猩是笨蛋。让我们停下来想一想。你是否曾在讨论中与意见相左的人最终达成一致？你是否被别人的行为影响过？如果没有，那么好吧。你可能确实非常独特——几乎是独一无二的。对于我们其他人来说，从众也是一种凝聚社会的黏合剂（尽管我们可能反对它）。黑猩猩模仿统治阶级的行为可能也是如此，因为在它们的印象中，有经验的个体往往会做出正确的选择。或者，因为等级较高的黑猩猩更具影响力——换句话说，低等级黑猩猩想要向它们靠近，想要受它们欢迎。无论是哪一种情况，从众的倾向都在它们的社会中起到统摄作用，就如其在我们的社会中通常表现的那样。

那又如何看待它们的社群冲突？诚然，它们有争吵，有浮夸的炫耀，有暴力，甚至有谋杀。然而，更多时候，黑猩猩会在对个体的暂时性敌意与未来长期合作的可能性之间进行权衡。它们也不喜欢轻率地断绝关系。和解时常发生于纠纷之后，友好关系是它们社交生活的核心。

竞争仍然是所有动物的生活现实。在一个诱人的资源通常十分匮乏的世界里，很少有资源够用的情况。每只动物——这里是说每只黑猩猩——都必须顾好自己。尽管如此，它们仍表现出惊人的合作能力。合作带来的问题在于，总是存在部分个体作弊的风险。作弊是一种十分成功的短期策略（尽管不道德）：骗子可以不劳而获。但从整体来看，更好的策略是团队合作。不过，要让合作发挥作用，就需要对那些不公平竞争的成员采取一些惩罚措施。

同伴的反对，以及可能随之而来的报复风险，为管理作弊行为提供了手段。在美国佐治亚州的耶基斯国家灵长类动物研究中心（the Yerkes National Primate Research Centre），马利尼·苏恰克（Malini Suchak）和同事们对此进行了研究。一群在大型围栏中圈养的黑猩猩必须要弄明白怎样完成一项简单任务。诀窍是两只或三只一起工作，通过协调和同步各自的工作来解决任务。小组成员可以自由决定是否参与任务、参与多长时间以及和谁一起。如果它们成功完成任务，就会触发小块水果的投放。发放的水果既可能被解决任务的成员（即合作者）拿走，也可能被偷偷摸摸的旁观者（即作弊者）窃取。一旦有一批食物投放，就会有另一批做好准备；黑猩猩可以立即重复任务，以获得下一份食物。这个实验持续了几个月，每周数次，每次持续一个小时，在这一个小时里，黑猩猩可以随意重复多次任务，这让实验者可以观察到猩猩如何随时间推移调整策略。问题来了，黑猩猩会遵循合作策略还是作弊策略？

这项实验生动地展示了黑猩猩的策略如何随着相互之间的影响而改变。明白任务要求后，黑猩猩们开始合作，成功解决了任务，并因此获得了投放的食物。一开始，合作胜出，付出努力的黑猩猩得到了回报。然而，当它们机智地理解了任务的运作方式后，一些个体开始趁机偷懒，不费吹灰之力就偷走了食物。作弊的策略越来越盛行，合作开始减少。但是，就如在野外一样，作弊的黑猩猩也会受到惩罚，合作者惩罚作弊者的方式也各不相同，从生闷气和拒绝启动装置，到愤怒地表达对这种反社会行为的正当不满。研究进行到了一定阶段时，研究中的所有黑猩猩都已尝试过吃白食，但最终，只有一只是惯犯——一只年长、失明的雌性，它因此成了被抛弃的存在。

在需要付出代价时，作弊就是一个糟糕的策略。于实验中，就在作弊近乎盛行起来的时候，合作的黑猩猩开始控制吃白食的行为，并对其进行有效监管。从那时起，合作行为被不断加强。苏恰克对另一组黑猩猩作了同样的实验，结果几乎相同。这表明黑猩猩是天生的团队玩家。

人们曾认为，共情和怜悯是人类独有的特征。佛多柯的惨烈死亡以及它所处社群的无情使这一点更加可信——没有太多证据表明它们有什么好情绪。然而，它们的反应，相对于黑猩猩来说，并不比我们人类社会中的暴民暴力更加典型。绝大多数的记录都表明，社群成员的死亡会引发黑猩猩的哀悼。与珍妮·古道尔一同工作的研究员，坦桑尼亚贡贝溪研究站的格扎·泰莱基（Geza Teleki），曾看到一只黑猩猩在坠落中摔断脖子死亡。与佛多柯的死一样，这一事件在离世黑猩猩的同伴之中引发了狂躁和攻击行为，但这很快就转变为黑猩猩对彼此和死去同伴的深切关切。它们相互拥抱以求安慰，而后靠近尸体，轻轻地抚摸它，站着凝视它，要么轻声呜咽，要么保持一种完全不像黑猩猩应有的沉默。还有一些描述同样证实了黑猩猩死亡后的反常肃穆。它们接近尸体，像是在沉思一样，暂停日常活动，并在那儿停留了些许时间。和我们一样，它们似乎也会因为失去一个亲密的朋友而感到无比悲痛，它们一次次回到尸体旁，有时还要保护尸体免受闹腾的年轻黑猩猩的打扰。它们也关心病患和伤者。珍妮·古道尔有关贡贝溪黑猩猩的一手资料让我们对野生黑猩猩的各个方面有了许许多多的初步洞察，其中包括不少关心生病或受伤同伴的案例。比如，一只年轻的雄性在一只年迈朋友生命的最后几周照顾它，并努力保护它免受更高级黑猩猩的好奇探问。而一只成年雄性的痛苦尖叫，能让远在半千米外的年迈母亲赶过来安慰它。

弗朗斯·德瓦尔在《天性善良》（*Good Natured*）一书中描述了一只老年雄性黑猩猩，它正面临一只更年轻、更强大的竞争对手的挑战，首领地位日渐不保。当然，它无能为力，因为这一代迟早要让位给下一代，但是它的痛苦显而易见。它四处奔波，大声恳求其他黑猩猩的帮助。它扑在雌性身边，而雌性会用一只手臂搂住它并安慰它。总体来说，黑猩猩是残忍与同情、利他与自私的迷人且神秘的混合体。我们在它们身上，看到了对立特征的复杂融合，一种在我们自己身上也很可能发现的融合。

大脑袋，大心脏

宽阔的刚果河蜿蜒穿过非洲中心，它输送的水量比非洲大陆上任何其他河流都多，流域面积比印度还大。若你站在南岸观看，这条河流的规模会令你叹为观止，对岸远在5千米开外。刚果河发源于坦噶尼喀湖和赞比亚北部的山丘，起先河流向北流动，然后沿一个大弧线绕行，两次穿越赤道，而后向南和向西汇入大西洋。它的两侧是非洲最大的热带雨林，这是一片丰饶、肥沃、潮湿的绿色地带，是数以万计物种的摇篮。这条河的现代河道在南北两岸的动物之间构成了一道强大的屏障，一条天然的护城河。

一两百万年前，被遗忘许久的某个时刻，一群类似黑猩猩的猿类利用极端条件——也许是一场大旱——由北渡河南下。他们在河对岸的南部地区安家，不受同类竞争烦扰；我们称它们为倭黑猩猩。自此，它们就一直居住在那里，受河流的保护，与北方的黑猩猩相隔开。这两个物种都非常讨厌水，因此，刚果河是它们之间特别有效的边界。

遗传分析告诉了我们倭黑猩猩何时与黑猩猩分离，并且指出，可能发生过一次重大的渡河事件。若果真如此，那将是一个非凡的、开创性的事件。自首次渡河以来，似乎偶尔会有两岸往来的难民，为杂交繁殖提供了充足条件，但仅凭这些并不足以让倭黑猩猩在大河以北建立族群，或让黑猩猩在大河以南定居。即便到现在，若比较它们的DNA，仍会发现这两个物种之间几乎没有差异——它们的基因组彼此之间仅相差约0.4%。事实上，它们是如此相似，以至于早期的灵长类动物学家并没有将它们分为不同的物种，直到1933年它们才被区分开；倭黑猩猩仍然是为数不多的猿类物种中的最新成员。

那么，你该如何区分倭黑猩猩和黑猩猩呢？倭黑猩猩体型稍小，四肢修长，脑袋更小，这其实都并不完全符合它们的曾用名——侏儒黑猩猩。它们头上的皮毛比黑猩猩更长，这有助于形成一种相当奇妙的发型，让人想起维多利亚时代的绅士，它们有时是中分，有时是乱成一团的科学狂人头。除了外表，这两个物种还吃相似的食物，它们都生活在大型的雌雄混合群体中，而且都非常聪明。雌性黑猩猩和雌性倭黑猩猩性成熟后都会搬到新地方居住，而且这两个物种的雌性都比雄性同类体型要小。你可能会认为，这实在没什么可看的：两个相近的物种，做着相似的行为。然而你错了。它们之间的差异十分惊人，并且，由于它们与我们的进化关系密切，我们可以通过研究它们来了解自己的起源。我们拥有的所

倭黑猩猩

有最好的证据均来自倭黑猩猩，这是一种被忽视的动物，它们与我们关系之密切，不亚于声名远扬的黑猩猩。

尽管如此，科学界仍是花了很长时间才对此有所了解并达到今人所知的程度。与黑猩猩研究得到的大量关注相比，倭黑猩猩一直被忽视，直到最近才好些。这可能与当代人的一个颇为懒惰的假设有关：倭黑猩猩只是体型较小的黑猩猩，它们远没有黑猩猩分布广泛，也不常见。的确，野生倭黑猩猩只有2万只，圈养的倭黑猩猩也非常少。它们的家园——刚果民主共和国有着充满斗争与政治动荡的悲惨历史，这使得研究它们成为一项重大挑战。然而，在过去的三四十年里，我们对这些被遗忘的近亲的理解有了显著提升，对此我们心怀感激，因为它们是颇具启发性的生物。尽管如此，还是要提醒一句——由于种种原因，生物学并不总是适合当睡前故事读给孩子听，这些猿类的情况更是如此。研究和讨论它们很重要，因为它们以一种基本且独特的方式塑造了它们社会的动态。

倭黑猩猩在性方面非常活跃，甚至可以说是极其活跃。它们性交是为了打招呼，为了释放兴奋带来的紧张，为了闹翻之后的和解。独特的地方在于，它们会"法式接吻"，有时还会用"传教士体位"做爱。它们的性交也不局限于雌雄之间，几乎任何对象都可以。雌性倭黑猩猩的阴蒂大得惊人，它们每天会数次结对摩擦生殖器，并因兴奋而尖叫。雄性则在一起摩擦它们的阴茎，有时还会创造性地悬挂在树枝上用那玩意"击剑"。它们有口交和手淫的乐趣。据说雌性甚至可能会制造假阳具。考虑到人类对情色的痴迷，倭黑猩猩的这种行为吸引了极其广泛的关注，这也许并不奇怪。危险在于，它掩盖了更广泛的图景，让我们认为倭黑猩猩只是好色之徒。在某种程度上它们确实是，但它们还有很多别的方面。

倭黑猩猩的攻击性远不如黑猩猩，部分原因在于它们能利用性来缓解紧张情绪。黑猩猩可能会通过攻击来获取性，而倭黑猩猩会使用性来消解攻击性。这一切听起来十分新奇，就像1960年代的反主流文化口号：
"要做爱，不要作战。（make love, not war.）"不过，既然性交在倭黑猩猩
社会中如此重要，就表明有需要控制或缓和的攻击存在。它们只是用与
黑猩猩不同的方式进行管理。雄性黑猩猩攻击的潜在原因之一是为了性，
或者说缺乏性。雌性黑猩猩只有在发情期才会接受性行为——最明显的
迹象是它们肿胀的粉红色臀部。当然，发情只在性成熟之后开始，但雌
性黑猩猩在生育后多年也不会发情。据估计，在整个一生中，一只典型
的雌性黑猩猩只有大约5%的时间接受性行为。在黑猩猩社区，这意味着
不论何时处于性接受状态的雌性都很少见，而另一边，则会有很多沮丧、
愤怒的雄性。

相比之下，雌性倭黑猩猩的发情期大约是黑猩猩姐妹的5倍。它们甚
至会表现出一种被称为伪发情的状态：有时，虽然它们并未处于排卵期，
但仍会显现出粉红色的性接受的状态。从雄性的视角来看，这意味着更多
性爱时光，也更少争斗。从雌性的视角看，则意味着恼人的纠缠会少很多。
而对黑猩猩来说，雌性几乎没办法转移雄性的注意力，甚至可能因此遭受
剧烈的攻击。雌性倭黑猩猩则没有这种经历，是否与雄性交配很大程度上
由雌性决定。

尽管雄性倭黑猩猩的体型比雌性更大，但与黑猩猩不同，它们并不是
统治性别。女性也不一定独占统治地位；野生倭黑猩猩社会更像是一种混
合状态——有时被称为共同统治。攻击很少发生，暴力几乎没有，当它确
实发生时，结果也要均衡得多；雄性和雌性获胜的概率大致相同。出于某
些我们还不完全了解的原因，圈养倭黑猩猩的行为似乎与它们的野生亲属
略有不同。在动物园和公园里，雌性可能特别好斗，它们用攻击来回报雄
性不必要的注意。我们知道，雌性会咬雄性的手指，而在一个案例中还发

生了"博比特式"^①的攻击：雌性切断了雄性的阴茎。这种野蛮行径在野外似乎并不常见，但即便如此，雌性仍享有较高的地位。它们在觅食点有优先权，以至于雄性会把自己的位置让给即将到来的雌性。它们还可以决定自己的派系在何时何地活动。

雌性倭黑猩猩远比其黑猩猩姐妹更倾向于社交，它们彼此之间会形成牢固、持久的关系。如果它们需要联合起来对抗雄性突然爆发的攻击，这些关系将会提供帮助；此外，这种关系还有另一个目的，那就是帮助雄性。雄性黑猩猩依靠与其他雄性的关系来获得地位，而雄性倭黑猩猩则依赖它们的母亲。高等级雌性的儿子可以从她的地位中获益。事实上，当它的儿子与其他雄性发生冲突时，母亲（甚至祖母）可能会提供帮助，而且，在我们看来更奇怪的是，它们对儿子的性生活有非常直接的兴趣：把儿子介绍给女性社群，带其进入女性社会，帮助它们获得更多的交配机会，进而可能带来更多的孙辈。从本质上讲，倭黑猩猩母亲扮演了黑猩猩社会中雄性黑猩猩扮演的角色，它们在一定程度上支持成年的儿子；而雄性倭黑猩猩并不会像雄性黑猩猩那样组成兄弟会。雌性亲属的支持意味着年轻雄性可以自由地与成年雄性互动，而无需担心遭受暴力。

这并不是说雄性倭黑猩猩是过分依赖母亲的"妈宝男"——它们可以照顾自己，也能照顾彼此。在马丁·苏尔贝克（Martin Surbeck）和戈特弗里德·霍曼（Gottfried Hohmann）提供的一份报告中，他们描述了盗猎者袭击后的情况。盗猎者杀死了一只雌性，剩下了它的两个儿子，从此，一个婴儿和一个稍大一点的幼崽失去了母亲。在倭黑猩猩中，雌性承担了抚

---

① 博比特夫妇案发生在1993年美国维吉尼亚州马纳萨斯，妻子洛蕾娜·博比特（Lorena Bobbitt）趁深夜，用一把20厘米长的雕刻刀切除了丈夫约翰·博比特（John Bobbitt）的阴茎。——译注

养孩子的全部工作，在这么小的年纪，两个儿子本应严重依赖母亲。然而，最值得注意的是，距离它们最后一次出现在人们视野中一年半之后，这两只雄性再次出现在社群里，弟弟骑在哥哥的背上。它们从创伤中幸存下来，看上去形影不离。从较年长的雄性倭黑猩猩那因毛发稀疏而略显沧桑的外表上可以看出，它在养育孩子上付出了非同寻常的额外努力，但幼崽的最终幸存本身就证明了兄弟之间的坚韧纽带。

倭黑猩猩与黑猩猩社会的另一个不同之处体现在成年后迁移到新社群的雌性的命运。对黑猩猩来说，这是一个极其危险的时期，它们面临着长时间的适应期，期间往往会遭受很多敌意和暴力。倭黑猩猩并非如此。在它们的社会中陌生人会受到欢迎，一个新来的女孩会受到很多关注，不会出现黑猩猩社会中那样带有攻击性的行为。作为倭黑猩猩，自然会有很多性行为，尤其是与本地的雄性，但迁入者们也与统治阶级的雌性密切联系，它们跟随后者，乞要食物。即使周围环绕着可以自己轻易获取的水果，它们仍会四处讨要，而且大多数情况下，是低等级成员和新成员向统治者乞讨。乞食似乎与建立关系相关，而且倭黑猩猩不喜欢单独用餐。两个足球那么大的热带雨林水果，比如番荔枝和面包果，都特别适合分享；在这样的盛宴上，迁入者与原住民打成一片，成为它们社会的一部分。

倭黑猩猩群体的和平天性也表现在它们与邻居的接触中。对黑猩猩来说，这可能是致命攻击的触发因素。然而，倭黑猩猩对社群会晤有自己的处理方式。起初，它们可能会很谨慎。在听到附近有陌生倭黑猩猩呼唤时，它们可能会表现出强烈的兴趣，但不一定会冲过去打招呼——它们甚至可能躲开陌生猩猩。当两个群体在各自领地的边缘相遇时，它们之间会有大量的叫声，尽管雄性也会展示力量，但打斗很少发生。更与黑猩猩不同的是，按照真正的倭黑猩猩风格，雌性倭黑猩猩在交流中占据主导地位，并进行大量的生殖器摩擦来抚慰彼此。最终，两个群体可能会合并在一起，在果树上举办一场盛宴。尽管如此，雄性仍然不是那么热情，它们经常在自己的地盘内畏缩不前，有时似乎还尝试反复鼓励雌性远离那种活动，可实际上，直到雌性准备好之前它们都不会离开。由于雌性在与新的有趣伴侣进行社交和性交时非常享受，这通常会需要一些时间：这些事情不能太过着急。有趣的是，尽管社群之间的聚会可能涉及雌性之间的大量生殖器摩擦，但这并不一定是屈服于野性的、性欲的快感。雌性之间建立亲密关系时，通常会花许多时间待在一起，进行大量的相互梳理，但不会频繁地摩擦生殖器。这种行为从表面上看是如此明显的性行为，但实际上更多是为了紧张情况下的会见、问候和安抚。

人猿如我

对于那些尝试了解人类行为、社会和文化规范的基因基础的人来说，猿类提供了丰富且宝贵的灵感来源。其中，黑猩猩能成为一个特别的焦点，不仅因为它们与我们关系密切，还因为它们所处的庞大的、雌雄混合的社会。早期假设认为，黑猩猩完全是温顺和平的群居动物，但这一观点逐渐被来自野外观察的报告挑战，这些报告中记录了它们频繁的低水平攻击、性冲突和偶尔的残忍杀戮，揭示了它们社会行为中复杂的一面，而且，由于我们与这些动物有着相似之处，我们对内在自我产生了令人不安的想法。有些人抓住了这一点，把这一观点发挥到了其可信性的极限，并将其作为人类之间残酷竞争和野蛮专横的解释甚至是合理化依据。他们说，这是我们的基因决定的，你无法与之抗衡。即使其他人给出了更微妙的回答，认为我们的性格就像黑猩猩一样，是许多不同倾向的平衡，但是，以反叛好斗的黑猩猩为基础来理解人类本性的想法仍然根深蒂固。

而后，一波有关倭黑猩猩的研究浪潮出现了——尽管只有一小波。它们与我们的关系同样密切，而且很遗憾，它们显然缺乏我们加诸黑猩猩身上的那种不惜一切代价取胜的心态。这就是倭黑猩猩悖论：如果我们的部分行为的确是祖先世代的残留，那么，和平的倭黑猩猩与所谓好战的黑猩猩一样，都提供了有效的模型。对这两个猿类近亲更仔细的考察和评估正在进行，它们之间的比较能告诉我们哪些有关自身的信息呢？

它们在智力测试中的表现显示，整体而言，它们处于同样高的水平。黑猩猩是优秀的组织者，而倭黑猩猩则更善于共情。也就是说，当黑猩猩必须弄清楚事物如何运作、如何相互联系时，它们做得相对较好。黑猩猩在野外制造且使用了很多相当复杂的工具，而倭黑猩猩的工具相对较少——它们用树叶收集水或拍打恼人的昆虫，仅此而已。倭黑猩猩得分特别高的地方是它们的社会意识，即解读和理解他人的能力。一项惊人的研究跟踪了黑猩猩和倭黑猩猩在看到图片时的注视方向，看看这两个物种的注意力集中在哪个区域。结果发现黑猩猩会看着另一只黑猩猩肖像的脸，而倭黑猩猩则会盯着它们肖像的眼睛。在另一张全身图片中，黑猩猩主要看向屁股，而倭黑猩猩则把注意力分散在脸和屁股上。在第三张图片中，另一只猿猴手里拿着一件东西，黑猩猩会看它们拿的是什么，而倭黑猩猩则同时关注脸和物体。从本质上讲，倭黑猩猩的注视模式与人类在类似实验中所显示的模式相似，尤其是具有强烈社交倾向的人所表现出的模式。

系统化思维和共情之间的连续统一体通常适用于分析人类，男性倾向于系统化思维，女性倾向于共情。这是否意味着黑猩猩的行为更像男人，而倭黑猩猩更像女人？其实并没有。虽然这样的比较可能很有趣，但这是一种过度简化。首先，它很取巧地忽略了男性和女性之间、黑猩猩和倭黑猩猩之间的大量重叠。另一方面，将一个连续的群体划分为不同的阵营是人类的癖好。话虽如此，在黑猩猩、倭黑猩猩和人类身上都有一个有趣而奇怪的模式。如果你比较你的第二根手指（或说食指）和第四根手指（或说无名指）的长度，你所看到的结果在一定程度上取决于你的性别。男性的典型特征是无名指比食指长，而女性的则差不多长。人们认为这与出生前接触的雄激素（也就是男性荷尔蒙）有关。雄激素浓度越高，手指长度的差异越大。当然，如果它仅有这些作用，那它就微不足道了，然而，它对大脑发育的潜在影响可能十分重要。在这方面，倭黑猩猩的手和我们的很像，而在黑猩猩身上这种差异则十分显著。这表明，未出生的黑猩猩大脑可能受到了高水平睾酮的影响，反过来，这或许能在一定程度上解释，何以它们在往后的生活中攻击性更强。

倭黑猩猩和黑猩猩的大脑中有一些微妙而潜在的重要差异，这些差异又表现为它们行为上的差异。与黑猩猩相比，倭黑猩猩大脑中与对他者痛苦的反应的相关部分发展得更好，联结也更强；这些部分也控制着它们造成伤害的能力，以及一般情感反应。在这方面，倭黑猩猩比黑猩猩更像我们，尽管它们的大脑大小只有人类的三分之一左右。分析它们体内的激素也有助于了解行为差异。在面临冲突时，雄性黑猩猩的睾酮会增加，从而激发它们的攻击性。在类似的情况下，倭黑猩猩的皮质醇会激增，这可以解释为冲突使它们急躁和紧张；它们通过性和游戏来缓解这种焦虑。年幼的黑猩猩非常爱玩，但随着年龄的增长，它们对"趣味性"的兴趣会逐渐消失，而倭黑猩猩即使成年也会继续嬉戏。

两个物种之间的差异也可以从它们彼此间交流的方式上得见。黑猩猩之间严格的、强制的等级制度意味着，地位较低的成员必须发出我们所说的"喘气-咕哝"声，以承认自己对处于统治地位的个体的服从。倭黑猩猩似乎没有类似的叫声；也许在它们更宽松的社会中，并不需要"磕头"。当倭黑猩猩找到食物时，它们会根据食物的吸引力发出一系列不同的声音——就像我们人类一样。发现一棵结满果实的树时，它们会呼唤其他同伴，待同伴到来后再爬上树。然而据我们所知，黑猩猩只有一种进食的声音，尽管当它们发现食物时也可能会大声叫喊，但它们通常会随即开始用餐，而不是等待其他成员赶上来。在受到攻击时，两个物种都会大声抗议；但特别的是，倭黑猩猩好像把最强烈的愤慨之情保存了起来，并用在了社群中应该和不应该发生什么的期望遭到违背的时候。换句话说，困扰它们的不是攻击的严重程度，而是可能被看作是"不公平"甚至"失礼"的情况。

如我们一样，倭黑猩猩会根据交流对象来调整它们的交流方式。如果一只倭黑猩猩正在同一个朋友说话，而信息没有被很好地理解，它就会更详细地重复讲述。这两个个体彼此都很了解，它们之间存在着一些彼此都理解的东西，所以重复加上一点澄清能够奏效。当同样的互动发生在不太了解彼此的倭黑猩猩之间时，我们就能看到差异。此时倭黑猩猩不会简单地重复信息并且依赖某个共享的指称框架，而是会用另一种方式进行解释，使用另一种方法来传达信息。

尽管黑猩猩和倭黑猩猩的交流方式不同，但两者在交流风格上都与我们有相似之处。例如，我们并不总是能有意识地注意到对话中出现的结构；但我们会注意到结构何时被破坏。两个成年人聊天时，通常会轮流说话，他们都会遵循会话的合作原则。在与小孩或粗鲁的成年人交谈时，谈话的轮转被打破，人们相互打断，这会很自然地让我们感到恼火。黑猩猩和倭黑猩猩在交流中都展现出同样微妙的"你来我往"。倭黑猩猩甚至会像我们一样，优先观察正与它们对话的个体。

我们可以分辨出两个物种各自能发出的十几种不同的声音，黑猩猩和倭黑猩猩都能通过不同的音调和音量来广泛调节这些声音的表达。人类语言的关键在于我们如何组合声音来传达丰富多样的含义。例如，英语中大约有44种不同的音素，音素也就是不同的声音单位，而44种音素可以构成难以计数的不同单词。我们的猿类表亲也会做类似的事情吗？已知的是，倭黑猩猩将不同的叫声组合成不同的序列。我们不清楚这是否是为了表达意思上的细微差别，但在听到这些组合时，它们必定会密切注意。通过研究另一种灵长类动物的交流，我们得知，改变声音的排列顺序，也会改变它们的意思。坎贝尔猴子会发出各种各样的叫声：它们会发出"喀喀"的叫声，表示附近有一只豹子；稍加修饰的"喀喀-喔"表示更普遍的担忧；而"嘣"则用于社交场合。值得注意的是，这些猴子有时会把这些声音结合起来，用来描述完全不同的东西："嘣，嘣，喀喀-喔，喀喀-喔"显然是指一棵树或一根树枝正在倒下（掉下）。虽然不知道我们的猿类表亲是否会这样做，但它们会轮流说话，并将声音组合成序列，确实展现出与我们的语言有相似之处。

声音只是猿类聊天中的一部分。在它们经常安家的森林地区，声音对远距离通信至关重要。然而，在近距离接触时，它们会用声音加上肢体语言来表达看法。和我们一样，它们也有丰富的面部表情，并会使用几十种不同的手势，有趣的是，手势并不仅仅用来辅助声音——它们通常能独自构成对话的基础，也按一定顺序使用。业余的观察者也能通过"窃听"它们的肢体语言，看着它们如何应对复杂的社会生活中的各种挑战。我们很容易理解婴儿是如何向疲惫不堪的母亲讨取关注的，也很容易理解一个成年猩猩什么时候在讨要食物或谋求关注，什么时候在寻求支持或直面竞争对手。声音、面部表情和手势的综合运用使它们成了沟通专家。

合作是倭黑猩猩和黑猩猩社会生活的重要组成部分，但这之间也有一些有趣的差异。在一项实验中，一只倭黑猩猩被安置在一个放了盘食物的房间里。在隔壁房间里，在一扇紧闭的门后面，有一只来自同一社群的熟面孔。有食物的倭黑猩猩现在有了一个选择：它可以独占餐桌，或者让同伴进来共享美食。稍稍让人惊讶的是，在这种情况下，大多数倭黑猩猩会变得贪婪，把大部分食物据为己有。我之所以说令人惊讶，是因为如我们所见，倭黑猩猩在野外十分乐于分享，并且乐于容忍其他倭黑猩猩加入盛宴。

实验者再次对倭黑猩猩进行测试，这次有两只倭黑猩猩分别被关在相邻的两个房间里，其中一个房间里的是新面孔，另一个房间里的是同伴，结果变得不同：正在进食的倭黑猩猩让陌生人进来分享食物，陌生人反过来让另一只进来，这样，3只倭黑猩猩都分享到了食物。通过邀请陌生人共进午餐，它们没了食物，却结交了新朋友。这不是一个可以在黑猩猩身上完成的实验——它们完全不喜欢陌生人，结果可能只有暴力。然而，尽管黑猩猩和倭黑猩猩在某些情况下都不愿分享食物，但是，当整个群体都在场时，它们就会将食物进行分配，即便其中某个个体仍有可能独占食物。主要的区别在于新来者试图获得食物的方式：黑猩猩乞讨食物，而倭黑猩猩自然是提供性服务。

有关这两种复杂动物的分享和合作行为，实验研究得出了复杂的结果：尤其是黑猩猩，它们有时分享，有时不分享。这两个物种在野外时，似乎比在圈养环境中更容易合作。因此，我们可能认为，在针对圈养黑猩猩的实验中，随着时间的推移，当获得食物的难度逐渐增大后，它们的反应是变得更加好斗。人们在芝加哥林肯公园动物园的一群黑猩猩身上进行了测试，实验中人们以番茄酱作诱饵，搭建了一个人工"白蚁丘"。黑猩猩们学会把棍子伸进土堆的洞里蘸取美味的番茄酱。一开始，"白蚁丘"上的洞足够多，每只黑猩猩都能有一个。然后，洞口的数量一个接一个地减少，以至于曾经丰富的食物来源现在处于短缺状态。（需要指出的是，这并不是黑猩猩唯一的食物来源，而是非常受欢迎的额外食物来源。）与预期相反，黑猩猩间的竞争没有增加，而是适应了短缺，并相互分享，耐心地等着轮到自己蘸取食物。这就是这些聪明又复杂的动物的特征——它们会不断地给我们带来惊喜。

不论你研究哪一物种的行为，如何进行概括都是棘手的问题；总会有例外来证伪这一规律，猿类的情况更是如此。例如，东非黑猩猩群体之间的暴力比西非黑猩猩群体要多得多。这背后有很多潜在的原因。正如在历史为我们提供的人类社会案例中，既有和平的，也有好战的，其中可能涉及文化因素。社会群体倾向于将行为模式强加给其成员，以便他们遵守规范。灵长类动物和其他动物一样，喜欢融入环境。恒河猴是更具攻击性的猕猴物种，但是如果你把一只恒河猴幼崽放进一群更随和的短尾猕猴中，它就会接受它们的规则，自己也变得随和起来。同样，阿拉伯狒狒和东非狒狒是狒狒攻击性的两种极端，如果将其中一只移至另一方的群体中，它们也会改变自己的行为。它们太容易适应了。

社会环境塑造长期行为的力量，能够从肯尼亚一群狒狒的文化一致性中得见。它们居住在当地一个垃圾场附近，在竞争对手狒狒的挑战和愤怒人类的考验之下，它们对免费食物的渴望被压制了。因此，只有猴群中最勇敢、最好战的雄猴才会"袭击"垃圾堆。它们觅取肮脏但免费的食物，但这最终导致了它们的灭亡——那些好斗的雄性为结核病所淘汰。

如今我们发现，剩下的那些狒狒——雌性狒狒和更悠哉的雄性狒狒——正生活在一个更和谐的社会中。你也许会想象，一旦有好斗的外来雄性狒狒迁入并接管狒狒群，这种情况定将终结，可是，20年过去了，这种情况仍未发生。幸存的雄性狒狒已然死去，而新加入的雄性则遵循着这个狒狒群那不同寻常的规则——一种不那么严格的等级制，加上大量的梳理毛发行为，很自然地建成了一个异常和平的狒狒队伍。这能解释黑猩猩群体之间的差异吗？虽然我们很难断定文化是否会给黑猩猩的行为带来最大的影响，但是，垃圾场的狒狒们凸显了一个紧扣主题的教训：暴力与和平，通常就是遵循规则与否的问题。

我们的行为与两种猿类近亲不乏共同之处。在某些情况下，我们更像黑猩猩；另一些时候则更接近倭黑猩猩。我们不可能知道我们各自与我们这三个物种那早已灭绝的共同祖先之间共享了哪些特征——可能这位祖先就兼具了我们三个物种现在所能看到的所有特征。对现存的现代猿类近亲的研究，有助于揭开人性起源的谜底。即使是在与黑猩猩分道扬镳了600万年后的今天，我们仍然能一眼领会黑猩猩和倭黑猩猩的许多行为特征。

尾 声

我们在，故我在

I am, because we are

⋮

乌班图哲学

社会性是人类生存的基本特点。我们的生活总是与我们的朋友、家庭交织在一起。我们的社会也是根据那些作为我们经济基础和政府基础的社会关系来进行组织的。它们是文化的基础，是人类文明的基础，最终也是人类这个物种取得成功的基础。如书中所云，我们绝不是唯一有社会性的动物。实际上，从个体的独立生存到群体生活的过渡是地球生命史最为重要的进化发展。

我们可以用很多不同的方式来衡量群体生活的重要性。对社会动物来说，剥夺它获得社会交往机会的后果会很严重。比如，将一条鲱鱼移出群体，它很快就会陷入"渴望见到朋友"的状态；如果继续让它独自待着，它就会被孤独流亡的压力击垮。本质上，它会死于孤独。我们可能会同情脆弱不堪的小鱼，并且认为自己和鱼不太一样，但是别忘了，在人类的法律系统里，孤独的幽禁始终是最令人害怕的惩罚之一。长期的隔离会导致抑郁，甚至出现幻觉；切断与他人的联系之后，人的精神慢慢会开始自我崩溃。事实的另一面是，良好的社会关系对促进心智健康和长寿有非常重要的影响。有时候，这种影响有不可思议的力量：交友很广、和朋友保持良好关系，这些因素甚至比体育锻炼更易于让人获得健康和长寿。同样的，不仅仅人类如此；我们在狒狒、老鼠、乌鸦，还有其他一些动物群体里也发现了这一现象。个体从安全的社会纽带中获得的支持，以及社会群体为生活的浮沉起落提供的缓冲，对于健康和福祉都极有益处。

自然界充满各种令人赞叹的例子，它们足以表明社会性的重要。我们看到鸽子成群飞舞，它们侦察到有俯冲下来的猛禽时会一起及时躲避，以免惨遭不幸；看到讯号在鱼群中迅速传递，使得鱼群紧急转向以逃避掠食者的袭击；也看到蚂蚁形成觅食网络，每只六条腿的小"忒修斯"都留下信号，通过集体努力发现通向冰激凌的最佳路线；我们还看到，蜜蜂用热情的舞蹈来告诉同伴们，有浓郁花蜜的鲜花在哪里。我们可以惊奇于紧追猎物的狼群，以及虎鲸的紧密合作，它们会一起掀起大浪把浮冰上的海豹冲下来。我们也会为一群哈里斯鹰会心一笑，它们在食物稀少的干旱陆地上捕食，一只鹰站在另一只鹰背上——像活生生的鸟图腾柱，让高处的鹰能获得更好的视野。

动物从伙伴们的陪伴与合作中获得的报偿，其重要性自不待言。如果向后追溯我们的进化史，我们便能看到，社会性是如何以一种特别基础的方式塑造了我们和其他动物。动物聚集在一起的理由各不一样，但也出于一些相同的原因。群体生活为对抗掠食者的动物提供了庇护，还可以使成员之间能分享重要信息，比如哪里有食物可供果腹。社会背景增加了个体存活的概率，也能让个体哺育更多后代。幼崽在合作良好的群体中被抚养长大，它们可以与年龄稍长些的同伴互动，从而发展各种技能，逐渐提高社会化的程度。在动物适应社群生活的过程中，它们经历着种种变化，也会以越来越复杂的方式互动，甚至与同伴进行真正意义上的合作，取得个体无法独自完成的成就。社会行为不断发展，文化也得以演化。

社会生活甚至会改变个体的基因结构和生物化学结构。对社会动物来说，寻找伙伴是写入了DNA的自然倾向——不管是斑马鱼的社会性，还是鸟类加入繁殖群体的偏好，都是由基因塑造的。倘若聚集成群可以产生某些利好，自然选择就会促进这种行为，因为导致它们产生寻找伙伴的倾向的基因会向下一代传递。在某种程度上，人类也是如此。我们在自己的社会网络中建立的各种联系，相当程度上是由我们的基因决定的。特别是，哪些人和我们亲近、哪些人会把我们当作朋友，这有很强的基因决定成分，这也使得我们总倾向于在一个联系紧密的小团体里活动。对这种遗传的社会倾向起作用的基因，可能主要是一些能调节激素（包括催产素）的基因，比如，催产素会影响人的亲和力与外向等性格特征。

我们是化学生物。两只动物在相遇的时候做出的反应，会受激素的影响。这些反应包括攻击和结盟，以及介于二者之间的种种行为。对不同物种进行的比较可以表明激素是对它们的行为影响。有领地行为的动物倾向于在同类出现的时候表现出攻击性；它们互相排斥，就像两块相斥的磁铁。如果社会动物都一致表现出对彼此的攻击性，那么群体就不可能形成。群体生活的基础是社会吸引——就像将相斥的磁铁翻转一下让它们吸在一起。在动物的大脑里，影响社会性的回路会根据激素状况来进行适应和微调。如果比较动物大脑里掌管动物与其他动物互动的具体区域，可以发现：比起那些较独立自主的动物，社会性强的动物有更多能产生特定激素或者对特定激素作出反应的脑细胞。动物如何应对压力也受激素的影响。社会动物对它们同类的出现所产生的刺激，反应较为不那么剧烈，这就是我们前面描述过的所谓社会缓冲。激素还会影响动物与他者之间的联系——使动物倾向于与朋友和亲属结成亲近的同盟，有时候甚至是陌生同类或者不甚相关的动物。在不同时间和情境里，激素水平的变化让动物能调整自己的行为反应，有时候更为温顺亲和，有时候则像葛丽泰·嘉宝（Greta Garbo）一样喜欢独处。

下面我们来考虑动物之间的交流。尽管所有动物都有某些形式的交流，群居生活中的动物则需要更为扩展的信号系统或词汇表才能进行更有效率的交流互动。群体的有效运作依赖于交流；没有交流的话，个体的活动就无法与其他成员保持协调，也没办法理解它所处的社会关系。想象两只不同物种的动物：一只和它的配偶生活在一片领地，另一只生活在一个社会群体里。第一只动物只需要向它的爱人窃窃呢喃，还要时不时地警告偶尔走得太近的邻居。生活在群体中的那只动物就需要更健谈些，它几乎每天都要和群体里的许多成员交流互动。它必须将竞争对手和盟友区分开来，还要保证自己总能识别出它们。在关系复杂的等级社会中，它还需要明晰传达自己的动机，不时调整自己适应上级或下级动物的行为方式。让别的动物准确理解自己是件有压力的事，这使得不同物种的动物之间产生一些有趣差异；再加上它们本身的生活习性就不同，比如究竟是独自生活，还是有很强的社会倾向，随之产生的差异就更明显了。甚至在同一个物种内部，我们也能发现一些差异。比如，生活在北美洲的一种小山雀以其喋喋不休的啾啾鸣叫而知名，它们会根据所生活的群体大小来调整鸣叫的复杂性。语言是和社会性协同演化的；正是与群体成员进行协商和协调行为的需要，才促使动物进化出语言，这也是促使我写这本书来和你们交流的原因。

近些年来，关于动物交流的研究走过了一段很长的路。数十年来，我们用看待孩子的眼光来看待动物，想教会它们用符号语言或图片来表达它们的想法。虽然那只名叫阿历克斯（Alex）的非洲灰鹦鹉取得了非凡的语言成就，过去数十年里人们费尽心机教过的那些类人猿也表现不俗，但是，它们都没能告知我们动物之间的自然交流是如何进行的。语言乃至交流，可绝不仅仅是学会几个"语词"就能办到的事，不管这些语词用什么方式呈现出来。人类会话的基础是彼此共享的经验，以及对一个一般性的指称框架的理解。我们塑造了人类的指称交流系统，它也反过来深刻地塑造了我们。尽管弄明白动物如何思考、如何感受的动机可以理解，但是，至少在我看来，想教会动物一个人类中心的指称框架的办法是无济于事的。通过研究动物的交流方式来理解动物，应该是更好的方式。尽管这存在语言沟通的藩篱，但我们已经在取得进展。

动物用许多奇妙的方式进行交流。考虑一下我们互相问候时的情形吧。社会动物用多样的、奇妙的方式来互相问候。在我从小长大的约克郡的一些地方，微微的点头是高度认可的信号，特别是在农民之间，只有那些认识了至少二十几年的朋友之间才会这么做。较不那么克制的人，可能会握手、碰拳。倘若是法国人，他们会热烈地拥抱亲吻对方。在柏林的一个公共广场上，我曾经见过两个少女特别兴奋的问候。她们从距离老远的地方开始跑向对方，张开手臂，一边跑一边兴奋地尖叫。天哪，她们的体型差别太大了些，但她们似乎完全没考虑到因此产生的动量差别。在她们相遇的时候，较胖的那位把另一位撞得太猛烈，让她直直地倒了下去——这力道在橄榄球比赛中足以让她被罚下场。虽然我们人类有很多种和朋友打招呼的方式，但要比起我们在动物王国见到的多样性，那简直就不值一提：同样都是说"你好"，龙虾会互相向对方脸上撒尿；狗习惯闻嗅对方的屁股；慈鲷会在伴侣回巢的时候发出嗡嗡声；白脸卷尾猴会把手指戳入同伴的鼻孔；雄性的几内亚狒狒则会拨弄朋友的生殖器。你知道的，这些行为都是信任的表达，但总的来说，我个人更喜欢约克郡的方式。

　　群体交流的另一扇窗户是看它们怎样进行集体行动。对保持社会生活的动物来说，在这时候遇到的一个问题，是如何在自己的特定方向偏好和继续待在群体之中这两者之间保持平衡。它们既不想独自行动，也不想错过自己所掌握的信息可能带来的机会，结果群体决策便有可能陷入僵局。这种情形我自己就遇到过许多次。但凡聚到一起的人超过3个，想要让这个小群体商量出一个去哪里共进午餐的方案时，事情就会变得很痛苦。珊瑚鱼在珊瑚头之间移动的时候，你可以将之看作是鱼群准备出发前的准备活动，就像一平底锅水即将要沸腾。其中的某条鱼会朝着它想去的方向猛冲过去，不过，要是没有鱼跟着来，它就会踩个急刹车，又撤退回到鱼群。然后，它会重复做这个假动作，直到招募到足够多的伙伴，开始真正踏上征途。

有时候，动物群体根本没有预热或者动员就达成一致。在这种情况下，它们如何决定谁掌握了最好的信息呢？有时候，它们根据决策者的行动来判断。如果它掌握的信息很好，那么它以一种很自信的样子行动，它的行动方向清晰，几乎毫不犹豫，也不会漫无目的地闲逛。如此清晰直率的信号更容易吸引追随者。在另一些时候，最有统治力的动物会作出单方面决策，其他动物则紧紧跟随它行动。非洲野狗通常根据狗群首领选定的路线前行，只是偶尔会有地位较低的个体，身体朝着它想要去的方向，然后打着喷嚏。若其他狗群成员也想选这条路，就会加入进来，打着喷嚏表示支持。最终，如果有足够多的狗选这条路，打喷嚏的阵营就会在和首领的选择竞争中胜出，整个狗群开始流着鼻涕，走上新路线。

非洲水牛生活在巨大的群体里，它们一起迁徙、休息。经过一段时间休憩，牛群需要决定下一步的去向。牛群通过投票来进行决策。只有母牛才有投票的权利；小牛要跟着妈妈，公牛要想待在牛群里，则必须遵从母牛的决定。每头母牛都站起来，凝视着它向往的方向。投票结果出来之后，牛群就开始朝着大多数母牛选定的方向移动。

汤基猕猴也有类似的现象。这些小猴子队伍准备迁徙时，某只猴子会朝着它中意的方向走几步，然后停下来看着身后其他猴子。接着，下一只猕猴开始投票。它有可能选择第一只猴子的方向，也有可能建议走另一个不同方向。随后，每只猴子都会选择它中意的"候选人"（和路线），站在它身后，直到产生多数票。这时候，失败的"候选人团队"就不得不放弃，也加入多数票队伍，然后整个群体开始行进。大猩猩要迁徙的时候，通常是年长的银背雄性（占统治地位的雄性）来领路。它可能天真地认为是自己在决定团队的前进方向，但实际上这个问题很可能是另外一些雌猩猩在早些时候决定的。它们将大猩猩群体动员起来准备迁徙，甚至还会决定好方向，只等银背大猩猩跨出象征性的步伐。它看起来是在带领队伍，但实际上只是将权威施加于早已做好的决策。

在所有动物里，灵长类尤为特殊，因为它们的大脑特别大。问题是，为什么它们会有比较大的大脑？这存在多种有些道理的解释：也许是丰富的水果和饮食促进了它们大脑的发育；也许是因为在森林里游荡的时候，它们需要不断建立越来越宽广的心智地图；也许是因为它们的社会性。就目前生活在地球上的灵长类而言，绝大多数都有一定程度的社会性。不过，我们可以看到它们群体规模上的差异，从那些只包含少数亲朋好友的小圈子，到那些热衷社交的大型团体。

在19世纪早期，进化心理学家罗宾·邓巴（Robin Dunbar）着手研究这些不同因素的作用。他的发现清楚明白：大脑进化的最为重要的驱动力是动物所生活的群体规模。特别是，大脑新皮层的发达程度很大程度上取决于群体的规模；这是大脑最为发达的部分，与认知、感官知觉、推理、交流等联系密切。成为一个社会成员对灵长类来说蛮具挑战性。它们可能要解决一些危机四伏、不断动态调整着的社会关系。为了获得成功，它们需要认识不同的个体，理解自己和它们的关联，然后，它们还需要对自己的行为进行相应调整。收集和加工大量的社会信息，并决定如何使用这些信息，这些任务对群体成员的认知能力提出了很高要求。具有较高的智能，因而能恰当应对群体中的互动与密谋，对社会动物至关重要。随着群体范围的扩大，需要维系互动的群体成员数量也呈几何级数般地增长。要处理这些社会联系，需要强大的认知能力，而且，对许多物种来说，群体越大，大脑就需要越大。

当然，群体规模只是社会性的一个方面。许多鱼类会形成巨大的鱼群，如果只考虑群体中的个体数量，那么我们也许应该期待这些鱼类获得诺贝尔奖。但你从来没有读过金鱼写的小说，那可不仅仅是因为金鱼打字困难。比起社会关系的数量，社会关系的性质和复杂性可能要更重要些（至少同等的重要）。鱼群中的鱼，其行为往往由邻近个体的行为决定，但是它们彼此之间并没有形成持续、稳定的联系。只有动物们需要较长时间地待在一起时，巨大的大脑才成为优势，因为在较稳定的社会群体中，个体需要和群体成员进行频繁互动，也需要了解它们的特征和个性。正如我们已经看到的那样，动物社会里有时候也会出现阴谋和斗争，需要合纵连横与明智选择，它们有时候也依赖社会结盟来取得权力和影响力。这些颇为冒险的活动要取得成功，依赖于复杂的认知技能，而且，那些通过密谋或合作来达到较高社会等级的个体，通常会获得更多繁殖机会作为奖励。

我们可能会认为巨大的大脑只是动物生活的必需品，但其实，它更像昂贵的奢侈品。要维持这个仅占我们体重2%的器官，需要消耗我们所摄入能量的20%。你的大脑每天需要消耗两根火星棒①的能量，大致相当于一个运动员跑一场马拉松腿部肌肉所消耗的能量，而且，它从不停止。自然选择并不倾向于让动物进化出不必要的适应性。如果一只蜗牛有巨大的大脑，那么它会是花园里的天才，其在哲学造诣上也可能会令人惊奇，但是这并不会让蜗牛的生活更好些。事实上，发动它黏糊糊的理智能力所需要消耗的能量必然会有损于蜗牛的其他一些活动，比如生育小蜗牛。最终，它的超级智能只会让它成为一只活得糟糕透顶的蜗牛。

自然是如此吝啬。许多动物仅凭很小的脑子，就足以完成各种行为，恰到好处地应对自己的生活。生活在复杂群体中的动物，一个突出特点是社会关系错综复杂，对它们来说，所需要的社会智能只有通过巨大而复杂的大脑才能实现，因而，巨大的大脑才成为生活的必需品。这就是为什么如果你选择相似的动物，测量、比较它们大脑的大小和群体规模的大小，

---

① 火星棒是英美国家一种巧克力糖块的商标名。——译注

你会发现存在一个模式。在灵长类动物里，最大的大脑属于那些能形成最大群体的动物。蝙蝠、鲸目动物、食肉动物、有蹄类动物都是如此，甚至蚂蚁和黄蜂也是这样。我们可以根据化石来追溯大脑大小演化的历史。在过去的数百万年里，社会性哺乳动物的大脑尤其展示出稳定且不断增大的趋势。

群体生活不是通往智能的唯一路径。不是所有社会动物都有巨大的大脑，也不是所有拥有巨大大脑的动物都是社会动物。虽然蜂和其他许多昆虫都享受社会生活，但它们的大脑很小；不过，它们有特别好的空间记忆能力，能够完成一些很出色的学习任务，也能建造复杂的巢穴。在蜜腺半空的时候，蜜蜂甚至表现得有点悲观。另外，有些社会性昆虫，它们的脑组织实际上比它们喜欢孤独自处的同类要更少些，它们更多地依赖于集体认知，而不是个体的优秀才华。出于同样的道理，星鸦并不是社会性特别强的鸟类，但它们的脑力让人吃惊。对它们来讲，找到自己以前藏好的种子来度过寒冬，这完全依仗记忆。它们在秋天兴许能藏上数万颗种子，一个月之后还能记得并找到这些食物——下次你找不到钥匙的时候可以再想想这一点。尽管这样，我们人类那可以思考生命的意义和宇宙万物的大脑，可能最初也是因为需要在古老的社会里进行位置导航，才慢慢发育进化的吧。

如果说社会生活迫使动物发展出专门的认知技能和更大的大脑，那么，这个过程则打开了通向更多理智能力和成就的大门。具有行为的灵活性，因而可以进行问题求解和创新，乃是拥有巨大大脑的智能物种的特征，这又继而强化了物种的适应性和成功。与创新的品质相伴随的，还有社会动物模仿别的群体成员的倾向，因此，一个个体学会了，所有群体成员就都能学会。社会学习为技能和知识的传播提供了有力途径，在群体里产生各种传统，并最终产生文化的进化。我们知道，大脑较大的动物更倾向于拥有创新精神和更强的学习能力，因此，群体生活所需要的认知技能极有可能是和创新与文化的传递共同发展的，从而既增加了巨大大脑产生的益处，也推动它在未来进一步发展。

拥有和体型不成比例的巨大大脑的动物都是社会性的，包括黑猩猩、海豚、大象，还有我们人类。给定这一事实，我们或许可以借用蒙提·派森（Monty Python）[①]的台词来提问：除了智能、语言、长寿、意识、推理、社会学习和文化，社会性究竟还给我们带来了什么？

---

① 蒙提·派森是著名的英国六人喜剧团体，该喜剧团体或译为巨蟒剧团。——译注

参考文献

按照文内引用顺序排序

·第 1 章·
棕色艾尔酒与同类相食

Coyle, K. O., and Pinchuk, A. I., 'The abundance and distribution of euphausiids and zero-age pollock on the inner shelf of the southeast Bering Sea near the Inner Front in 1997– 1999', *Deep Sea Research Part II: Topical Studies in Oceanography,* 49 (26), 2002, pp. 6009–30.

Willis, J., 'Whales maintained a high abundance of krill; both are ecosystem engineers in the Southern Ocean,' *Marine Ecology Progress Series*, 513, 2014, pp. 51–69.

Tarling, G. A., and Thorpe, S. E., 'Oceanic swarms of Antarctic krill perform satiation sinking,' *Proceedings of the Royal Society B: Biological Sciences*, 284 (1869), 2017, 20172015.

Margesin, R., and Schinner, F., *Biotechnological Applications of ColdAdapted Organisms.* Springer Science and Business Media, 1999.

Everson, I. (ed.), *Krill: Biology, Ecology and Fisheries*, John Wiley and Sons, 2008.

Fornbacke, M., and Clarsund, M., 'Cold-adapted proteases as an emerging class of therapeutics', *Infectious Diseases and Therapy*, 2 (1), 2013, pp. 15–26.

Kawaguchi, S., Kilpatrick, R., Roberts, L., King, R. A., and Nicol, S., 'Ocean-bottom krill sex', *Journal of Plankton Research*, 33 (7), 2011, pp. 1134–38.

Rogers, S. M., Matheson, T., Despland, E., Dodgson, T., Burrows, M., and Simpson, S. J., 'Mechanosensory-induced behavioural gregarization in the desert locust Schistocerca gregaria',

Journal of Experimental Biology, 206 (22), 2003, pp. 3991–4002.

Simpson, S. J., Sword, G. A., Lorch, P. D., and Couzin, I. D.,'Cannibal crickets on a forced march for protein and salt', *Proceedings of the National Academy of Sciences*, 103 (11), 2006, pp. 4152–56.

Lihoreau, M., Brepson, L., and Rivault, C.,'The weight of the clan: even in insects, social isolation can induce a behavioural syndrome,' *Behavioural Processes*, 82 (1), 2009, pp. 81–84.

· 第 2 章 ·
宝贝，我喂了孩子

Wcislo, W., Fewell, J. H., Rubenstein, D. R., and Abbot, P.,'Sociality in bees', *Comparative Social Evolution*, 2017, pp. 50–83.

McDonnell, C. M., Alaux, C., Parrinello, H., Desvignes, J. P., Crauser, D., Durbesson, E., ... and Le Conte, Y.,'Ecto-and endoparasite induce similar chemical and brain neurogenomic responses in the honey bee (*Apis mellifera*),' *BMC Ecology*, 13(1), 2013, pp. 1–15.

Watanabe, D., Gotoh, H., Miura, T., and Maekawa, K.,'Social interactions affecting caste development through physiological actions in termites', *Frontiers in Physiology*, 5, 2014, p. 127.

Wen, X. L., Wen, P., Dahlsjö, C. A., Sillam-Dussès, D., and Šobotník, J.,'Breaking the cipher: ant eavesdropping on the variational trail pheromone of its termite prey', *Proceedings of the Royal Society B: Biological Sciences*, 284 (1853), 2017, 20170121.

Oberst, S., Bann, G., Lai, J. C., and Evans, T. A.,'Cryptic termites avoid predatory ants by eavesdropping on vibrational cues from their footsteps,' *Ecology Letters*, 20 (2), 2017, pp. 212–21.

Röhrig, A., Kirchner, W. H., and Leuthold, R. H.,'Vibrational alarm communication in the African fungus-growing termite genus Macrotermes (Isoptera, Termitidae)', *Insectes Sociaux*, 46 (1), 1999, pp. 71–77.

Yanagihara, S., Suehiro, W., Mitaka, Y., and Matsuura, K.,'Age-based soldier polyethism: old termite soldiers take more risks than young soldiers,' *Biology Letters*, 14 (3), 2018, 20180025.

Šobotník, J., Bourguignon, T., Hanus, R., Demianová, Z., Pytelková, J., Mareš, M., ... and Roisin, Y.,'Explosive backpacks in old termite workers', *Science*, 337 (6093), 2012, p. 436.

Rettenmeyer, C. W., Rettenmeyer, M. E., Joseph, J., and Berghoff, S. M.,'The largest animal association centered on one species: the army ant *Eciton burchellii* and its more than 300 associates', *Insectes Sociaux*, 58 (3), 2011, pp. 281–92.

Kronauer, D. J. C., Ponce, E. R., Lattke, J. E., and Boomsma, J. J., 'Six weeks in the life of a reproducing army ant colony: male parentage and colony behaviour', *Insectes Sociaux*, 54 (2), 2007, pp. 118–23.

Franks, N. R., and Hölldobler, B., 'Sexual competition during colony reproduction in army ants', *Biological Journal of the Linnean Society*, 30 (3), 1987, pp. 229–43.

Mlot, N. J., Tovey, C. A., and Hu, D. L., 'Fire ants self-assemble into waterproof rafts to survive floods,' *Proceedings of the National Academy of Sciences*, 108 (19), 2011, pp. 7669–73.

Deslippe, R., 'Social Parasitism in Ants', *Nature Education Knowledge*, 3 (10), 2010, p. 27.

Brandt, M., Heinze, J., Schmitt, T., and Foitzik, S., 'Convergent evolution of the Dufour's gland secretion as a propaganda substance in the slave-making ant genera Protomognathus and Harpagoxenus', *Insectes Sociaux*, 53 (3), 2006, pp. 291–99.

Seifert, B., Kleeberg, I., Feldmeyer, B., Pamminger, T., Jongepier, E., and Foitzik, S., '*Temnothorax pilagens* sp. n.– a new slave-making species of the tribe Formicoxenini from North America (Hymenoptera, Formicidae)', *ZooKeys*, 368, 2014, p. 65.

Jongepier, E., and Foitzik, S., 'Ant recognition cue diversity is higher in the presence of slavemaker ants,' *Behavioral Ecology*, 27 (1), 2016, pp. 304–11.

Zoebelein, G., 'Der Honigtau als Nahrung der Insekten: Teil I', *Zeitschrift für angewandte Entomologie*, 38 (4), 1956, pp. 369–416 (cited in AntWiki).

Oliver, T. H., Mashanova, A., Leather, S. R., Cook, J. M., and Jansen, V. A., 'Ant semiochemicals limit apterous aphid dispersal,' *Proceedings of the Royal Society B: Biological Sciences*, 274 (1629), 2007, pp. 3127–31.

Charbonneau, D., and Dornhaus, A., 'Workers "specialized" on inactivity: behavioral consistency of inactive workers and their role in task allocation,' *Behavioral Ecology and Sociobiology*, 69 (9), 2015, pp. 1459–72.

· 第 3 章 ·
从沟渠到决策

Kelly, J., 'The Role of the Preoptic Area in Social Interaction in Zebrafish', doctoral dissertation, Liverpool John Moores University, 2019.

McHenry, J. A., Otis, J. M., Rossi, M. A., Robinson, J. E., Kosyk, O., Miller, N. W., ... and Stuber, G. D., 'Hormonal gain control of a medial preoptic area social reward circuit',

Nature Neuroscience, 20 (3), 2017, pp. 449–58.

Couzin, I. D., Krause, J., Franks, N. R., and Levin, S. A., 'Effective leadership and decision-making in animal groups on the move', *Nature*, 433 (7025), 2005, pp. 513–16.

Ward, A. J., Sumpter, D. J., Couzin, I. D., Hart, P. J., and Krause, J., 'Quorum decision-making facilitates information transfer in fish shoals', *Proceedings of the National Academy of Sciences*, 105 (19), 2008, pp. 6948–53.

Sumpter, D. J., Krause, J., James, R., Couzin, I. D., and Ward, A. J., 'Consensus decision making by fish', *Current Biology*, 18 (22), 2008, pp. 1773–77.

· 第 4 章 ·
聚集成群

Goodenough, A. E., Little, N., Carpenter, W. S., and Hart, A. G., 'Birds of a feather flock together: Insights into starling murmuration behaviour revealed using citizen science,' *PloS One*, 12 (6), 2017, e0179277.

Young, G. F., Scardovi, L., Cavagna, A., Giardina, I., and Leonard, N. E., 'Starling flock networks manage uncertainty in consensus at low cost,' *PLoS Computational Biology*, 9 (1), 2013, e1002894.

Portugal, S. J., Hubel, T. Y., Fritz, J., Heese, S., Trobe, D., Voelkl, B., ... and Usherwood, J. R., 'Upwash exploitation and downwash avoidance by flap phasing in ibis formation flight', *Nature*, 505 (7483), 2014, pp. 399–402.

Nagy, M., Couzin, I. D., Fiedler, W., Wikelski, M., and Flack, A., 'Synchronization, co-ordination and collective sensing during thermalling flight of freely migrating white storks', *Philosophical Transactions of the Royal Society B: Biological Sciences*, 373 (1746), 2018, 20170011.

Simons, A. M. 'Many wrongs: the advantage of group navigation', *Trends in Ecology and Evolution*, 19 (9), 2004, pp. 453–55.

Dell' Ariccia, G., Dell' Omo, G., Wolfer, D. P., and Lipp, H. P., 'Flock flying improves pigeons' homing: GPS track analysis of individual flyers versus small groups,' *Animal Behaviour*, 76 (4), 2008, pp. 1165–72.

Aplin, L. M., Farine, D. R., Morand-Ferron, J., Cockburn, A., Thornton, A., and Sheldon, B. C., 'Experimentally induced innovations lead to persistent culture via conformity in wild birds,' *Nature*, 518 (7540), 2015, pp. 538–41.

Kenward, B., Rutz, C., Weir, A. A., and Kacelnik, A., 'Development of tool use in New

Caledonian crows: inherited action patterns and social influences', *Animal Behaviour*, 72 (6), 2006, pp. 1329–43.

Grecian, W. J., Lane, J. V., Michelot, T., Wade, H. M., and Hamer, K. C., 'Understanding the ontogeny of foraging behaviour: insights from combining marine predator bio-logging with satellite-derived oceanography in hidden Markov models', *Journal of the Royal Society Interface*, 15 (143), 2018, p. 20180084.

van Dijk, R. E., Kaden, J. C., Argüelles-Ticó, A., Beltran, L. M., Paquet, M., Covas, R., ... and Hatchwell, B. J., 'The thermoregulatory benefits of the communal nest of sociable weavers *Philetairus socius* are spatially structured within nests,' *Journal of Avian Biology*, 44 (2), 2013, pp. 102–110.

Laughlin, A. J., Sheldon, D. R., Winkler, D. W., and Taylor, C. M., 'Behavioral drivers of communal roosting in a songbird: a combined theoretical and empirical approach', *Behavioral Ecology*, 25 (4), 2014, pp. 734–43.

Hatchwell, B. J., Sharp, S. P., Simeoni, M., and McGowan, A., 'Factors influencing overnight loss of body mass in the communal roosts of a social bird', *Functional Ecology*, 23 (2), 2009, pp. 367–72.

Mumme, R. L., 'Do helpers increase reproductive success?' *Behavioral Ecology and Sociobiology*, 31 (5), 1992, pp. 319–28.

Emlen, S. T., and Wrege, P. H., 'Parent–offspring conflict and the recruitment of helpers among bee-eaters', *Nature*, 356 (6367), 1992, pp. 331–33.

McDonald, P. G., and Wright, J., 'Bell miner provisioning calls are more similar among relatives and are used by helpers at the nest to bias their effort towards kin,' *Proceedings of the Royal Society B: Biological Sciences*, 278 (1723), 2011, pp. 3403–11.

Braun, A., and Bugnyar, T., 'Social bonds and rank acquisition in raven nonbreeder aggregations', *Animal Behaviour*, 84 (6), 2012, pp. 1507–15.

Heinrich, B., and Marzluff, J., 'Why ravens share', *American Scientist*, 83 (4), 1995, pp. 342–49.

Heinrich, B., 'Winter foraging at carcasses by three sympatric corvids, with emphasis on recruitment by the raven, *Corvus corax*', *Behavioral Ecology and Sociobiology*, 23 (3), 1988, pp. 141–56.

Marzluff, J. M., and Balda, R. P., *The Pinyon Jay: Behavioral Ecology of a Colonial and Co-operative Corvid*, A & C Black, 2010.

Bond, A. B., Kamil, A. C., and Balda, R. P., 'Pinyon jays use transitive inference to predict social dominance,' *Nature*, 430 (7001), 2004, pp. 778–81.

Duque, J. F., Leichner, W., Ahmann, H., and Stevens, J. R., 'Mesotocin influences pinyon jay prosociality,' *Biology Letters*, 14 (4), 2018, 20180105.

· 第 5 章 ·
来点恶作剧

Heinsohn, R., and Packer, C., 'Complex co-operative strategies in groupterritorial African lions', *Science*, 269 (5228), 1995, pp. 1260–62.

Riedman, M. L., 'The evolution of alloparental care and adoption in mammals and birds', *The Quarterly Review of Biology*, 57 (4), 1982, pp. 405–35.

Rudnai, J. A., *The Social Life of the Lion: A Study of the Behaviour of Wild Lions (Panthera leo massaica [Newmann]) in the Nairobi National Park, Kenya*, Springer Science and Business Media, 2012.

Funston, P. J., Mills, M. G. L., and Biggs, H. C., 'Factors affecting the hunting success of male and female lions in the Kruger National Park', *Journal of Zoology*, 253 (4), 2001, pp. 419–31.

Stander, P. E., and Albon, S. D., 'Hunting success of lions in a semi-arid environment', *Symposia of the Zoological Society of London*, 65, 1993, pp. 127–43.

Stander, P. E., 'Co-operative hunting in lions: the role of the individual', *Behavioral Ecology and Sociobiology*, 29 (6), 1992, pp. 445–54.

Smith, J. E., Memenis, S. K., and Holekamp, K. E., 'Rank-related partner choice in the fission–fusion society of the spotted hyena (Crocuta crocuta)', *Behavioral Ecology and Sociobiology*, 61 (5), 2007, pp. 753–65.

Smith, J. E., Van Horn, R. C., Powning, K. S., Cole, A. R., Graham, K. E., Memenis, S. K., and Holekamp, K. E., 'Evolutionary forces favoring intragroup coalitions among spotted hyenas and other animals', *Behavioral Ecology*, 21 (2), 2010, pp. 284–303.

French, J. A., Mustoe, A. C., Cavanaugh, J., and Birnie, A. K., 'The influence of androgenic steroid hormones on female aggression in "atypical" mammals', *Philosophical Transactions of the Royal Society B: Biological Sciences*, 368 (1631), 2013, 20130084.

Van Horn, R. C., Engh, A. L., Scribner, K. T., Funk, S. M., and Holekamp, K. E., 'Behavioural structuring of relatedness in the spotted hyena (Crocuta crocuta) suggests direct fitness benefits of clan-level co-operation,' *Molecular Ecology*, 13 (2), 2004, pp. 449–58.

Theis, K. R., Venkataraman, A., Dycus, J. A., Koonter, K. D., SchmittMatzen, E. N., Wagner, A. P., ... and Schmidt, T. M., 'Symbiotic bacteria appear to mediate hyena social odors,' *Proceedings of the National Academy of Sciences*, 110 (49), 2013, pp. 19832–37.

Burgener, N., East, M. L., Hofer, H., and Dehnhard, M., 'Do spotted hyena scent marks code for clan membership?' in *Chemical Signals in Vertebrates II*, Springer, New York, NY, 2008, pp. 169–77.

Drea, C. M., and Carter, A. N., 'Co-operative problem solving in a social carnivore', *Animal Behaviour*, 78 (4), 2009, pp. 967–77.

Molnar, B., Fattebert, J., Palme, R., Ciucci, P., Betschart, B., Smith, D. W., and Diehl, P. A., 'Environmental and intrinsic correlates of stress in freeranging wolves', *PLoS One*, 10 (9), 2015, e0137378.

Coppinger, R., and Coppinger, L., *Dogs: A Startling New Understanding of Canine Origin, Behavior and Evolution*, Simon and Schuster, 2001.

Pierotti, R. J., and Fogg, B. R., *The First Domestication: How Wolves and Humans Co-evolved*, Yale University Press, 2017.

Hare, B., and Tomasello, M., 'Human-like social skills in dogs?' *Trends in Cognitive Sciences*, 9 (9), 2005, pp. 439–44.

Hare, B., Plyusnina, I., Ignacio, N., Schepina, O., Stepika, A., Wrangham, R., and Trut, L., 'Social cognitive evolution in captive foxes is a correlated by-product of experimental domestication,' *Current Biology*, 15 (3), 2005, pp. 226–30.

Hare, B., and Woods, V., *The Genius of Dogs: Discovering the Unique Intelligence of Man's Best Friend*, Simon and Schuster, 2013.

· 第 6 章 ·
跟随兽群

Feng, A. Y., and Himsworth, C. G., 'The secret life of the city rat: a review of the ecology of urban Norway and black rats (*Rattus norvegicus* and *Rattus rattus*)', *Urban Ecosystems*, 17 (1), 2014, pp. 149–62.

Clark, B. R., and Price, E. O., 'Sexual maturation and fecundity of wild and domestic Norway rats (Rattus norvegicus)', *Reproduction*, 63 (1), 1981, pp. 215–20.

Galef, B. G., 'Diving for food: Analysis of a possible case of social learning in wild rats (*Rattus norvegicus*)', *Journal of Comparative and Physiological Psychology*, 94 (3), 1980, p. 416.

Hepper, P. G., 'Adaptive fetal learning: prenatal exposure to garlic affects postnatal preferences', *Animal Behaviour*, 36 (3), 1988, pp. 935–36.

Mennella, J. A., and Beauchamp, G. K., 'Understanding the origin of flavor preferences', *Chemical Senses*, 30 (suppl_1), 2005, i242–i243.

Noble, J., Todd, P. M., and Tucif, E., 'Explaining social learning of food preferences without aversions: an evolutionary simulation model of Norway rats', *Proceedings of the Royal Society of London. Series B: Biological Sciences*, 268 (1463), 2001, pp. 141–49.

Calhoun, J. B., 'Death squared: the explosive growth and demise of a mouse population', *Journal of the Royal Society of Medicine*, 66, 1973, pp. 80–88.

Rutte, C., and Taborsky, M., 'Generalised reciprocity in rats', *PLoS Biology*, 5 (7), 2007, e196.

Dolivo, V., and Taborsky, M., 'Norway rats reciprocate help according to the quality of help they received,' *Biology Letters*, 11 (2), 2015, 20140959.

Schweinfurth, M. K., and Taborsky, M., 'Relatedness decreases and reciprocity increases co-operation in Norway rats,' *Proceedings of the Royal Society B: Biological Sciences*, 285 (1874), 2018, 20180035.

Schweinfurth, M. K., and Taborsky, M., 'Reciprocal trading of different commodities in Norway rats', *Current Biology*, 28 (4), 2018, pp. 594–99.

Stieger, B., Schweinfurth, M. K., and Taborsky, M., 'Reciprocal allogrooming among unrelated Norway rats (*Rattus norvegicus*) is affected by previously received co-operative, affiliative and aggressive behaviours,' *Behavioral Ecology and Sociobiology*, 71 (12), 2017, pp. 1–12.

Weaver, I. C., Cervoni, N., Champagne, F. A., D'Alessio, A. C., Sharma, S., Seckl, J. R., ··· and Meaney, M. J., 'Epigenetic programming by maternal behavior', *Nature Neuroscience*, 7 (8), 2004, pp. 847–54.

Lester, B. M., Conradt, E., LaGasse, L. L., Tronick, E. Z., Padbury, J. F., and Marsit, C. J., 'Epigenetic programming by maternal behavior in the human infant', *Pediatrics*, 142 (4), 2018, e20171890.

Ackerl, K., Atzmueller, M., and Grammer, K., 'The scent of fear', *Neuroendocrinology Letters*, 23 (2), 2002, pp. 79–84.

Kiyokawa, Y. (2015). 'Social odors: alarm pheromones and social buffering', *Social Behavior from Rodents to Humans*, Springer, Berlin, Germany, 2017, pp. 47–65.

Gunnar, M. R., 'Social buffering of stress in development: A career perspective',

Perspectives on Psychological Science, 12 (3), 2017, pp. 355–73.

Morozov, A., and Ito, W., 'Social modulation of fear: Facilitation vs buffering', *Genes, Brain and Behavior*, 18 (1), 2019, e12491.

Sato, N., Tan, L., Tate, K., and Okada, M., 'Rats demonstrate helping behavior toward a soaked conspecific,' *Animal Cognition*, 18 (5), 2015, pp. 1039–47.

Ben-Ami Bartal, I., Shan, H., Molasky, N. M., Murray, T. M., Williams, J. Z., Decety, J., and Mason, P., 'Anxiolytic treatment impairs helping behavior in rats,' *Frontiers in Psychology*, 7, 2016, p. 850.

Muroy, S. E., Long, K. L., Kaufer, D., and Kirby, E. D., 'Moderate stress-induced social bonding and oxytocin signaling are disrupted by predator odor in male rats,' *Neuropsychopharmacology*, 41 (8), 2016, pp. 2160–70.

Pittet, F., Babb, J. A., Carini, L., and Nephew, B. C., 'Chronic social instability in adult female rats alters social behavior, maternal aggression and offspring development,' *Developmental Psychobiology*, 59 (3), 2017, pp. 291–302.

Holmes, M. M., Rosen, G. J., Jordan, C. L., de Vries, G. J., Goldman, B. D., and Forger, N. G., 'Social control of brain morphology in a eusocial mammal', *Proceedings of the National Academy of Sciences*, 104 (25), 2007, pp. 10548–52.

Braude, S., 'Dispersal and new colony formation in wild naked mole-rats: evidence against inbreeding as the system of mating', *Behavioral Ecology*, 11 (1), 2000, pp. 7–12.

Pitt, D., Sevane, N., Nicolazzi, E. L., MacHugh, D. E., Park, S. D., Colli, L., ⋯ and Orozco-ter Wengel, P., 'Domestication of cattle: Two or three events?' *Evolutionary Applications*, 12 (1), 2019, pp. 123–36.

Bollongino, R., Burger, J., Powell, A., Mashkour, M., Vigne, J. D., and Thomas, M. G., 'Modern taurine cattle descended from small number of Near-Eastern founders,' *Molecular Biology and Evolution*, 29 (9), 2012, pp. 2101–104.

MacHugh, D. E., Larson, G., and Orlando, L., 'Taming the past: ancient DNA and the study of animal domestication', *Annual Review of Animal Biosciences*, 5, 2017, pp. 329–51.

Hemmer, H., *Domestication: The Decline of Environmental Appreciation*, Cambridge University Press, 1990.

Ballarin, C., Povinelli, M., Granato, A., Panin, M., Corain, L., Peruffo, A., and Cozzi, B., 'The brain of the domestic *Bos taurus*: weight, encephalisation and cerebellar quotients, and comparison with other domestic and wild Cetartiodactyla', *PLoS One*, 11 (4), 2016, e0154580.

Minervini, S., Accogli, G., Pirone, A., Graïc, J. M., Cozzi, B., and Desantis, S., 'Brain mass and encephalization quotients in the domestic industrial pig (*Sus scrofa*)', *PLoS One*, 11 (6), 2016, e0157378.

Burns, J. G., Saravanan, A., and Helen Rodd, F., 'Rearing environment affects the brain size of guppies: Lab-reared guppies have smaller brains than wild-caught guppies', *Ethology*, 115 (2), 2009, 122–33.

Chang, L., and Tsao, D. Y., 'The code for facial identity in the primate brain', *Cell*, 169 (6), 2017, pp. 1013–28.

Da Costa, A. P., Leigh, A. E., Man, M. S., and Kendrick, K. M., 'Face pictures reduce behavioural, autonomic, endocrine and neural indices of stress and fear in sheep,' *Proceedings of the Royal Society of London. Series B: Biological Sciences*, 271 (1552), 2004, pp. 2077–84.

Knolle, F., Goncalves, R. P., and Morton, A. J., 'Sheep recognise familiar and unfamiliar human faces from two-dimensional images,' *Royal Society Open Science*, 4 (11), 2017, p. 171228.

Kilgour, R., 'Use of the Hebb-Williams closed-field test to study the learning ability of Jersey cows', *Animal Behaviour*, 29 (3), 1981, pp. 850–60.

Veissier, I., De La Fe, A. R., and Pradel, P. (1998). 'Nonnutritive oral activities and stress responses of veal calves in relation to feeding and housing conditions', *Applied Animal Behaviour Science*, 57 (1–2), pp. 35–49.

De La Torre, M. P., Briefer, E. F., Ochocki, B. M., McElligott, A. G., and Reader, T., 'Mother–offspring recognition via contact calls in cattle, Bos taurus', *Animal Behaviour*, 114, 2016, pp. 147–54.

Šárová, R., Špinka, M., St ě hulová, I., Ceacero, F., Šimečková, M., and Kotrba, R., 'Pay respect to the elders: age, more than body mass, determines dominance in female beef cattle,' *Animal Behaviour*, 86 (6), 2013, pp. 1315–23.

Stephenson, M. B., Bailey, D. W., and Jensen, D., 'Association patterns of visually-observed cattle on Montana, USA foothill rangelands', *Applied Animal Behaviour Science*, 178, 2016, pp. 7–15.

Howery, L. D., Provenza, F. D., Banner, R. E., and Scott, C. B., 'Social and environmental factors influence cattle distribution on rangeland,' *Applied Animal Behaviour Science*, 55 (3–4), 1998, 231–44.

MacKay, J. R., Haskell, M. J., Deag, J. M., and van Reenen, K., 'Fear responses to novelty in testing environments are related to day-to-day activity in the home environment in dairy cattle,' *Applied Animal Behaviour Science*, 152, 2014, pp. 7–16.

Boissy, A., Terlouw, C., and Le Neindre, P., 'Presence of cues from stressed conspecifics increases reactivity to aversive events in cattle: evidence for the existence of alarm substances in urine,' *Physiology and Behavior*, 63 (4), 1998, pp. 489–95.

Ishiwata, T., Kilgour, R. J., Uetake, K., Eguchi, Y., and Tanaka, T., 'Choice of attractive conditions by beef cattle in a Y-maze just after release from restraint', *Journal of Animal Science*, 85 (4), 2007, pp. 1080–85.

Laister, S., Stockinger, B., Regner, A. M., Zenger, K., Knierim, U., and Winckler, C., 'Social licking in dairy cattle – Effects on heart rate in performers and receivers', *Applied Animal Behaviour Science*, 130 (3–4), 2011, pp. 81–90.

Waiblinger, S., Menke, C., and Fölsch, D. W., 'Influences on the avoidance and approach behaviour of dairy cows towards humans on 35 farms', *Applied Animal Behaviour Science*, 84 (1), 2003, pp. 23–39.

Anthony, L., and Spence, G., *The Elephant Whisperer: My Life with the Herd in the African Wild* (Vol. 1), Macmillan, 2009.

Plotnik, J. M., Brubaker, D. L., Dale, R., Tiller, L. N., Mumby, H. S., and Clayton, N. S., 'Elephants have a nose for quantity,' *Proceedings of the National Academy of Sciences*, 116 (25), 2019, pp. 12566–71.

Bates, L. A., Sayialel, K. N., Njiraini, N. W., Moss, C. J., Poole, J. H., and Byrne, R. W., 'Elephants classify human ethnic groups by odor and garment color,' *Current Biology*, 17 (22), 2007, pp. 1938–42.

Payne, K. B., Langbauer, W. R., and Thomas, E. M., 'Infrasonic calls of the Asian elephant (*Elephas maximus*)', *Behavioral Ecology and Sociobiology*, 18 (4), 1986, pp. 297–301.

McComb, K., Reby, D., Baker, L., Moss, C., and Sayialel, S., 'Long-distance communication of acoustic cues to social identity in African elephants', *Animal Behaviour*, 65 (2), 2003, pp. 317–29.

McComb, K., Moss, C., Sayialel, S., and Baker, L., 'Unusually extensive networks of vocal recognition in African elephants', *Animal Behaviour*, 59 (6), 2000, pp. 1103–09.

Foley, C., Pettorelli, N., and Foley, L., 'Severe drought and calf survival in elephants', *Biology Letters*, 4 (5), 2008), pp. 541–44.

Fishlock, V., Caldwell, C., and Lee, P. C., 'Elephant resource-use traditions', *Animal Cognition*, 19 (2), 2016, pp. 429–33.

McComb, K., Shannon, G., Durant, S. M., Sayialel, K., Slotow, R., Poole, J., and Moss, C.,

'Leadership in elephants: the adaptive value of age', *Proceedings of the Royal Society B: Biological Sciences*, 278 (1722), 2011, pp. 3270–76.

Lahdenperä, M., Mar, K. U., and Lummaa, V., 'Nearby grandmother enhances calf survival and reproduction in Asian elephants', *Scientific Reports*, 6 (1), 2016, pp. 1–10.

Moss, C. J., Croze, H., and Lee, P. C. (eds), *The Amboseli Elephants: A Long-term Perspective on a Long-lived Mammal*, University of Chicago Press, 2011.

Rasmussen, L. E. L., and Krishnamurthy, V., 'How chemical signals integrate Asian elephant society: the known and the unknown', *Zoo Biology*, published in affiliation with the American Zoo and Aquarium Association, 19 (5), 2000, pp. 405–23.

Chiyo, P. I., Archie, E. A., Hollister-Smith, J. A., Lee, P. C., Poole, J. H., Moss, C. J., and Alberts, S. C., 'Association patterns of African elephants in all-male groups: the role of age and genetic relatedness', *Animal Behaviour*, 81 (6), 2011, pp. 1093–99.

O'Connell-Rodwell, C. E., Wood, J. D., Kinzley, C., Rodwell, T. C., Alarcon, C., Wasser, S. K., and Sapolsky, R., 'Male African elephants (*Loxodonta africana*) queue when the stakes are high', *Ethology Ecology and Evolution*, 23 (4), 2011, pp. 388–97.

Hart, B. L., and Hart, L. A. Pinter-Wollman, N., 'Large brains and cognition: Where do elephants fit in?' *Neuroscience and Biobehavioral Reviews*, 32 (1), 2008, pp. 86–98.

Shoshani, J., and Eisenberg, J. F., 'Intelligence and survival', *Elephants: Majestic Creatures of the Wild*, Facts on File, 1992, pp. 134–37.

· 第 7 章 ·
血浓于水

Lockyer, C., 'Growth and energy budgets of large baleen whales from the Southern Hemisphere', *Food and Agriculture Organization*, 3, 1981, pp. 379–487.

Whitehead, H., 'Sperm whale: *Physeter macrocephalus*', in *Encyclopedia of Marine Mammals*, Academic Press, 2018, pp. 919–25.

Benoit-Bird, K. J., Au, W. W., and Kastelein, R., 'Testing the odontocete acoustic prey debilitation hypothesis: No stunning results', *Journal of the Acoustical Society of America*, 120 (2), 2006, pp. 1118–23.

Fais, A., Johnson, M., Wilson, M., Soto, N. A., and Madsen, P. T., 'Sperm whale predator-prey interactions involve chasing and buzzing, but no acoustic stunning', *Scientific Reports*, 6 (1), 2016, pp. 1–13.

Watkins, W. A., and Schevill, W. E., 'Sperm whale codas', *Journal of the Acoustical Society of America*, 62 (6), 1977, pp. 1485–90.

Gero, S., Whitehead, H., and Rendell, L., 'Individual, unit and vocal clan level identity cues in sperm whale codas', *Royal Society Open Science*, 3 (1), 2016, p. 150372.

Konrad, C. M., Frasier, T. R., Whitehead, H., and Gero, S., 'Kin selection and allocare in sperm whales', *Behavioral Ecology*, 30 (1), 2019, pp. 194–201.

Ortega-Ortiz, J. G., Engelhaupt, D., Winsor, M., Mate, B. R., and Rus Hoelzel, A., 'Kinship of long-term associates in the highly social sperm whale', *Molecular Ecology*, 21 (3), 2012, pp. 732–44.

Pitman, R. L., Ballance, L. T., Mesnick, S. I., and Chivers, S. J., 'Killer whale predation on sperm whales: observations and implications', *Marine Mammal Science*, 17 (3), 2001, pp. 494–507.

Curé, C., Antunes, R., Alves, A. C., Visser, F., Kvadsheim, P. H., and Miller, P. J., 'Responses of male sperm whales (*Physeter macrocephalus*) to killer whale sounds: implications for anti-predator strategies', *Scientific Reports*, 3 (1), (2013), p. 1–7.

Durban, J. W., Fearnbach, H., Burrows, D. G., Ylitalo, G. M., and Pitman, R. L., 'Morphological and ecological evidence for two sympatric forms of Type B killer whale around the Antarctic Peninsula', *Polar Biology*, 40 (1), 2017, pp. 231–36.

Visser, I. N., 'A summary of interactions between orca (*Orcinus orca*) and other cetaceans in New Zealand waters', *New Zealand Natural Sciences*, 1999, pp. 101–12.

Pyle, P., Schramm, M. J., Keiper, C., and Anderson, S. D., 'Predation on a white shark (*Carcharodon carcharias*) by a killer whale (*Orcinus orca*) and a possible case of competitive displacement', *Marine Mammal Science*, 15(2), 1999, pp. 563–68.

Baird, R. W., and Dill, L. M., 'Ecological and social determinants of group size in transient killer whales', *Behavioral Ecology*, 7 (4), 1996, pp. 408–16.

Foster, E. A., Franks, D. W., Mazzi, S., Darden, S. K., Balcomb, K. C., Ford, J. K., and Croft, D. P., 'Adaptive prolonged post-reproductive life span in killer whales', *Science*, 337 (6100), 2012, p. 1313.

Wright, B. M., Stredulinsky, E. H., Ellis, G. M., and Ford, J. K., 'Kindirected food sharing promotes lifetime natal philopatry of both sexes in a population of fish-eating killer whales, Orcinus orca', *Animal Behaviour*, 115, 2016, pp. 81–95.

Connor, R. C., Heithaus, M. R., and Barre, L. M., 'Complex social structure, alliance stability and mating access in a bottlenose dolphin "superalliance"', *Proceedings of the Royal*

Society of London. Series B: Biological Sciences, 268 (1464), 2001, pp. 263–67.

Sakai, M., Morisaka, T., Kogi, K., Hishii, T., and Kohshima, S., 'Fine-scale analysis of synchronous breathing in wild Indo-Pacific bottlenose dolphins (*Tursiops aduncus*)', *Behavioural Processes*, 83 (1), 2010, pp. 48–53.

Fellner, W., Bauer, G. B., Stamper, S. A., Losch, B. A., and Dahood, A., 'The development of synchronous movement by bottlenose dolphins (*Tursiops truncatus*)', *Marine Mammal Science*, 29 (3), 2013, pp. E203–E225.

Tamaki, N., Morisaka, T., and Taki, M., 'Does body contact contribute towards repairing relationships?: The association between flipper-rubbing and aggressive behavior in captive bottlenose dolphins,' *Behavioural Processes*, 73 (2), 2006, pp. 209–15.

Fripp, D., Owen, C., Quintana-Rizzo, E., Shapiro, A., Buckstaff, K., Jankowski, K., ... and Tyack, P., 'Bottlenose dolphin (*Tursiops truncatus*) calves appear to model their signature whistles on the signature whistles of community members,' *Animal Cognition*, 8 (1), 2005, pp. 17–26.

King, S. L., Harley, H. E., and Janik, V. M., 'The role of signature whistle matching in bottlenose dolphins, *Tursiops truncatus*', *Animal Behaviour*, 96, 2014, pp. 79–86.

King, S. L., and Janik, V. M., 'Bottlenose dolphins can use learned vocal labels to address each other,' *Proceedings of the National Academy of Sciences*, 110 (32), 2013, pp. 13216–21.

Janik, V. M., and Slater, P. J., 'Context-specific use suggests that bottlenose dolphin signature whistles are cohesion calls,' *Animal Behaviour*, 56 (4), 1998, pp. 829–38.

Blomqvist, C., Mello, I., and Amundin, M., 'An acoustic play-fight signal in bottlenose dolphins (*Tursiops truncatus*) in human care', *Aquatic Mammals*, 31 (2), 2005, pp. 187–94.

Blomqvist, C., and Amundin, M., 'High-frequency burst-pulse sounds in agonistic/ aggressive interactions in bottlenose dolphins, *Tursiops truncatus*', in *Echolocation in Bats and Dolphins*, University of Chicago Press, Chicago, 2004 pp. 425–31.

King, S. L., and Janik, V. M., 'Come dine with me: food-associated social signalling in wild bottlenose dolphins (*Tursiops truncatus*),' *Animal Cognition*, 18 (4), 2015, pp. 969–74.

Ridgway, S. H., Moore, P. W., Carder, D. A., and Romano, T. A., 'Forward shift of feeding buzz components of dolphins and belugas during associative learning reveals a likely connection to reward expectation, pleasure and brain dopamine activation', *Journal of Experimental Biology*, 217 (16), 2014, pp. 2910–19.

McCowan, B., and Reiss, D., 'Whistle contour development in captive-born infant bottlenose dolphins (*Tursiops truncatus*): Role of learning', *Journal of Comparative Psychology*, 109 (3), 1995, p. 242.

Schultz, K. W., Cato, D. H., Corkeron, P. J., and Bryden, M. M., 'Low-frequency narrow-band sounds produced by bottlenose dolphins', *Marine Mammal Science*, 11 (4), 1995, pp. 503–09.

Herzing, D. L., 'Vocalisations and associated underwater behavior of freeranging Atlantic spotted dolphins, *Stenella frontalis* and bottlenose dolphins, *Tursiops truncatus*', *Aquatic Mammals*, 22, 1996, pp. 61–80.

Dos Santos, M. E., Louro, S., Couchinho, M., and Brito, C., 'Whistles of bottlenose dolphins (*Tursiops truncatus*) in the Sado Estuary, Portugal: characteristics, production rates, and long-term contour stability', *Aquatic Mammals*, 31 (4), 2005, p. 453.

Kassewitz, J., Hyson, M. T., Reid, J. S., and Barrera, R. L., 'A phenomenon discovered while imaging dolphin echolocation sounds', *Journal of Marine Science: Research and Development*, 6 (202), 2016, p. 2.

Sargeant, B. L., and Mann, J., 'Developmental evidence for foraging traditions in wild bottlenose dolphins', *Animal Behaviour*, 78 (3), 2009, pp. 715–21.

Mann, J., Stanton, M. A., Patterson, E. M., Bienenstock, E. J., and Singh, L. O., 'Social networks reveal cultural behaviour in tool-using dolphins', *Nature Communications*, 3 (1), 2012, p. 1–8.

Bender, C. E., Herzing, D. L., and Bjorklund, D. F., 'Evidence of teaching in Atlantic spotted dolphins (*Stenella frontalis*) by mother dolphins foraging in the presence of their calves', *Animal Cognition*, 12 (1), 2009, pp. 43–53.

Whitehead, H., 'Culture in whales and dolphins', in *Encyclopedia of Marine Mammals*, Academic Press, 2009, pp. 292–94.

Allen, J. A., Garland, E. C., Dunlop, R. A., and Noad, M. J., 'Cultural revolutions reduce complexity in the songs of humpback whales,' *Proceedings of the Royal Society B*, 285 (1891), 2018, p. 20182088.

Hain, J. H., Carter, G. R., Kraus, S. D., Mayo, C. A., and Winn, H. E., 'Feeding behavior of the humpback whale, *Megaptera novaeangliae*, in the western North Atlantic', *Fishery Bulletin*, 80 (2), 1982, pp. 259–68.

Allen, J., Weinrich, M., Hoppitt, W., and Rendell, L., 'Network-based diffusion analysis reveals cultural transmission of lobtail feeding in humpback whales', *Science*, 340 (6131), 2013, pp. 485–88.

Capella, J. J., Félix, F., Flórez-González, L., Gibbons, J., Haase, B., and Guzman, H. M., 'Geographic and temporal patterns of non-lethal attacks on humpback whales by killer whales in the eastern South Pacific and the Antarctic Peninsula', *Endangered Species Research*, 37, 2018, pp. 207–18.

Mehta, A. V., Allen, J. M., Constantine, R., Garrigue, C., Jann, B., Jenner, C., ... and Clapham, P. J., 'Baleen whales are not important as prey for killer whales *Orcinus orca* in high-latitude regions,' *Marine Ecology Progress Series*, 348, 2007,' pp. 297–307.

Pitman, R. L., Totterdell, J. A., Fearnbach, H., Ballance, L. T., Durban, J. W., and Kemps, H., 'Whale killers: prevalence and ecological implications of killer whale predation on humpback whale calves off Western Australia', *Marine Mammal Science*, 31 (2), 2015, pp. 629–57.

Chittleborough, R. G., 'Aerial observations on the humpback whale, Megaptera nodosa (Bonnaterre), with notes on other species', *Marine and Freshwater Research*, 4 (2), 1953, pp. 219–26.

Pitman, R. L., Deecke, V. B., Gabriele, C. M., Srinivasan, M., Black, N., Denkinger, J., ... and Ternullo, R., 'Humpback whales interfering when mammal-eating killer whales attack other species: Mobbing behavior and interspecific altruism?' *Marine Mammal Science*, 33 (1), 2017, pp. 7–58.

· 第 8 章 ·
咔嗒声与文化

Palmour, R. M., Mulligan, J., Howbert, J. J., and Ervin, F., 'Of monkeys and men: vervets and the genetics of human-like behaviors', *American Journal of Human Genetics*, 61 (3), 1997, pp. 481–88.

Cheney, D. L., and Seyfarth, R. M., 'Vervet monkey alarm calls: Manipulation through shared information?' *Behaviour*, 94 (1–2), 1985, pp. 150–66.

Filippi, P., Congdon, J. V., Hoang, J., Bowling, D. L., Reber, S. A., Pašukonis, A., ··· and Güntürkün, O., 'Humans recognise emotional arousal in vocalisations across all classes of terrestrial vertebrates: evidence for acoustic universals,' *Proceedings of the Royal Society B: Biological Sciences*, 284 (1859), 2017, p. 20170990.

Gil-da-Costa, R., Braun, A., Lopes, M., Hauser, M. D., Carson, R. E., Herscovitch, P., and Martin, A., 'Toward an evolutionary perspective on conceptual representation: species-specific calls activate visual and affective processing systems in the macaque,' *Proceedings of the National Academy of Sciences*, 101 (50), 2004, pp. 17516–21.

Burns-Cusato, M., Cusato, B., and Glueck, A. C., 'Barbados green monkeys (*Chlorocebus sabaeus*) recognize ancestral alarm calls after 350 years of isolation,' *Behavioural Processes*, 100, 2013, pp. 197–99.

Cheney, D. L., and Seyfarth, R. M., 'Assessment of meaning and the detection of unreliable signals by vervet monkeys', *Animal Behaviour*, 36 (2), 1988, pp. 477–86.

Byrne, R. W., and Whiten, A., 'Tactical deception of familiar individuals in baboons (*Papio ursinus*)', *Animal Behaviour*, 33 (2), 1985, pp. 669–73.

Bercovitch, F. B., 'Female co-operation, consortship maintenance and male mating success in savanna baboons', *Animal Behaviour*, 50 (1), 1995, pp. 137–49.

Engh, A. L., Beehner, J. C., Bergman, T. J., Whitten, P. L., Hoffmeier, R. R., Seyfarth, R. M., and Cheney, D. L., 'Female hierarchy instability, male immigration and infanticide increase glucocorticoid levels in female chacma baboons', *Animal Behaviour*, 71 (5), 2006, pp. 1227–37.

Silk, J. B., Altmann, J., and Alberts, S. C., 'Social relationships among adult female baboons (*Papio cynocephalus*) I. Variation in the strength of social bonds', *Behavioral Ecology and Sociobiology*, 61 (2), 2006, pp. 183–95.

Archie, E. A., Tung, J., Clark, M., Altmann, J., and Alberts, S. C., 'Social affiliation matters: both same-sex and opposite-sex relationships predict survival in wild female baboons', *Proceedings of the Royal Society B: Biological Sciences*, 281 (1793), 2014, p. 20141261.

Städele, V., Roberts, E. R., Barrett, B. J., Strum, S. C., Vigilant, L., and Silk, J. B., 'Male–female relationships in olive baboons (*Papio anubis*): Parenting or mating effort?' *Journal of Human Evolution*, 127, 2019, pp. 81–92.

Nguyen, N., Van Horn, R. C., Alberts, S. C., and Altmann, J., '"Friendships" between new mothers and adult males: adaptive benefits and determinants in wild baboons (*Papio cynocephalus*)', *Behavioral Ecology and Sociobiology*, 63 (9), 2009, pp. 1331–44.

Huchard, E., Alvergne, A., Féjan, D., Knapp, L. A., Cowlishaw, G., and Raymond, M., 'More than friends? Behavioural and genetic aspects of heterosexual associations in wild chacma baboons', *Behavioral Ecology and Sociobiology*, 64 (5), 2010, pp. 769–81.

Baniel, A., Cowlishaw, G., and Huchard, E., 'Jealous females? Female competition and reproductive suppression in a wild promiscuous primate', *Proceedings of the Royal Society B: Biological Sciences*, 285 (1886), 2018, p. 20181332.

Silk, J. B., Beehner, J. C., Bergman, T. J., Crockford, C., Engh, A. L., Moscovice, L. R., ... and Cheney, D. L., 'Female chacma baboons form strong, equitable, and enduring social bonds,' *Behavioral Ecology and Sociobiology*, 64 (11), 2010, pp. 1733–47.

Silk, J. B., Rendall, D., Cheney, D. L., and Seyfarth, R. M., 'Natal attraction in adult female baboons (*Papio cynocephalus ursinus*) in the Moremi Reserve, Botswana', *Ethology*, 109 (8), 2003, pp. 627–44.

Dart, R. A., 'Ahla, the female baboon goatherd', *South African Journal of Science*, 61 (9), 1965, pp. 319–24.

Wittig, R. M., Crockford, C., Wikberg, E., Seyfarth, R. M., and Cheney, D. L., 'Kin-mediated reconciliation substitutes for direct reconciliation in female baboons', *Proceedings of the Royal Society B: Biological Sciences*, 274 (1613), 2007, pp. 1109–15.

Cheney, D. L., and Seyfarth, R. M., 'Recognition of other individuals' social relationships by female baboons', *Animal Behaviour*, 58 (1), 1999, pp. 67–75.

Goodall, J., *Through a Window: My Thirty Years with the Chimpanzees of Gombe*, Houghton Mifflin Harcourt, 2010.

Wilson, M. L., Boesch, C., Fruth, B., Furuichi, T., Gilby, I. C., Hashimoto, C., ... and Wrangham, R. W., 'Lethal aggression in Pan is better explained by adaptive strategies than human impacts,' *Nature*, 513 (7518), 2014, pp. 414–17.

Ladygina-Kots, N. N., de Waal, F. B., and Vekker, B., *Infant Chimpanzee and Human Child: A Classic 1935 Comparative Study of Ape Emotions and Intelligence*, Oxford University Press, 2002.

Crockford, C., Wittig, R. M., Langergraber, K., Ziegler, T. E., Zuberbühler, K., and Deschner, T., 'Urinary oxytocin and social bonding in related and unrelated wild chimpanzees', *Proceedings of the Royal Society B: Biological Sciences*, 280 (1755), 2013, p. 20122765.

Whiten, A., and Arnold, K., 'Grooming interactions among the chimpanzees of the Budongo Forest, Uganda: tests of five explanatory models', *Behaviour*, 140 (4), 2003, pp. 519–52.

Pruetz, J. D., Bertolani, P., Ontl, K. B., Lindshield, S., Shelley, M., and Wessling, E. G., 'New evidence on the tool-assisted hunting exhibited by chimpanzees (*Pan troglodytes verus*) in a savannah habitat at Fongoli, Sénégal', *Royal Society Open Science*, 2 (4), 2015, p. 140507.

O'Malley, R. C., Wallauer, W., Murray, C. M., and Goodall, J., 'The appearance and spread of ant fishing among the Kasekela chimpanzees of Gombe: a possible case of intercommunity cultural transmission', *Current Anthropology*, 53 (5), 2012, pp. 650–63.

Foster, M. W., Gilby, I. C., Murray, C. M., Johnson, A., Wroblewski, E. E., and Pusey, A. E., 'Alpha male chimpanzee grooming patterns: implications for dominance "style"', *American Journal of Primatology: Official Journal of the American Society of Primatologists*, 71 (2), 2009, pp. 136–44.

Muller, M. N., and Wrangham, R. W., 'Dominance, cortisol and stress in wild chimpanzees (*Pan troglodytes schweinfurthii*)', *Behavioral Ecology and Sociobiology*, 55 (4), 2004, pp. 332–40.

Pruetz, J. D., Ontl, K. B., Cleaveland, E., Lindshield, S., Marshack, J., and Wessling, E. G., 'Intragroup lethal aggression in West African chimpanzees (*Pan troglodytes verus*): inferred killing of a former alpha male at Fongoli, Senegal', *International Journal of Primatology*, 38 (1), 2017, pp. 31–57.

Lehmann, J., and Boesch, C., 'Sexual differences in chimpanzee sociality', *International Journal of Primatology*, 29 (1), 2008, pp. 65–81.

Proctor, D. P., Lambeth, S. P., Schapiro, S. J., and Brosnan, S. F., 'Male chimpanzees' grooming rates vary by female age, parity, and fertility status,' *American Journal of Primatology*, 73 (10), 2011, pp. 989–96.

Townsend, S. W., Deschner, T., and Zuberbühler, K., 'Female chimpanzees use copulation calls flexibly to prevent social competition,' *PLoS One*, 3 (6), 2008, p. e2431.

Hopper, L. M., Schapiro, S. J., Lambeth, S. P., and Brosnan, S. F., 'Chimpanzees' socially maintained food preferences indicate both conservatism and conformity,' *Animal Behaviour*, 81 (6), 2011, pp. 1195–1202.

Suchak, M., Eppley, T. M., Campbell, M. W., Feldman, R. A., Quarles, L. F., and de Waal, F. B., 'How chimpanzees co-operate in a competitive world,' *Proceedings of the National Academy of Sciences*, 113 (36), 2016, pp. 10215–20.

Furuichi, T., 'Female contributions to the peaceful nature of bonobo society', *Evolutionary Anthropology: Issues, News, and Reviews*, 20 (4), 2011, pp. 131–42.

Surbeck, M., Mundry, R., and Hohmann, G., 'Mothers matter! Maternal support, dominance status and mating success in male bonobos (Pan paniscus),' *Proceedings of the Royal Society B: Biological Sciences*, 278 (1705), 2011, pp. 590–98.

Surbeck, M., and Hohmann, G., 'Affiliations, aggressions and an adoption: male–male relationships in wild bonobos', *Bonobos: Unique in Mind, Brain and Behaviour*, Oxford University Press, 2017, pp. 35–46.

作者致谢

　　我想要感谢的人很多。对于一本讨论社会性的价值的书来说，这也非常切题。书中常提到的延斯·克劳斯一直以来都是，也将一直是我的灵感来源。简单来说，如果没有他，就不会有现在的我。保罗·哈特给了我坚定的信心，虽然他总是嘲笑我的口音。还有一群优秀的人，他们既是我的同事，也是我的朋友，与我共同经历了种种冒险：迈克·韦伯斯特、亚历克斯·威尔逊、艾丽西亚·伯恩斯（Alicia Burns）、詹姆斯·赫伯特－雷德（James Herbert-Read）、达伦·克罗夫特（Darren Croft）、丹·霍尔（Dan Hoare）、伊恩·库津（Iain Couzin）、克里斯·里德、苏西·库里（Suzie Currie）、蒂莫西·舍夫（Timothy Schaerf）、马特·汉森（Matt Hansen）、大卫·萨普特、迪克·詹姆斯（Dick James）和米娅·肯特（Mia Kent），这里仅列举了少数。把所有名字都列出来的话，那将会是张长得吓人的名单，但我希望大家都能明白，我非常珍惜我们共同度过的时光。总的来说，如果没有这些科学家组成的了不起的共同体，这本书是不可能完成的；他们倾尽一生去了解动物，尽管这种付出鲜为外人所知。

除了科学家朋友外，我还要感谢那些相信这个项目，并在我犹豫不决时给予支持的人。杰西·拉德本（Jess Radburn）在这方面从未居功，但没有她就没有这本书。与哈丽特·波兰（Harriet Poland）和维多利亚·哈斯勒姆（Victoria Haslam）的合作让我感到非常愉快。马克斯·爱德华兹（Max Edwards）是我举世无双的经纪人，尽管他是切尔西的球迷，但他的鼓励和支持也值得大力感谢。还有我了不起的出版商埃德·雷克（Ed Lake），他的指导和见解使这本书的质量得到了极大的改善。我还要感谢一些人，他们在我粗糙的文字上费尽心思，试图使其熠熠生辉，直到完成整个写作过程，尤其是格雷姆·霍尔（Graeme Hall）。

然后是卡勒姆·史蒂文（Callum Steven），他真是个文学天才。他对这本书的投入不可谓不大，当我灰心丧气的时候，他提供了不可估量的帮助。

最后，我要特别感谢我的家人。我的妻子艾莉森（Alison）还有我的两个儿子，萨米（Sammy）和弗雷迪（Freddy），一直容忍我把自己关在家里没完没了地写作。我想这是写作者自己的内疚，他们从未因此责备过我，但我希望能好好补偿他们。我很希望母亲能看到这本书，尽管这已经不可能了。不过，我的父亲还健在。如果说在捕鼠事件之类的轶事里，他得到了不正当的评价，那么我在此必须指出，当别人不理解我到底在做些什么的时候，他和母亲给予了我不折不扣的支持。出于这个原因，我想把本书献给他们。

译后记

通过更好地理解动物，可以更好地理解人类自身。过去数年里，我抱着这个信念，满怀热情地阅读各种动物研究文献。课余，还勉力将《论攻击》《动物的社会行为》《野兽正义：动物的道德生活》等著作译成了中文出版。因为这些缘故，2021年末，接到《动物社会的生存哲学：探索冲突、背叛、合作和繁荣的奥秘》一书的翻译邀请时，我马上答应了。

考虑到书的篇幅，我邀请周从嘉一起合作，分工如下：

刘小涛：序言、第一章、第二章、第三章、第四章、尾声；

周从嘉：第五章、第六章、第七章、第八章、第九章。

从嘉的高效和可靠，极大地提高了我的翻译效率。不过，因为"排队"浪费些光阴，工作还是持续了一整年。

不论是译稿完成前还是完成后，人们都渴望着亲近、健康的社会联系。人是社会动物，这是一些哲学家和动物行为学家着意强调的事实。不过，社会性究竟对人类的生存和繁荣意味着什么？答案的许多细节仍然经不住放大镜的观察。

阿什利·沃德是澳大利亚悉尼大学的动物行为学教授，长年近距离研究各种动物，发表过100余篇科学论文。《动物社会的生存哲学》一书，既是他动物社会行为研究成果的凝练表达，也体现了当前研究的前沿进展。更难得的是，他的文字轻松、不乏幽默，特别适合大众阅读。此书在英国出版后，获得读者喜爱。英国素有博物学的智识传统，要满足读者的挑剔眼光实属不易。

译事苦辛，能者不欲，惰者不能。我们希望，这个中译本能为同好提供点便利，不管你是关心动物，还是关心人类的社会性特征。限于学识，倘有错谬，请读者宽宥指正。

最后，感谢张孟雯、肖子月、罗涵帮助审校了部分译稿。清华大学吴彤教授向来关心动物、关心后辈，欣然挥毫为译本作序。谨此致谢！

刘小涛

2024年岁末 嘉定